物理量	記号	単位	英語
変位電流	$I_d = \varepsilon_0 \dfrac{d}{dt}\iint_A \vec{E}\cdot d\vec{A} = \dfrac{d\Phi_e}{dt}$	A	displacement current
電位	$V_P = -\int_\infty^P \vec{E}\cdot d\vec{s} = \int_P^\infty \vec{E}\cdot d\vec{s}$	V = J/C	electric potential
静電ポテンシャルエネルギー	$\Delta U = U_B - U_A = -q_0 \int_A^B \vec{E}\cdot d\vec{s}$	J	electric potential energy
電気伝導率	σ	S/m = 1/Ω·m	electrical conductivity
抵抗率	$\rho = \dfrac{1}{\sigma}$	Ω·m	electrical resistivity
電場のエネルギー	$\dfrac{1}{2}\varepsilon_0 E^2$	J/m^3	energy of electric field
磁場のエネルギー	$\dfrac{B^2}{2\mu_0} = \dfrac{1}{2}\mu_0 H^2$	J/m^3	energy of magnetic field
電気容量	$C = \dfrac{Q}{V} = \dfrac{\varepsilon_0 A}{d}$	F = C/V	electrostatic capacity, capacitance
抵抗	$R = \dfrac{L}{\sigma A} = \dfrac{\rho L}{A}$	Ω = V/A	resistance
インダクタンス	$L = \dfrac{\Phi_m}{I} = \mu_0 n^2 lA$	H = Wb/A	inductance
相互インダクタンス	M	H	mutual inductance
静電エネルギー（コンデンサーのエネルギー）	$U_e = \dfrac{Q^2}{2C} = \dfrac{1}{2}CV^2 = \dfrac{1}{2}QV$	J	electrostatic energy
静磁エネルギー（インダクターのエネルギー）	$U_m = \dfrac{\Phi_m^2}{2C} = \dfrac{1}{2}LI^2 = \dfrac{1}{2}\Phi_m I$	J	magnetostatic energy
電力	$P = IV = \dfrac{V^2}{R} = IR^2$	W	electric power
電子の比電荷	$\dfrac{e}{m}$	C/kg	specific charge of electron
ローレンツ力	$\vec{F} = q\vec{v}\times\vec{B}$	N	Lorentz force
磁気モーメント	$\vec{\mu} = I\vec{A}$	A·m	magnetic moment
時定数	$\tau = RC \quad \tau = \dfrac{L}{R}$	s	time constant

高校と
大学をつなぐ

穴埋め式

電磁気学

遠藤雅守　櫛田淳子　北林照幸　藤城武彦
Masamori Endo　Junko Kushida　Teruyuki Kitabayashi　Takehiko Fujishiro

講談社

ブックデザイン──安田あたる
本文図版(一部)──TSスタジオ

はじめに

　2007年の「大学全入時代」到来に加え，いわゆる「ゆとり世代」が大学に入学する年齢に達して数年が経過しました。大学の選抜方法も多様化し，理工系学部であっても高校で物理，高等数学を学ばずとも入学できるようになりました。それに伴い，私たち教員は力学や電磁気学など，理工系の基礎教育に不可欠な科目の教授法に年々頭を悩ましているところです。大学全体の理系基礎教育を担う私たちは，この変化に対応するため独自のプリントを作成して，従来まで利用していた教科書にかわって提供してきました。そして，力学分野での集大成として書籍化されたのが，本書のシリーズ第一弾である『高校と大学をつなぐ 穴埋め式 力学』です。力学と並び重要な位置を占めるのが電磁気学ですから，電磁気学のプリントを同じシリーズの一冊として刊行したい，と願うのは当然の流れです。そして，機会を得てここに『高校と大学をつなぐ 穴埋め式 電磁気学』を刊行するはこびとなりました。

　本書の，教科書としての基本コンセプトは前著を踏襲した以下のようなものです。

- 穴埋め式のテキストで，ノートをとらずとも学生が授業について行ける，あるいは解答を見ながら自習することができる。
- 高校で電磁気学を習ったことを必ずしも前提としない。
- 豊富な問題を用意して，基礎的な概念から問題を解かせながら理解させる。

　本書は電磁気学を基本中の基本から学ぶ教科書ですが，単なるリメディアル科目ではなく，大学レベルの教科書として通用させるため，高校の教科書とは異なる記述を心がけました。それは一言でいうなら「電磁気学は憶えるのでなく理解するものだ」ということです。皆さんは，高校で数多くの「○○の法則」を憶えてきたことでしょう。しかし，それらの有機的なつながりを知らずに，単に憶えるだけで電磁気学を嫌いになってしまったとしたらこんなに不幸なことはありません。電磁気学は，18世紀の終わり頃から，多くの物理学者が独立にさまざまな法則を発見する，という経緯ではじまりました。ところが，次々に発見される諸法則が，はじめは互いに独立していると思われたのにやがて関連が見つかり，すべてを統一する「マクスウェルの方程式」に結実する，というドラマのような歴史をたどっています。さらに，マクスウェルの方程式から当時正体不明だった光の正体が「電磁波」であることが明らかになり，さらにアインシュタインは電磁気学の深い考察から「特殊相対性理論」の発見に至ります。こう聞くと，なんだか電磁気学に興味がわいてきませんか？

　本書の構成は，一般的な電磁気学の教科書からするとユニークな点がいくつかあります。例えば，通常は早い段階で教えられる誘電体・磁性体の概念をマクスウェルの方程式の後ろに回して，その対称性をじっくり愛でるよう隣り合わせに置いています。工学系の学生諸君にとって重要なL，C，Rなどのバルク回路素子も，はじめは関連する章で電磁場論的にとらえますが，最後にまとめて回路網学的アプローチで再登場します。基本的には本書は1章から順番に学んでいくように作られていますが，カリキュラムの都合によっては「電磁波」のあとに回されたこれらの内容を先に学んでもよいと思います。また，内容的には本格的な電磁気学の教科書であるにもかかわらず，あくまで基礎に徹するため本書はベクトルの微分（grad，div，rot）を一切使わずに記述しています。本書の試みが，大学基礎教育における電磁気学の教え方に投じられた一石となることを願っています。

　最後に，東海大学理学部物理学科の諸先生方からは，本書の執筆にあたり多くの有益な助言を頂きました。特に，全体の流れと演習問題についてのご意見を頂いた西嶋恭司教授にこの場をお借りしてお礼を申し上げます。また，本書の出版を後押しして下さり，細部にわたる原稿のチェックと編集に携わって頂いた講談社サイエンティフィクの横山真吾氏の努力と情熱に感謝の意を表します。

　2011年1月

遠藤雅守
櫛田淳子
北林照幸
藤城武彦

本書の使い方

章の構成

第1章～第20章と総合演習Ⅰ～Ⅳで構成されており，合計24章で「電磁気学の基礎」を学習できるようになっています。また，学習をする際の目安となるように，それぞれの節の見出しには **Basic** もしくは **Standard** の目印がつけてあります。

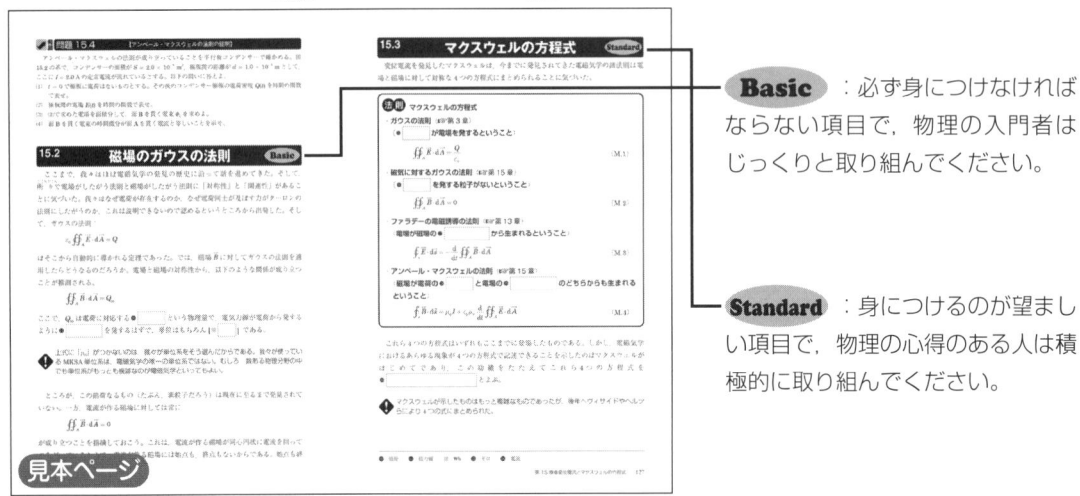

Basic：必ず身につけなければならない項目で，物理の入門者はじっくりと取り組んでください。

Standard：身につけるのが望ましい項目で，物理の心得のある人は積極的に取り組んでください。

"穴埋め式"の活用

各節の説明部分は"穴埋め式"となっており，説明文中の重要な語句，事柄，公式などが 空欄 にしてあります。文章をよく読み自分で空欄を埋めて本書を完成させてください。

見本ページ

白丸番号 ① 空欄 には，数字，記号，数式が入ります。

黒丸番号 ❶ 空欄 には，語句（言葉）が入ります。

⚠ なお，空欄の解答が目に入らないように工夫しました。基本的に，次の奇数ページの下に「**解答**」を記載しています。

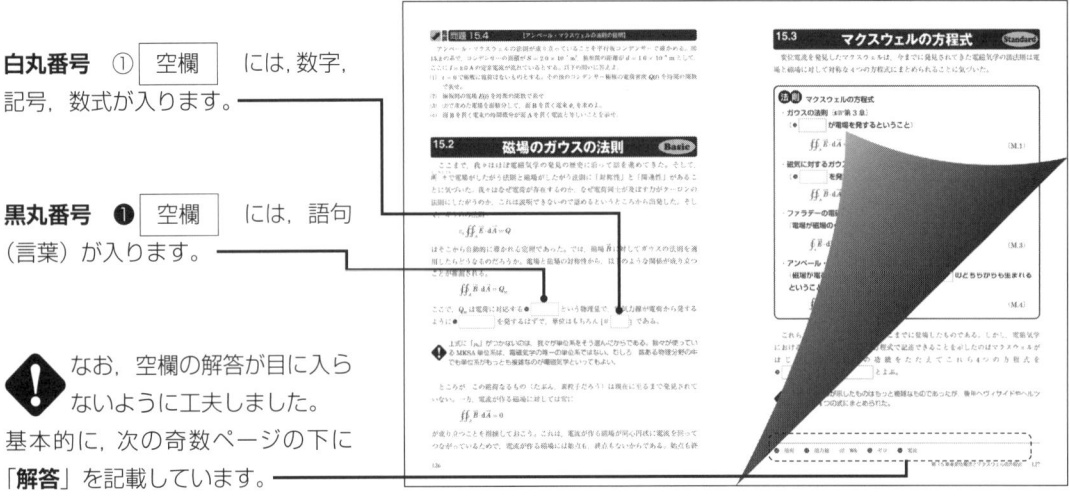

演習問題の構成

代表的な問題や重要な問題も"穴埋め式"になっています。単に空欄を埋め，答えを得ることだけに終始するのではなく，解答や解法の「形（かたち）」も合わせて学習してください。"穴埋め式"の問題を含めて，本書には6種類の演習問題が用意されています。演習問題は類似した問題が多く，単調に思えるかもしれませんが，基礎をしっかりと身につけるために粘り強くくり返し練習してください。問題の種類はアイコンで区別されています。演習問題の解答は章末にあります。

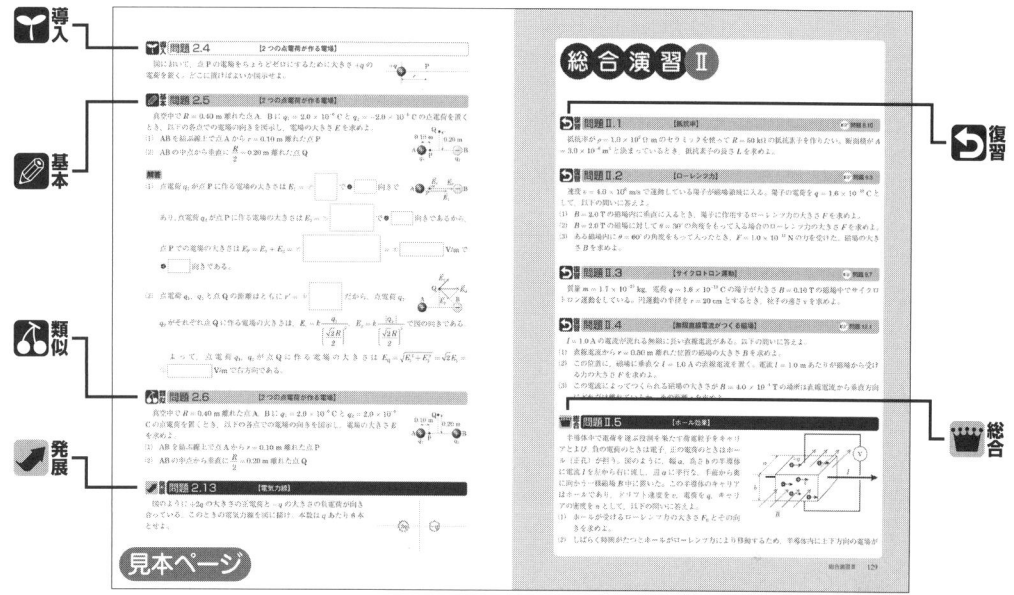

- **導入問題**：公式や基礎・基本を確認する問題です。
- **基本問題**：必ず解答できるようになるべき問題です。
- **類似問題**：類題です。解答力UPを目指して取り組んでください。
- **発展問題**：基本問題を少し発展させた問題です。ぜひ挑戦してみてください。
- **復習問題**：総合演習のページで登場するアイコンです。各章で練習した問題の類題です。必ず解答できるようにしてください。
- **総合問題**：総合演習のページで登場するアイコンです。本書の中では最も難しい応用問題です。ぜひ挑戦してみてください。

数値の計算について（関数電卓のすすめ）

入門者の理解を助けるために，演習問題のほとんどは最終的に数値で答えるようになっていますが，まずは文字式で計算し最後に数値を代入するようにしてください。文字式の計算が苦手な人もいると思いますが，途中で数値を代入してしまうと，その意味が逆にわかりにくくなり，物理学の修得の妨げになることがあります。数値計算は日常で使う電卓でもできる部分もありますが，関数電卓を用いてください。関数電卓は理系必須のアイテムですから，常に携帯することをおすすめします。

高校と大学をつなぐ 穴埋め式 電磁気学

はじめに iii
本書の使い方 iv

第1章 クーロンの法則
1.1 電荷とは何か 1
1.2 クーロンの法則 2
1.3 絶縁体, 導体, 半導体 6

第2章 電場
2.1 電場の定義 10
2.2 点電荷が作る電場 11
2.3 複数の点電荷が作る電場 11
2.4 分布する電荷が作る電場 13
2.5 電気力線 15

第3章 ガウスの法則
3.1 電束の定義 19
3.2 ガウスの法則の証明 22

第4章 ガウスの法則の応用
4.1 「対称性」についての議論 25
4.2 球状に分布した電荷 25
4.3 無限長線電荷 27
4.4 無限に広い面電荷 28

第5章 静電ポテンシャル
5.1 仕事とポテンシャル 31
5.2 静電ポテンシャルの定義 31
5.3 電場と静電ポテンシャルの関係 33
5.4 点電荷の静電ポテンシャル 36
5.5 分布する電荷が作る静電ポテンシャル 38
5.6 静電ポテンシャルから電場を求める 40

第6章 導体と静電平衡
6.1 導体とは何か 44
6.2 静電平衡 44
6.3 帯電した導体の性質 45

第7章 コンデンサーとエネルギー
7.1 コンデンサーとは何か 52
7.2 コンデンサーの電気容量 52
7.3 平行板コンデンサー 54
7.4 コンデンサーと静電ポテンシャルエネルギー 56
7.5 電場のエネルギー 58

総合演習I 62

第8章 電流
8.1 電流の定義 64
8.2 電荷のドリフトと電流 65
8.3 オームの法則 67
8.4 抵抗器とオームの法則 68
8.5 ジュール熱と電力 71

第9章 磁場
9.1 磁場とは何か 75
9.2 ローレンツ力 75

9.3　サイクロトロン運動　78

第10章　ビオ・サバールの法則

10.1　ビオ・サバールの法則　81
10.2　電流素片と動く荷電粒子の関係　83
10.3　直線電流が作る磁場　84
10.4　ループ電流が受けるトルク　88

第11章　アンペールの法則

11.1　アンペールの法則　91
11.2　アンペールの法則の証明　94

第12章　アンペールの法則の応用

12.1　アンペールの法則の意味　98
12.2　ソレノイドが作る磁場　99
12.3　同軸円筒電流が作る磁場　101
12.4　分布する電流が作る磁場　102

総合演習Ⅱ　106

第13章　電磁誘導

13.1　磁場中を動くコイル　109
13.2　誘導起電力　111
13.3　ファラデーの電磁誘導の法則　113

第14章　インダクタンスとエネルギー

14.1　ループ電流に蓄えられるエネルギー　118
14.2　ソレノイドのインダクタンス　121
14.3　相互インダクタンス　122
14.4　磁場のエネルギー　124

第15章　変位電流とマクスウェルの方程式

15.1　変位電流とアンペール・マクスウェルの法則　127
15.2　磁場のガウスの法則　130
15.3　マクスウェルの方程式　132

第16章　電磁波

16.1　電磁波とは何か　137
16.2　波動方程式の導出　139
16.3　平面波解　141
16.4　電磁波の性質　144

総合演習Ⅲ　149

第17章　物質と電磁気学(1)　誘電体

17.1　誘電体とは何か　152
17.2　誘電体を挟んだコンデンサー　155

第18章　物質と電磁気学(2)　磁性体

18.1　磁性体とは何か　161
18.2　強磁性体の応用　165

第19章　定常回路

19.1　コンデンサーの直列，並列接続　170
19.2　抵抗器の直列，並列接続　173
19.3　コンデンサー回路　175
19.4　抵抗回路とキルヒホッフの法則　176

第20章　非定常回路

20.1　RC直列回路　182
20.2　RL直列回路　185
20.3　LC直列回路　188

総合演習Ⅳ　193

参考文献　196
索引　197

コラム一覧

第1章
- ●単位ベクトル　3
- ●シャルル・オーギュスタン・ド・クーロン　4
- ●帯電させるということ　8

第2章
- ●積分の定義　14

第3章
- ●ベクトルのスカラー積（内積）　20
- ●カール・フリードリヒ・ガウス　24

第5章
- ●アレッサンドロ・ジュゼッペ・アントニオ・アナスタージオ・ボルタ　33

第6章
- ●「性質⑤」の証明　47
- ●静電遮蔽　48
- ●キャベンディッシュの実験　49

第7章
- ●電場のエネルギー　59

第8章
- ●ゲオルグ・シモン・オーム　71
- ●日常生活における「電力」　72

第10章
- ●磁石の磁場の源　82
- ●面積分　90

第11章
- ●アンドレ・マリ・アンペール　92
- ●周回積分路内の電流　94

第12章
- ●線積分　105

第13章
- ●マイケル・ファラデー　115

第14章
- ●相互キャパシタンス　123

第15章
- ●神様は対称な世界が好き？　133
- ●ジェームズ・クラーク・マクスウェル　134
- ●マクスウェルの方程式（微分形）　134

第18章
- ●トランスによる電圧変換　167
- ●ヒステリシスと永久磁石　168

第20章
- ●アナログシミュレーター　189

第 1 章 クーロンの法則

キーワード 電荷，クーロンの法則，導体

1.1 電荷とは何か　Basic

我々の世界を作っている原子は，図1.1のような構造になっている。原子の中心には❶[　　　]と❷[　　　]がぎっしりと詰まっている❸[　　　]があり，そのまわりを❹[　　　]がまるで惑星のように回っている。これらの原子を構成するパーツは電荷によって分類できる。陽子は❺[　　]の電荷をもち，中性子は電荷をもたず，電子は❻[　　]の電荷をもつ。では，電荷とは何か。それは，以下のような特徴をもった「何か」である，としかいいようがない。

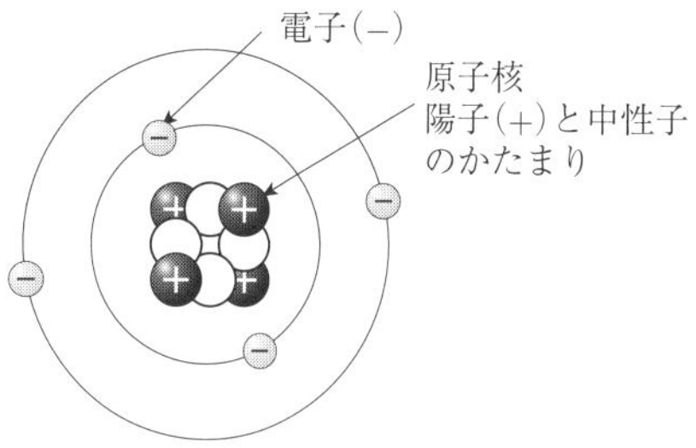

図 1.1 原子の模型図
このモデルは100年ほど前に提唱された非常に素朴なもので，より進んだ量子力学では「電子は雲のように原子のまわりを取り巻いている」と考える。しかし多くの場合，このモデルは大変よい近似を与える。

電荷には非常に大切な以下のような性質がある。

① 電荷には❼[　　　　]と❽[　　　　]の2種類が存在し，それ以外の電荷はない。

② 電荷の最小単位は❾[　　　　]（電子あるいは陽子のもつ電荷の大きさ）とよばれ，$e = 1.602176487 \times 10^{-19}$ C である。ここで，[C]（クーロン）は電荷の単位である。

③ 電荷は保存する。突然現れたり，消えたりしない。

④ 同種の電荷同士は❿[　　　]し（斥力），異種の電荷同士は⓫[　　　　]（引力）。

⑤ 電荷間に働く力は，電荷間の距離の2乗に⓬[　　　　]する（クーロンの法則 ☞ 1.2 節）。

電子が原子核のまわりを回っているのは，正電荷をもつ原子核に負電荷をもつ電子が捕らえられているからであるが，一番外側の軌道を回る電子は原子核の支配を離れて自由に動き回ることがよくある。一方で，その内側の軌道を回る電子はより強い力で原子核から引かれているので，めったなことでは原子核のまわりを離れない。そこで，原子を「中心の重い正電荷（ここには残りの電子も含まれる）とそのまわりを回る軽い数個の電子」でモデル化し，簡略化された図1.2のモデルもよく使われる。

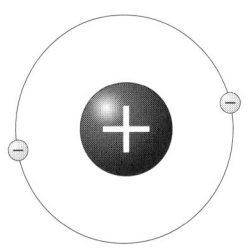

図 1.2 簡略化された原子の模型図
原子核と内側を回る電子をひとまとめにした中心の重い正電荷と外側を回る軽い数個の電子（負電荷）で原子をモデル化する。中心の正電荷と外側の負電荷の合計は同じ大きさである。

1.2 クーロンの法則 　Basic

点電荷 q_1, q_2 が距離 r 離れているとき，2 つの電荷の間には❸ _____（静電気力）が働く。クーロン力の大きさは，クーロン定数を k とし，q_1, q_2 が電荷の量を表すとすると，次の式で表される。

$$F = \text{⑭} \boxed{}$$

これを❺ _____ の法則という。力はベクトルであるから，$q_2 \to q_1$ 方向の単位ベクトル $\vec{e}_r$ を用いてクーロンの法則を書くと，点電荷 q_1 が点電荷 q_2 から受けるクーロン力 $\vec{F}_{12}$ は

$$\vec{F}_{12} = \text{⑯} \boxed{}$$

と表される。点電荷 q_2 が点電荷 q_1 から受ける力 $\vec{F}_{21}$ は，作用・反作用の法則から逆向きで同じ大きさとなる。

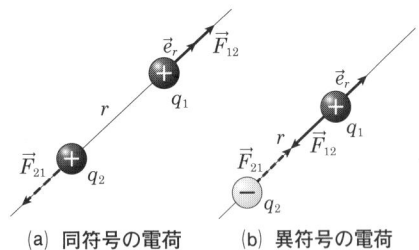

(a) 同符号の電荷　(b) 異符号の電荷
図 1.3 クーロンの法則

(a) 点電荷 q_1 が点電荷 q_2 から受けるクーロン力は $\vec{F}_{12} = k\dfrac{q_1 q_2}{r^2}\vec{e}_r$，点電荷 q_2 が点電荷 q_1 から受けるクーロン力は $\vec{F}_{21} = -k\dfrac{q_1 q_2}{r^2}\vec{e}_r$ であり，作用・反作用の法則から逆向きで同じ大きさとなる。
(b) 点電荷 q_1 が点電荷 q_2 から受けるクーロン力は $\vec{F}_{12} = -k\dfrac{q_1 q_2}{r^2}\vec{e}_r$，点電荷 q_2 が点電荷 q_1 から受けるクーロン力は $\vec{F}_{21} = k\dfrac{q_1 q_2}{r^2}\vec{e}_r$ であり，作用・反作用の法則から逆向きで同じ大きさとなる。

⚠ 大きさのない点状の電荷を点電荷という。

クーロン定数 k は真空の誘電率 $\varepsilon_0 = 8.85 \times 10^{-12}$ F/m （= C²/N·m²）を用いて，

$k = \dfrac{1}{4\pi\varepsilon_0} = 8.99 \times 10^9$ N·m^2/C^2 と表される。今後，特に断りがない限り $\varepsilon_0 = 8.85 \times 10^{-12}$ F/m，$k = 8.99 \times 10^9$ N·m^2/C^2 とする。

真空の誘電率 $\varepsilon_0 = 8.854187817 \times 10^{-12}$ F/m（= C^2/N·m^2）の意味は第 7 章で学ぶ。単位の［F］はファラドと読む。

単位ベクトル

大きさが 1 のベクトルを単位ベクトルという。零（ゼロ）ベクトルでないベクトル $\vec{r}$ と同じ向きの単位ベクトルを $\vec{e}_r$ とすると $\vec{e}_r = k\vec{r}$ $(k>0)$ となる実数 k があるから，$|\vec{e}_r| = k|\vec{r}|$ と書け，$|\vec{e}_r| = 1$ であるから，$k = \dfrac{1}{|\vec{r}|}$。すなわち，$\vec{r}$ と同じ向きの単位ベクトル $\vec{e}_r$ は $\vec{e}_r = \dfrac{\vec{r}}{|\vec{r}|}$ と表される。ベクトル $\vec{r}$ と同じ向きの単位ベクトルは，同じ記号を用いて $\hat{r}$ のように書くこともある。特に x, y, z 方向の単位ベクトルは，それぞれ $\vec{i}$, $\vec{j}$, $\vec{k}$ の記号で表すことが多い。(☞『穴埋め式 力学』2-2 節)

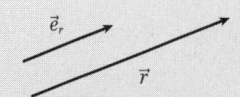

図 1.4　$\vec{r}$ 方向の単位ベクトル
$\vec{r}$ 方向のベクトルは，単位ベクトル $\vec{e}_r$ の実数倍で表される。

点電荷が 3 つ以上あるときは，クーロンの法則が「重ね合わせ可能」であることを利用する。具体的には，2 つの点電荷をペアとしてクーロンの法則を適用し，働く力を足し合わせればよい。$q_2 \to q_1$ 方向の単位ベクトルを $\vec{e}_{12}$，$q_3 \to q_1$ 方向の単位ベクトルを $\vec{e}_{13}$ とし，点電荷 q_1 が点電荷 q_2 から受けるクーロン力 $\vec{F}_{12}$ および点電荷 q_1 が点電荷 q_3 から受けるクーロン力 $\vec{F}_{13}$ は，q_1q_2 間の距離を r_{12}，q_1q_3 間の距離を r_{13} とすると，それぞれ

$$\vec{F}_{12} = \boxed{\text{⑰}} , \quad \vec{F}_{13} = \boxed{\text{⑱}}$$

と表される。よって，点電荷 q_1 に働くクーロン力 $\vec{F}$ は

$$\vec{F} = \vec{F}_{12} + \vec{F}_{13} = k\dfrac{q_1 q_2}{r_{12}^2}\vec{e}_{12} + k\dfrac{q_1 q_3}{r_{13}^2}\vec{e}_{13}$$

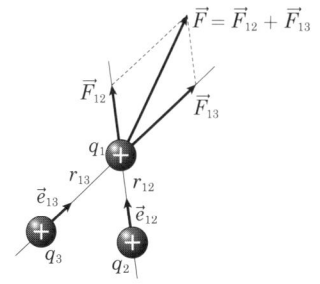

図 1.5　複数の点電荷から受ける力
複数の点電荷から受ける力は「重ね合わせ」で表せる。

となる。これを拡張してゆけば，我々は点電荷がどのように存在していようとも，個々の点電荷が他の点電荷から受ける力を原理的には計算することができる。しかし，点電荷が，他の電荷集団から受ける力を，いちいち 1 つずつ計算するのは大変効率が悪い。それを上手くやる方法を提供するのもまた電磁気学の目的の 1 つである。本書では第 2 章で「電場」という概念を導入し，点電荷が他の電荷集団から受ける力を説明する。

---

❶❷ 陽子，中性子　❸ 原子核　❹ 電子　❺ 正　❻ 負　❼❽ 正（プラス），負（マイナス）
❾ 素電荷　❿ 反発　⓫ 引き合う　⓬ 反比例

シャルル・オーギュスタン・ド・クーロン

Charles Augustin de Coulomb (1736～1806)

　フランスの物理学者・工学者。クーロンといえば電磁気学で登場するクーロンの法則が有名だが，彼が最初に才能を発揮したのは工学や力学の分野であった。彼は当時もっとも権威のある工学の教育研究機関でもあった工兵隊で工学や数学を学んだ。その間，変分計算を工学に応用するなど新機軸を用いて技術上の問題を次々に解決し，特にアーチの強度に関する優れた研究を行った。その後，彼は摩擦の研究やねじり応力の定式化など力学分野での研究成果を次々に発表。特に，1784年にねじれ弾性を応用して自ら開発したねじれ秤（はかり）を用いて，微小な力を精度よく測定することに成功する。そして，このねじれ秤を使って帯電した小球間に働く電気的な力を測定し，1785年に有名なクーロンの法則を得たのである。

問題 1.1 　【クーロン力】

　陽子の電荷は $q_p = 1.60 \times 10^{-19}$ C である。陽子 2 個を $r = 1.00$ m 離して置いたとき，陽子同士に働くクーロン力の大きさ F を求めよ。

問題 1.2 　【クーロン力】

　真空中に $r = 0.40$ m 離れて，$Q_1 = 4.0 \times 10^{-6}$ C と $Q_2 = -2.0 \times 10^{-6}$ C の電荷をもつ 2 つの点電荷がある。この点電荷同士に働くクーロン力の大きさ F を求めよ。また，働く力は引力か斥力か？

問題 1.3 　【クーロンの法則】

　同じ大きさで同質量の 2 つの金属球に同じ負の電荷を帯電させて $r = 0.30$ m 離したとき，金属球は互いに $F = 4.0 \times 10^{-3}$ N の斥力を受けた。金属球に与えた電荷 Q を求めよ。

問題 1.4 　【クーロン力の重ね合わせ】

　3 つの点電荷が図のように配置されている。それぞれの電荷は $q_1 = 2.0 \times 10^{-6}$ C，$q_2 = -2.0 \times 10^{-6}$ C，$q_3 = 2.0 \times 10^{-6}$ C で，電荷間の距離は $r_{13} = 0.10$ m，$r_{23} = 0.20$ m である。以下の問いに答えよ。

(1) q_3 が q_1 から受ける力の大きさ F_{13} と向きを求めよ。
(2) q_3 が q_2 から受ける力の大きさ F_{23} と向きを求めよ。
(3) q_3 が受ける正味の力の大きさ F と向きを求めよ。

解答
(1) q_3 が q_1 から受けるクーロン力の大きさは，❶ □ の法則より

$$F_{13} = k\frac{|q_1||q_3|}{r_{13}^2} = ⓑ \square \text{ N}$$

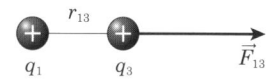

となる。また，F_{13} の向きは，正の電荷同士であるから斥力となり，❸ □ 向きである。

(2) q_3 が q_2 から受けるクーロン力の大きさは，

$$F_{23} = \text{ⓓ}\boxed{} = \text{ⓔ}\boxed{} \text{ N}$$

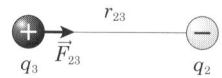

となる。また，F_{23} の向きは，正と負の電荷であるから引力となり，ⓕ$\boxed{}$向きである。

(3) q_3 が受ける正味の力は，クーロン力の重ね合わせより，

$$F = F_{13} + F_{23} = k\frac{|q_1||q_3|}{r_{13}^2} + k\frac{|q_2||q_3|}{r_{23}^2} = \text{ⓖ}\boxed{} \text{ N}$$

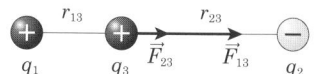

となり，ⓗ$\boxed{}$向きである。

類似 問題 1.5　　【クーロン力の重ね合わせ】

3つの点電荷が図のように配置されている。電荷はすべて $q = 3.0 \times 10^{-4}$ C で，電荷間の距離は $r_{13} = 0.10$ m, $r_{23} = 0.20$ m である。以下の問いに答えよ。
(1) q_3 が q_1 から受ける力の大きさ F_{13} と向きを求めよ。
(2) q_3 が q_2 から受ける力の大きさ F_{23} と向きを求めよ。
(3) q_3 が受ける正味の力の大きさ F と向きを求めよ。

基本 問題 1.6　　【クーロン力の重ね合わせ】

3つの点電荷が図のように配置されている。それぞれの電荷は $q_1 = 2.0 \times 10^{-6}$ C, $q_2 = -2.0 \times 10^{-6}$ C, $q_3 = 2.0 \times 10^{-6}$ C で，電荷間の距離は $r_{13} = 0.20$ m, $r_{23} = 0.20$ m である。以下の問いに答えよ。
(1) q_3 が q_1 から受ける力の大きさ F_{13} と向きを求めよ。
(2) q_3 が q_2 から受ける力の大きさ F_{23} と向きを求めよ。
(3) q_3 が受ける正味の力の大きさ F と向きを求めよ。

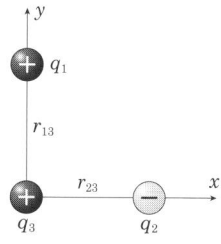

解答

(1) q_3 が q_1 から受けるクーロン力の大きさは，

$$F_{13} = k\frac{|q_1||q_3|}{r_{13}^2} = \text{ⓐ}\boxed{} \text{ N}$$

となる。また，F_{13} の向きは，正の電荷同士であるから斥力となり，ⓑ$\boxed{}$軸の負の向きである。

(2) q_3 が q_2 から受けるクーロン力の大きさは，

$$F_{23} = k\frac{|q_2||q_3|}{r_{23}^2} = \text{ⓒ}\boxed{} \text{ N}$$

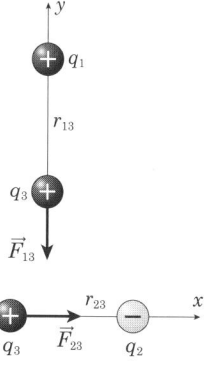

となる。また，F_{23} の向きは，正と負の電荷であるから引力となり，ⓓ$\boxed{}$軸の正の向きである。

(3) q_3 が受ける正味の力は，クーロン力の重ね合わせより，

$$F = \sqrt{(F_{13})^2 + (F_{23})^2} = \sqrt{\left(k\frac{|q_1||q_3|}{r_{13}^2}\right)^2 + \left(k\frac{|q_2||q_3|}{r_{23}^2}\right)^2} = \text{ⓔ}\boxed{} \text{ N}$$

⑬　クーロン力　　⑭　$k\dfrac{q_1 q_2}{r^2}$　　⑮　クーロン　　⑯　$k\dfrac{q_1 q_2}{r^2}\vec{e}_r$　　⑰　$k\dfrac{q_1 q_2}{r_{12}^2}\vec{e}_{12}$　　⑱　$k\dfrac{q_1 q_3}{r_{13}^2}\vec{e}_{13}$

となり，x 軸から負の向きに $45°$ の向きである。

(別解)

q_3 が受ける正味の力は，$F_{13} = F_{23}$ であるから，

$$F = \sqrt{2}F_{13} = \sqrt{2}k\frac{|q_1||q_3|}{r_{13}^2} = \boxed{\phantom{\text{e}}}\text{ N}$$

となる。

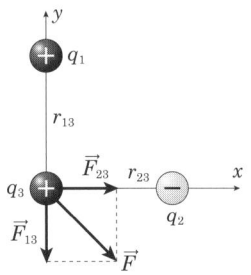

問題 1.7 【クーロン力の重ね合わせ】（類似）

3つの点電荷が図のように配置されている。電荷は $q_1 = q_2 = q_3 = -3.0 \times 10^{-4}$ C で，電荷間の距離は $r_{13} = r_{23} = 0.10$ m である。以下の問いに答えよ。

(1) q_3 が q_1 から受ける力の大きさ F_{13} と向きを求めよ。
(2) q_3 が q_2 から受ける力の大きさ F_{23} と向きを求めよ。
(3) q_3 が受ける正味の力の大きさ F と向きを求めよ。

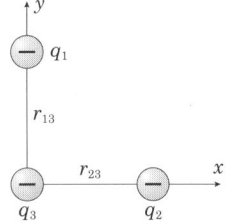

問題 1.8 【クーロン力の重ね合わせ】（発展）

1辺が $r = 1.0$ m の正三角形の頂点にそれぞれ $q_1 = 1.0 \times 10^{-9}$ C，$q_2 = 1.0 \times 10^{-9}$ C，$q_3 = -1.0 \times 10^{-9}$ C の点電荷を置いた。以下の問いに答えよ。ただし，力の向きは x 軸からの角度で示すこと。

(1) q_1 が q_2 から受ける力の大きさ F_{12} と向きを求めよ。
(2) q_1 が q_3 から受ける力の大きさ F_{13} と向きを求めよ。
(3) q_1 が他の電荷から受ける力の大きさ F と向きを求めよ。

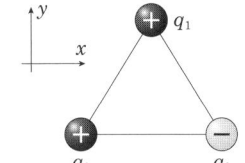

問題 1.9 【振り子とクーロン力】（発展）

質量 $m_A = 2.0 \times 10^{-2}$ kg の小球 A を糸でつるし，電荷 $q_A = -2.0 \times 10^{-6}$ C を与えて帯電させた。これに帯電した小球 B を近づけると小球 A は引き寄せられ，糸が鉛直方向から $\theta = 30°$ 傾いたところで止まった。このとき小球同士は水平に $r = 0.10$ m の距離であった。2つの小球に働く引力 F および小球 B の電荷 q_B を求めよ。ただし，糸は絶縁体であり質量は無視できる。また，重力加速度の大きさは $g = 9.8$ m/s^2，$\tan 30° = 0.58$ とする。

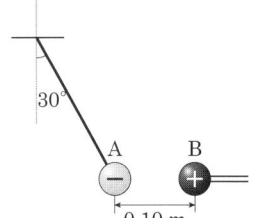

1.3 絶縁体，導体，半導体　Basic

物質，すなわち我々を取り巻く石やプラスチックや金属，そして我々の体も原子同士が結びついてできている。非常に大まかな分類であるが，原子同士の結びつきの種類により我々は物質を ❶ ☐，❷ ☐，❷ ☐ の3つに分類する。

① **絶縁体**：電子が原子核に捕らえられていて，自由に動けない物質（例：ガラス，ゴム，木など）。

　絶縁体の原子同士は互いに一番外側の電子を共有する形で結合しており，原子のまわりの電子は原子核に強く束縛されて動くことができない。しかし，絶

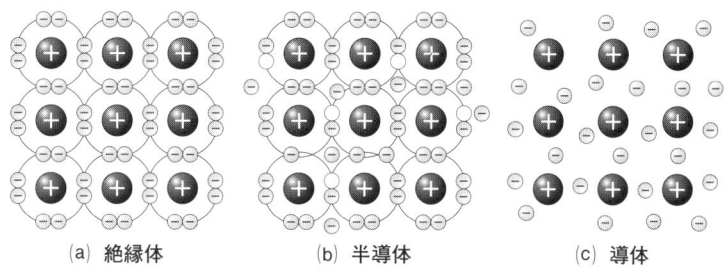

(a) 絶縁体　　　(b) 半導体　　　(c) 導体

図 1.6　絶縁体，半導体，導体
絶縁体, 半導体, 導体を簡略化された原子の模型図（図 1.2）で表したもの。

縁体に外から自由な電子を与えると，それは絶縁体の原子集団に「なんとなく」くっつくようになる。これを「絶縁体が負に帯電した」という。逆に，絶縁体といえども，いくらかの電子を取り去ることが可能で，こうなると絶縁体は「正に帯電した状態」となる。

② **導体**：一部の電子が原子核の間を自由に移動できる物質（例：銅，アルミニウム，鉄など）。

　導体の原子は，一番外側を回っている電子が容易に原子核から離れるような性質をもっている。具体的には鉄，銅，金などの「金属」とよばれている物質である。導体の原子核は規則正しく並んでいて動かないが，導体から離れた電子は原子核の間を自由に動き回ることができる。導体ももちろん帯電させることができる。このとき，絶縁体と違うのは，帯電させた電子もまた自由に動けるということで，そのため帯電させた導体にはいくつかの面白い性質が現れる（☞第 6 章）。

③ **半導体**：導体と絶縁体の中間的な性質をもつ物質（例：トランジスタやダイオードなど）。

　半導体のふるまいは，一言でいえば導体と絶縁体の中間で，自由電子はあるがその現れ方に特徴がある。トランジスタ，ダイオードなどは半導体の働きで電流を制御している。

問題 1.10　【電荷の保存】

異種の物質からできている物体 A, B がある。はじめに，物体 A は $Q_A = 3.0 \times 10^{-9}$ C の電荷をもっていた。物体 A, B をこすり合わせた結果，物体 A は $Q_A' = 4.5 \times 10^{-9}$ C，物体 B は $Q_B' = -2.0 \times 10^{-9}$ C に帯電した。こすり合わせる前の物体 B の電荷 Q_B を求めよ。

問題 1.11　【導体球の帯電】

図のように正に帯電した導体球がある。ここに負の電荷を 4 個与える。その後の導体球の状態を図にならって描け。

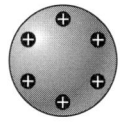

帯電させるということ

図 1.7 のような導体球と絶縁体，地球を使った実験について考え，電荷の移動，導体の性質，帯電させるということについて大まかなイメージを説明しよう。

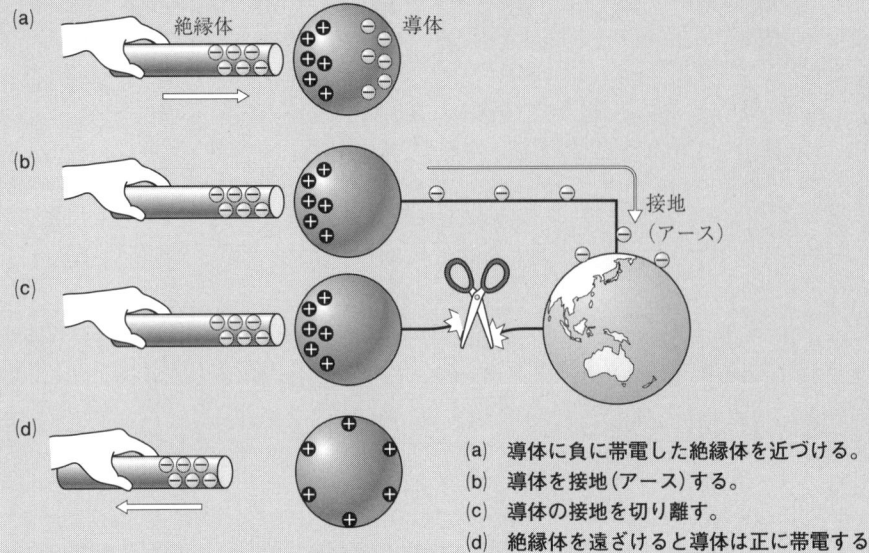

(a) 導体に負に帯電した絶縁体を近づける。
(b) 導体を接地（アース）する。
(c) 導体の接地を切り離す。
(d) 絶縁体を遠ざけると導体は正に帯電する。

図 1.7　導体を帯電させる

(a) 導体球は原子でできており，正電荷と負電荷が同数存在する。そして，負電荷は自由に動くことができる。導体球に負電荷のくっついた絶縁体を近づけると，負電荷が反発して反対側に動き，絶縁体に近い側は，余った正電荷が多くなる。
(b) 導体球の一端を「接地」する。これは，電荷がいくらでも流れ込むことのできる，非常に大きな導体（例えば，地球）につなげることを意味する。導体球の負電荷は逃げ場が見つかったためどんどん地球に流れ込むが，導体球の負電荷があまりに少なくなると，今度は導体球の正電荷が負電荷を引き留めるため，そこで動きが止まる。
(c) 接地した線を切り離すと，負電荷はもう導体球には戻れないので，導体球は全体として正に帯電した状態となる。
(d) 絶縁体を遠ざけると，導体球の正電荷は表面上に均一に分布する。これは，同種の電荷が反発し，なるべく遠ざかろうとする結果である。

ここで，大切なことは，「正に帯電した導体」というのは実際には導体からいくらかの電子が取り去られた状態で，余計な正電荷がくっついたわけではないということである。これは，ほとんどの場合，移動するのは軽く自由に動ける電子で，正電荷である原子の残りの部分は動かないためである。しかし，以降は，正に帯電した物質を想像するときに，図 1.7 のように仮想的な正電荷の粒子が物質にくっついていると考えてもかまわない。

解答

問題 1.1　　$F = k\dfrac{q_\mathrm{p}^{\,2}}{r^2} = 2.30 \times 10^{-28}$ N

問題 1.2　　$F = k\dfrac{|Q_1||Q_2|}{r^2} = 0.45$ N の引力

問題 1.3　　$Q = -\sqrt{\dfrac{F}{k}}\,r = -2.0 \times 10^{-7}$ C

問題 1.4　　ⓐ クーロン　ⓑ 3.6　❶ 右　ⓓ $k\dfrac{|q_2||q_3|}{r_{23}^2}$　ⓔ 0.90　❶ 右
　　　　　　ⓖ 4.5　❶ 右

問題 1.5　　(1) $F_{13} = k\dfrac{q^2}{r_{13}^2} = 8.1 \times 10^4$ N で右向き　(2) $F_{23} = k\dfrac{q^2}{r_{23}^2} = 2.0 \times 10^4$ N で左向き

　　　　　　(3) $F = kq^2\left(\dfrac{1}{r_{13}^2} - \dfrac{1}{r_{23}^2}\right) = 6.1 \times 10^4$ N で右向き

問題 1.6　　ⓐ 0.90　ⓑ y　ⓒ 0.90　ⓓ x　ⓔ 1.3

問題 1.7　　(1) $F_{13} = k\dfrac{|q_1||q_2|}{r_{13}^2} = 8.1 \times 10^4$ N で y 軸の負の向き

　　　　　　(2) $F_{23} = k\dfrac{|q_2||q_3|}{r_{23}^2} = 8.1 \times 10^4$ N で x 軸の負の向き

　　　　　　(3) $F = \sqrt{2}\,k\dfrac{|q_1||q_3|}{r_{13}^2} = 1.1 \times 10^5$ N で x 軸から負の向きに 135°の向き

問題 1.8　　(1) $F_{12} = k\dfrac{|q_1||q_2|}{r^2} = 9.0 \times 10^{-9}$ N で 60°の方向

　　　　　　(2) $F_{13} = k\dfrac{|q_1||q_3|}{r^2} = 9.0 \times 10^{-9}$ N で $-60°$（300°）の方向

　　　　　　(3) $F = F_{12}\cos 60° + F_{13}\cos 60° = 9.0 \times 10^{-9}$ N で 0°の方向

問題 1.9　　$F = m_A g \tan\theta = 0.11$ N,　$q_B = \dfrac{Fr^2}{k|q_A|} = 6.1 \times 10^{-8}$ C

問題 1.10　　$Q_B = Q_A' + Q_B' - Q_A = -0.50 \times 10^{-9}$ C

問題 1.11　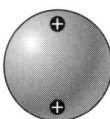　与えられた負電荷は正電荷を中和するため、結果的に 2 つの正電荷のみが残る。2 つの正電荷は互いにもっとも離れた位置に落ち着く。図は上と下に位置するよう描いたが、導体両端の対称な位置ならどこでも正解である。

第2章 電場

キーワード 電場，電気力線

2.1 電場の定義 Basic

場，英語では"field"というが，これは何だろう。電荷が他の電荷とクーロンの法則にしたがう力を及ぼし合うことは学んだ。これを，「電荷が自らのまわりに"電場"を作り，その電場がクーロン力を伝える」と考える。解釈を変えるだけだが，この違いは重要である。電場は目に見えないが，電荷を置くと力が働くことで，「場」の存在を確認できる。

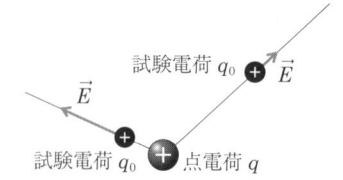

図2.1 点電荷のまわりの電場の計測
点電荷 q が作る電場 $\vec{E}$ を試験電荷 q_0 を用いて調べる。

電場は次のように定義される。いくつかの点電荷がある空間に，1つの小さな電荷（これを「**試験電荷**」とよぶ）を置く。試験電荷は，ある方向にある大きさのクーロン力を受ける。正の試験電荷 q_0 がクーロン力 $\vec{F}$ を受けるとき，電場を $\vec{E}$ として

$$\vec{F} = q_0 \vec{E}$$

という関係があるとする。したがって，電場は

$$\vec{E} \equiv \boxed{①}$$

と定義できる。電場の単位は，力 [N] を電荷 [C] で割ったものだから，[②　　　] である。しかし，このあと

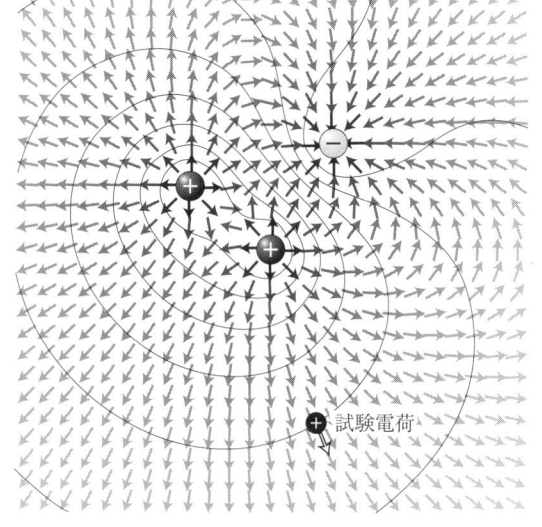

図2.2 電場のイメージ
複数の点電荷（同じ電荷量の正電荷2つと負電荷1つ）が存在する空間に試験電荷を置き，場所ごとの電場を計測した例である。等高線のように見えるのは「等電位線」とよばれ，第5章で説明する。

すぐわかるように，電圧 [V] と距離 [m] を使い，[V/m] と表現するのが一般的であり，本書では今後，電場の単位を [V/m] を用いて表すことにする。理由は第5章でポテンシャルについて学ぶとわかる。

空間のあらゆる場所の電場を決めるためには，試験電荷をあちこち動かして，その場所において試験電荷が受ける力をベクトルで表せばよい。

2.2　点電荷が作る電場　Basic

点電荷 q が作る電場は以下のように求められる。試験電荷 q_0 が点電荷 q から受ける力 $\vec{F}$ は、$\vec{e}_r$ を $q \to q_0$ 方向の単位ベクトルとすると、

$$\vec{F} = k\frac{qq_0}{r^2}\vec{e}_r$$

である。これと**電場の定義**：$\vec{E} = \dfrac{\vec{F}}{q_0}$ より、点電荷 q が作る電場は、

$$\vec{E} = \text{③} \boxed{}$$

と求められる。

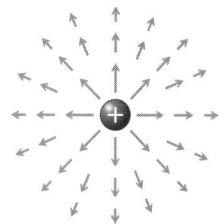

図 2.3　点電荷が作る電場
わかりやすくするため、ベクトルの大きさは実際とは一致していない。本来は、電場は $1/r^2$ に比例するので、電荷から遠ざかると急激に小さくなる。

問題 2.1　【電場から受ける力】

電場 $\vec{E}$ 中に正の点電荷 q を置くと、電場と同じ方向に力 $\vec{F}$ を受ける。以下の問いに答えよ。
(1) 電荷の大きさが $q = 5.0$ C、電場の大きさが $E = 2.0$ V/m のとき、力の大きさ F を求めよ。
(2) 電荷の大きさが $q = 2.0$ C、力の大きさが $F = 8.0$ N のとき、電場の大きさ E を求めよ。
(3) 電場の大きさが $E = 2.0$ V/m、力の大きさが $F = 18$ N のとき、電荷の大きさ q を求めよ。

問題 2.2　【点電荷が作る電場】

負の点電荷がまわりに作る電場を図 2.3 にならって描け。

問題 2.3　【点電荷が作る電場から受ける力】

点 O にある $Q = 1.6 \times 10^{-9}$ C の点電荷から $r = 0.20$ m 離れた点 P の電場の大きさ E_P を求めよ。また、点 P に $q = -2.5 \times 10^{-9}$ C の点電荷を置いたとき、この電荷が受ける力の大きさ F_P を求めよ。

2.3　複数の点電荷が作る電場　Basic

図 2.4 のような点電荷が 2 つ以上ある場合について考えよう。クーロン力が重ね合わせ可能であったことを思い出せば簡単である。試験電荷 q_0 が点電荷 q_1 から受ける力 $\vec{F}_{01}$ は、$q_1 \to q_0$ 方向の単位ベクトルを $\vec{e}_{01}$、$q_0 q_1$ 間の距離を r_{01} とすれば、

$$\vec{F}_{01} = \text{④} \boxed{}$$

となり、点電荷 q_2 から受ける力 $\vec{F}_{02}$ は、$q_2 \to q_0$ 方向の

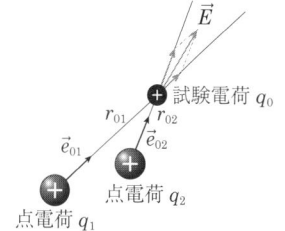

図 2.4　2 つの点電荷が作る電場
2 つの点電荷があるときの、ある点における電場の定義。それぞれの点電荷と試験電荷の間に独立したクーロン力が働くと考える。

単位ベクトルを $\vec{e}_{02}$, $q_0 q_2$ 間の距離を r_{02} とすれば,

$$\vec{F}_{02} = \text{⑤}\boxed{}$$

となる。これらをベクトル的に足すと, 電場 $\vec{E}$ は,

$$\vec{E} = \frac{\vec{F}_{01}}{q_0} + \frac{\vec{F}_{02}}{q_0} = k\left(\frac{q_1}{r_{01}^2}\vec{e}_{01} + \frac{q_2}{r_{02}^2}\vec{e}_{02}\right)$$

と表される。電荷が3つ以上あった場合でも重ね合わせによって同様に計算すればよい。

導入 問題 2.4 　　【2つの点電荷が作る電場】

図において, 点 P の電場をちょうどゼロにするために大きさ $+q$ の電荷を置く。どこに置けばよいか図示せよ。

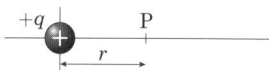

基本 問題 2.5 　　【2つの点電荷が作る電場】

真空中で $R = 0.40$ m 離れた点 A, B に $q_1 = 2.0 \times 10^{-6}$ C と $q_2 = -2.0 \times 10^{-6}$ C の点電荷を置くとき, 以下の各点での電場の向きを図示し, 電場の大きさ E を求めよ。

(1) AB を結ぶ線上で点 A から $r = 0.10$ m 離れた点 P

(2) AB の中点から垂直に $\dfrac{R}{2} = 0.20$ m 離れた点 Q

解答

(1) 点電荷 q_1 が点 P に作る電場の大きさは $E_1 = $ ⓐ$\boxed{}$ で ⓑ$\boxed{}$ 向きで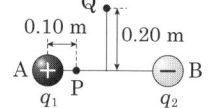

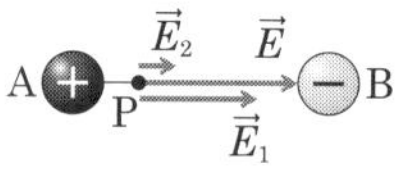

あり, 点電荷 q_2 が点 P に作る電場の大きさは $E_2 = $ ⓒ$\boxed{}$ で ⓓ$\boxed{}$ 向きであるから,

点 P での電場の大きさは $E = E_1 + E_2 = $ ⓔ$\boxed{}$ = ⓕ$\boxed{}$ V/m で

ⓖ$\boxed{}$ 向きである。

(2) 点電荷 q_1, q_2 と点 Q の距離はともに $r' = $ ⓗ$\boxed{}$ だから, 点電荷 q_1,

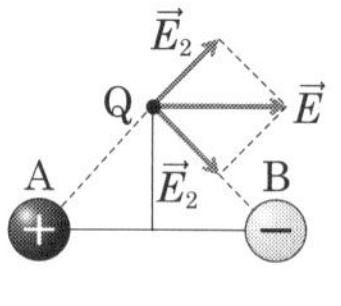

q_2 がそれぞれ点 Q に作る電場の大きさは, $E_1 = k\dfrac{q_1}{\left(\frac{\sqrt{2}R}{2}\right)^2}$, $E_2 = k\dfrac{|q_2|}{\left(\frac{\sqrt{2}R}{2}\right)^2}$ で図の向きである。

よって, 点電荷 q_1, q_2 が点 Q に作る電場の大きさは $E = \sqrt{E_1^2 + E_2^2} = \sqrt{2}E_1 = $ ⓘ$\boxed{}$ V/m で右方向である。

類似 問題 2.6 　　【2つの点電荷が作る電場】

真空中で $R = 0.40$ m 離れた点 A, B に $q_1 = 2.0 \times 10^{-6}$ C と $q_2 = 2.0 \times 10^{-6}$ C の点電荷を置くとき,

以下の各点での電場の向きを図示し，電場の大きさ E を求めよ。
(1) AB を結ぶ線上で点 A から $r = 0.10$ m 離れた点 P
(2) AB の中点から垂直に $\dfrac{R}{2} = 0.20$ m 離れた点 Q

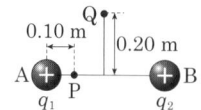

基本 問題 2.7　【2つの点電荷が作る電場】

点 O に $q_1 = 0.20 \times 10^{-6}$ C の点電荷を置き，点 O から $R = 0.80$ m 離れた点 P に $q_2 = 1.8 \times 10^{-6}$ C の点電荷を置いた。OP を結ぶ線上で2つの点電荷が作る電場がゼロになる点はどこか。点 O からの距離 r を求めよ。

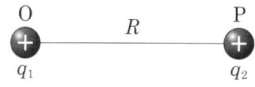

発展 問題 2.8　【2つの点電荷が作る電場】

図のように原点に $q_1 = 1.0 \times 10^{-4}$ C，x 軸上の $x = 1.0$ m の位置に $q_2 = -1.0 \times 10^{-4}$ C の点電荷がある。以下の問いに答えよ。
(1) 点電荷 q_1 が点 P に作る電場の向きを図示し，電場の大きさ E_1 を求めよ。
(2) 点電荷 q_2 が点 P に作る電場の向きを図示し，電場の大きさ E_2 を求めよ。
(3) 点 P における電場 $\vec{E}_P$ を図示し，電場の大きさを (E_{Px}, E_{Py}) の形で表せ。

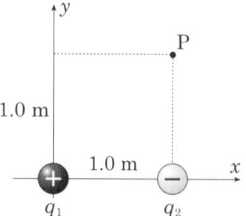

発展 問題 2.9　【複数の点電荷が作る電場】

問題 2.8 と同じ配置に同じ電荷があり，これらの電荷が点 P に作る電場の x, y 成分はそれぞれ $E_{Px} = 3.2 \times 10^5$ V/m，$E_{Py} = -5.8 \times 10^5$ V/m である。y 軸上のある点 Q に点電荷を置き，点 P における電場がゼロになるようにしたい。以下の問いに答えよ。
(1) 点 P の y 座標を $y_0 = 1.0$ m とするとき，点 Q の y 座標を求めよ。
(2) PQ 間の距離 r_{PQ} を求めよ。
(3) はじめに配置されていた2つの電荷が点 P に作る電場の大きさ E_P を求めよ。
(4) 点 Q に置く電荷の大きさ q_Q を求めよ。

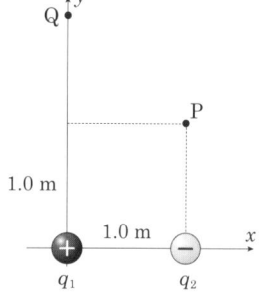

2.4 分布する電荷が作る電場　Standard

次に，連続的に分布する電荷が作る電場について考えよう。といっても，電荷の正体は電子（または陽子）なのだから，本当の意味では連続ではない。例えるなら，「水 1 mL あたり 1 g の砂糖が溶けている」というように，「小さな体積 ΔV をとるとそこには Δq の電荷が見いだされる」と考える。このとき，$\dfrac{\Delta q}{\Delta V}$ を「電荷密度」と名づけ記号 ρ で表す。ΔV から充分遠いところにある試験電荷は体積 ΔV 内のすべての電子（または陽子）からのクーロン力を受けるが，これはそこに点電荷 Δq がある場合に受けるクー

---

① $\dfrac{\vec{F}}{q_0}$　② N/C　③ $k\dfrac{q}{r^2}\vec{e}_r$　④ $k\dfrac{q_1 q_0}{r_{01}^2}\vec{e}_{01}$

ロン力とほぼ同じといってよい。

電荷密度が ρ で与えられているとき，微小体積 ΔV 内部に存在する電荷量は $\Delta q = $ ⑥ ☐ で表される。この電荷量 Δq が点 P に作る電場 $\Delta \vec{E}_i$ は

$$\Delta \vec{E}_i \approx k\frac{\Delta q}{r_i^2}\vec{e}_{ri} = k\frac{\rho \Delta V}{r_i^2}\vec{e}_{ri}$$

で，全電荷が点 P に作る電場 $\vec{E}$ は ⑦ ☐ を足し合わせたものだから，

$$\vec{E} \approx \sum_i \Delta \vec{E}_i = \sum_i k\frac{\rho \Delta V}{r_i^2}\vec{e}_{ri}$$

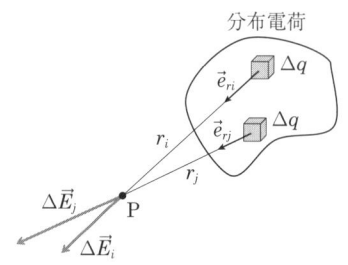

図 2.5　連続分布する電荷が作る電場
電荷密度 ρ で連続分布する電荷が点 P に作る電場を計算するときの考え方。電荷分布を微小体積 ΔV に存在する点とみなせる微小電荷 Δq に分解し，それぞれの作る電場を計算し重ね合わせる。

となる。ここで，等号でなく「ほぼ等しい」記号 "$\approx$" を使ったのは，Δq は充分小さいが点電荷ではないからである。いま，体積を無限に小さくしていくと総和が積分になって，「ほぼ等しい」関係が等号で結ばれる。

$$\vec{E} = \lim_{\Delta V \to 0}\sum_i k\frac{\rho \Delta V}{r_i^2}\vec{e}_{ri} = \iiint_V k\frac{\rho \mathrm{d}V}{r^2}\vec{e}_r$$

しかし，この計算は「ベクトル量の体積積分」という非常に厄介な計算で，任意の電荷分布でこの計算をやろうとしても歯が立たないことが多い。ただし，電荷分布が単純な形なら，解析的に解ける問題もある。

 現代はコンピューターという便利な道具があるので，上式を力づくで計算すれば実用上差し支えない精度でどんな場合でも電荷分布から電場分布を知ることができる。実際に，電機メーカーの技術者などは，例えば携帯電話の回路基盤上の電場分布などをこのようにして求めている。

積 分 の 定 義

積分区間 $x_0 \leq x \leq x_n$ を n 個の区間に分け，隣接する点の差を $\Delta x_k = x_k - x_{k-1}$ とすると，面積はおよそ

$$\sum_{k=1}^{n} f(x_k)\Delta x_k$$

となる。Δx_k がゼロになるように分割数 n の極限をとったときの極限値を積分と定義する。すなわち

$$\lim_{n \to \infty}\sum_{k=1}^{n} f(x_k)\Delta x_k = \int_{x_0}^{x_n} f(x)\mathrm{d}x$$

となる（☞『穴埋め式 力学』第 14 章）。

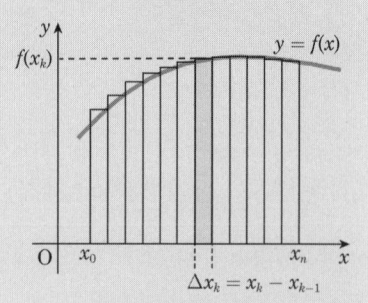

図 2.6　積分の定義

発展 問題 2.10 【リング状に分布する電荷が作る電場】

図のように半径 r の細いリング状に分布した電荷がある。このリング状電荷の単位長さあたりの電荷密度は ρ である。以下の問いに答えよ。

(1) 角度 θ の位置にある微小な電荷 dq が原点に作る電場の x 成分 dE_x を求めよ。
(2) リング状に分布した電荷が原点に作る電場の x 成分 E_x を求めよ。
(3) 同様に y 成分 E_y を計算し，リングの中心では電場がゼロとなることを示せ。

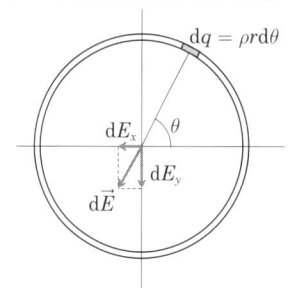

2.5 電気力線 Basic

空間の電場がどのような分布になっているか，それをわかりやすく表現したい。図 2.2 のようなものはコンピュータで描くことはできるが，手で描くのは大変である。そこで，昔の人は「**電気力線**」という表現方法を編み出した。電気力線は電場に沿って流れる線である。つまり，電場ベクトルは電気力線に接する。電気力線は，以下のルールにしたがうと自然に描くことができる。

(1) **電気力線のルール**

① 電気力線は❽____電荷から始まり❾____電荷で終わる。ただし，正負の電荷量がつり合わないときは，あまった電気力線は無限遠方に伸びる。
② 真空中の電荷が発する電気力線の本数は❿_____に比例する。
③ ある電荷から発する電気力線は，まわりの状態がどうなっても増減することはない。
④ 2 本の電気力線が交わったり，枝分かれしたりすることはない。
⑤ 電気力線は互いに離れようとし，1 本の電気力線はゴムのように縮もうとする。

(2) **1 つの点電荷ついての電気力線**

ルール①，⑤により，電気力線は正電荷の場合は電荷から始まる等間隔の外向きの線，負電荷の場合は等間隔の内向きの線となる。

(3) **2 つの点電荷があるときの電気力線**

同符号の電荷が向き合っているとき，ルール④により電気力線は中央の点線を越えることができない。そして，ルール⑤にしたがい，電気力線は図 2.8 のよう

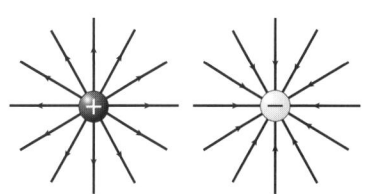

図 2.7 点電荷から出る電気力線
本数は適当でよいが，ここでは 12 本とした。電荷量が 2 倍になったら電気力線は 24 本描く必要がある。

---

⑤ $k\dfrac{q_2 q_0}{r_{02}^2}\vec{e}_{02}$

に分布することがわかる。

逆符号の電荷が2つあるとき，ルール①によりすべての電気力線は正電荷から始まり負電荷で終わる。ルール⑤により，電気力線は互いに離れるように分布するので，結果として図2.9のような分布が得られることがわかる。

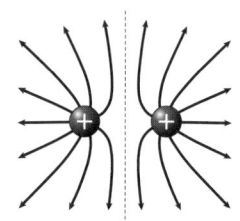

図2.8 電気力線の分布の様子
同じ大きさの，同符号の点電荷がある場合。

最後に，今までの説明では紙面に平行な面内の電気力線についてしか説明しなかったが，電気力線は実際には3次元空間に広がっている。これを描くのは相当大変だが，コンピュータを使えば描くことができ，一例を挙げると図2.10のようになる。複雑な系の場合，電気力線の描き方には相当のコツがいるが，とりあえずは描かれたものを理解できればよい。いくつか演習問題を出すので挑戦してほしい。

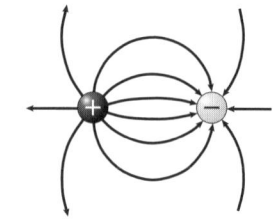

図2.9 電気力線の分布の様子
同じ大きさの，異符号の点電荷がある場合。

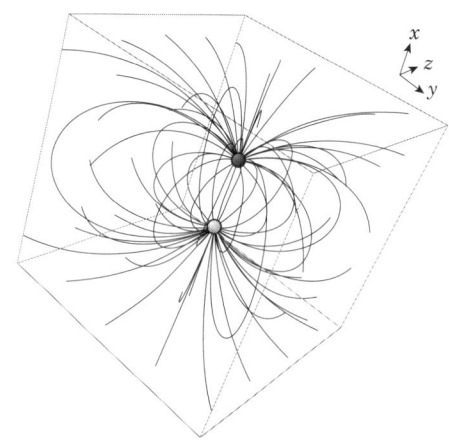

図2.10 立体的に示した電気力線の分布
異符号の，同量の電荷が向かい合っている場合の電気力線をコンピュータによって描いたもの。

問題 2.11　【電気力線】

図は，正・負に帯電した導体板を横から見た様子である。このとき導体板に挟まれた空間には一様な電場が存在することが知られている。図に電気力線を描け。

問題 2.12　【電気力線と電場の強度の関係】

図は，帯電した四角い導体とそこから発する電気力線である。電気力線の様子から，この系で一番電場が強い場所がどこか示せ。

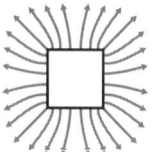

発展 問題 2.13 【電気力線】

図のように $+2q$ の大きさの正電荷と $-q$ の大きさの負電荷が向き合っている。このときの電気力線を図に描け。本数は q あたり 6 本とせよ。

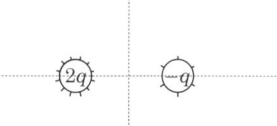

解答

問題 2.1 (1) $F = qE = 10\text{ N}$ (2) $E = \dfrac{F}{q} = 4.0\text{ V/m}$ (3) $q = \dfrac{F}{E} = 9.0\text{ C}$

問題 2.2

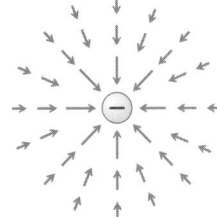

問題 2.3 $E_\text{P} = k\dfrac{Q}{r^2} = 3.6\times 10^2\text{ V/m}$, $F_\text{P} = |q|E_\text{P} = 9.0\times 10^{-7}\text{ N}$

問題 2.4

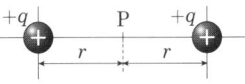

問題 2.5 ⓐ $k\dfrac{q_1}{r^2}$ ⓑ 右 ⓒ $k\dfrac{|q_2|}{(R-r)^2}$ ⓓ 右 ⓔ $k\dfrac{q_1}{r^2}+k\dfrac{|q_2|}{(R-r)^2}$

ⓕ 2.0×10^6 ⓖ 右 ⓗ $\dfrac{\sqrt{2}R}{2}$ ⓘ 3.2×10^5

問題 2.6 (1) $E = E_1 + E_2 = k\dfrac{q_1}{r^2} - k\dfrac{q_2}{(R-r)^2} = 1.6\times 10^6\text{ V/m}$, 右方向

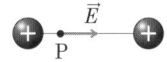

(2) $E = \sqrt{2}E_1 = 3.2\times 10^5\text{ V/m}$, 上方向

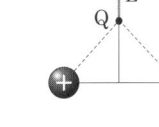

問題 2.7 $r = \dfrac{\sqrt{q_1 q_2} - q_1}{q_2 - q_1}R = 0.20\text{ m}$ （別解） $r = \dfrac{1}{4}R = 0.20\text{ m}$

問題 2.8 (1) $E_1 = k\dfrac{q_1}{(\sqrt{2}x)^2} = 4.5\times 10^5\text{ V/m}$

(2) $E_2 = k\dfrac{|q_2|}{x^2} = 9.0\times 10^5\text{ V/m}$

(3) $(E_{\text{P}x}, E_{\text{P}y}) = \left(\dfrac{E_1}{\sqrt{2}}, \dfrac{E_1}{\sqrt{2}} - E_2\right) = (3.2\times 10^5, -5.8\times 10^5)\text{ V/m}$

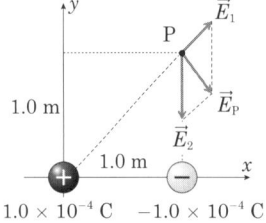

⑥ $\rho\Delta V$ ⑦ $\Delta \vec{E}_i$ ⑧ 正 ⑨ 負 ⑩ 電荷量

問題 2.9 (1) $y = y_0 + \dfrac{E_{Py}}{E_{Px}} = 2.8\,\text{m}$

(2) $r_{PQ} = \sqrt{(y-y_0)^2 + x^2} = 2.1\,\text{m}$

(3) $E_P = \sqrt{E_{Px}^2 + E_{Py}^2} = 6.6 \times 10^5\,\text{V/m}$

(4) $q_Q = \dfrac{r_{PQ}^2 E_P}{k} = \dfrac{\{(y-y_0)^2 + x^2\}\sqrt{E_{Px}^2 + E_{Py}^2}}{k} = 3.2 \times 10^{-4}\,\text{C}$

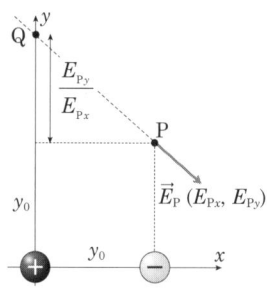

問題 2.10 (1) $dE_x = k\dfrac{\rho d\theta}{r}\cos\theta$

(2) $E_x = \displaystyle\int_0^{2\pi} k\dfrac{\rho d\theta}{r}\cos\theta = 0$

(3) $E_y = \displaystyle\int_0^{2\pi} k\dfrac{\rho d\theta}{r}\sin\theta = 0$, $|\vec{E}| = \sqrt{E_x^2 + E_y^2} = 0$　リングの中心の電場はゼロである。

問題 2.11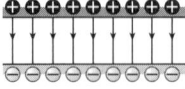

問題 2.12 導体表面の 4 つの角（電気力線の密度が高いことから電場が強いことが想像される。）

問題 2.13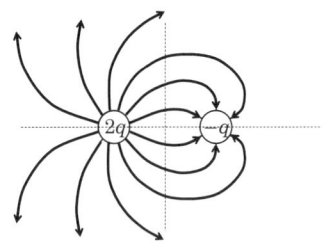

第 3 章 ガウスの法則

キーワード 電束，ガウスの法則

3.1 電束の定義 Basic

第2章では，「電気力線」という考え方を学んだ。これを発展させると，電磁気学を理解するために非常に便利な法則である**ガウスの法則**に至る道筋ができる。まずは，電気力線を正確に数える方法である「**電束**」を定義しよう。電束は「**ある面を貫く❶□□□□□□の量**」と定義される。しかし，電荷から出る電気力線の本数については決まりがないから，このままでは電気力線を数えることができない。そこで，電気力線の密度が❷□□□□の大きさに比例することを利用し，電束を電場の大きさで表そう。一様な電場 $\vec{E}$ が面 A （面積は A）を垂直に貫くとき，電束 Φ_e は

$$\Phi_e \equiv \varepsilon_0 |\vec{E}| A$$

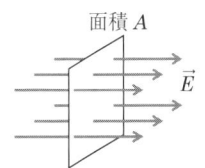

図 3.1 一様な電場 $\vec{E}$ とそれに垂直な面 A
電気力線の密度が電場の大きさに比例することを利用して電束を定義する。

と定義される。真空の誘電率 ε_0 をかける理由はあとで明らかになるが，電束の単位が [C] となって大変都合がよいからである。

面 A が電気力線と直交していない場合でも，面を通過する電束を定義できる。この場合，電束 Φ_e は面の法線と電気力線の角度を θ として，

$$\Phi_e = \varepsilon_0 |\vec{E}| A \cos\theta$$

となる。これは，面 A と接する電気力線に垂直な面 A′（図 3.2(b)）を通過する電束 $\Phi_e{}'$ が電束 Φ_e に等しく，

$$\Phi_e = \Phi_e{}' = \varepsilon_0 |\vec{E}| A' = \varepsilon_0 |\vec{E}| A \cos\theta$$

であることからわかる。

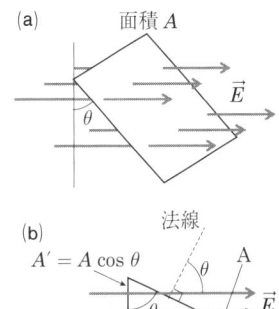

図 3.2 一様な電場 $\vec{E}$ と直交しない面 A
(a) 電場に垂直な面と角度 θ をなす面 A。
(b) 電場は面 A の法線と θ の角をなす。面 A のコサイン成分である面 A′は電場と直交する。

 面に垂直な直線を面の**法線**という。

これを応用して，電気力線が一様でなく，面が平面でもない，どんな場合でも通用する電束の定義について考えよう。電気力線の密度は，小さな面 ΔA_i を考えれば一様と

考えてよい。この面を貫く電束 $\Delta\Phi_e$ は面 ΔA_i を貫く電場を $\vec{E}_i$ として，

$$\Delta\Phi_e = \varepsilon_0 |\vec{E}_i| \Delta A_i \cos\theta$$

と書ける。あとで計算をやりやすくするために，これをベクトルのスカラー積（内積）で表そう。面 ΔA_i を，大きさが $|\Delta\vec{A}_i| = \Delta A_i$ となるような，面の法線方向のベクトル量 $\Delta\vec{A}_i$ として表す。これを，面 ΔA_i の❸ [_____] とよぼう。スカラー積の定義より $\vec{E}_i \cdot \Delta\vec{A}_i = |\vec{E}_i||\Delta\vec{A}_i|\cos\theta$ であるから，電束 $\Delta\Phi_e$ は

$$\Delta\Phi_e = \varepsilon_0 |\vec{E}_i||\Delta\vec{A}_i|\cos\theta = ④\,[\quad\quad\quad]$$

と書き直すことができる。これを，図 3.3 の面全体で足し合わせれば，どんな場合でも通用する電束の定義が完成する。面積 ΔA_i をゼロに近づければ足し合わせが積分になり，

$$\Phi_e = \lim_{\Delta A \to 0} \sum_i \varepsilon_0 \vec{E}_i \cdot \Delta\vec{A}_i = \varepsilon_0 \iint_A \vec{E} \cdot d\vec{A}$$

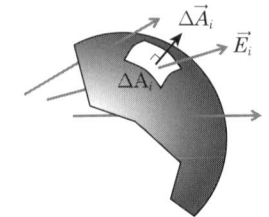

図 3.3 一般的な場合の電束の計算方法
面 A の中の小さな面 ΔA_i を考え，面全体で足し合わせればよい。

となる。これが，一般的な電束の定義である。（上記の積分（面積分）については 90 ページを参照。）

ベクトルのスカラー積（内積）

2 つのベクトル $\vec{A}$ と $\vec{B}$ の積を次のように定義する。

$$\vec{A} \cdot \vec{B} \equiv |\vec{A}||\vec{B}|\cos\theta$$

このように定義された積をスカラー積（内積）という。ここで，θ は 2 つのベクトルのなす角である。$\vec{A}$ と $\vec{B}$ の間の積を表す"・（ドット）"は省略してはならない。（☞『穴埋め式 力学』第 13 章）

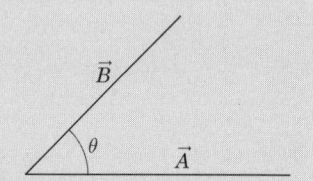

図 3.4 ベクトルのスカラー積
スカラー積は 2 つのベクトルの大きさと，なす角で定義される。

いま，特別な場合として，面 A が閉曲面である場合を考えよう（図 3.5）。閉曲面とは，空気を入れた風船のようにその内側と外側がはっきり区別できる面のことをいう。積分を閉曲面 A で行う，という記号を特に $\displaystyle\oiint_A$ と書けば，

$$\Phi_e = \varepsilon_0 \oiint_A ⑤\,[\quad\quad\quad]$$

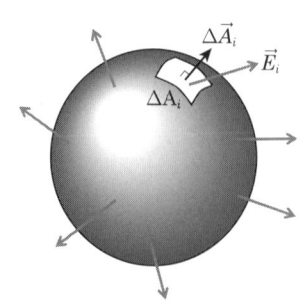

図 3.5 「閉曲面で電束を積分する」という概念
閉曲面，例えば球面で電束を積分する。

のように電束が表される。これは，ただ記号を約束しただけで中身が変わるわけではないが，このとき，「**電束 Φ_e は，閉曲面に閉じこめられた内部の電荷と必ず一致する**」という ❻ ☐ の法則が成り立つのである。3.2節ではこれを証明する。

🌱導入 問題 3.1　【電束】

大きさ $E = 1.0$ V/m の一様な電場中に面積 $A = 0.30$ m^2 の面を垂直に置く。この面を通過する電束 Φ_e を求めよ。

✏️基本 問題 3.2　【電束】

図のように，大きさ $E = 2.0$ V/m の一様な電場 $\vec{E}$ が，面積 $A = 0.10$ m^2 の面 A を貫いている。電場 $\vec{E}$ と面 A の法線ベクトル $\vec{A}$ とのなす角を θ とするとき，以下の場合の電束 Φ_e を求めよ。

(1) 面 A が電場に垂直（$\theta = 0°$）のとき
(2) 面 A が電場と 45°（$\theta = 45°$）のとき
(3) 面 A が電場と平行（$\theta = 90°$）のとき

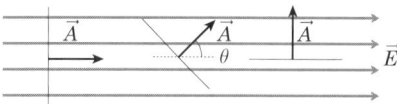

✏️基本 問題 3.3　【電場と面のなす角度による電束の変化】

大きさ $E = 2.0$ V/m の一様な電場 $\vec{E}$ と面積 $A = 1.0$ m^2 の面 A がある。面の法線が電場となす角度 θ を 0° から 90° まで連続的に変えたとき，面を貫く電束はどのように変化するか。グラフに示せ。

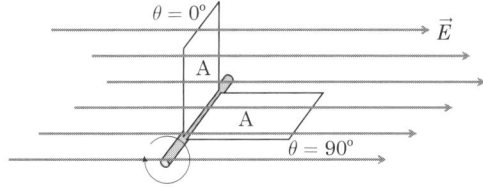
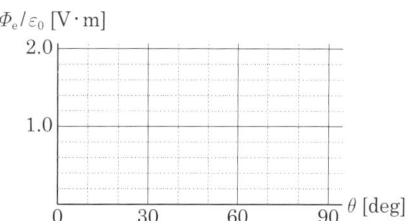

✏️基本 問題 3.4　【電束のベクトル計算】

ある一様な電場 $\vec{E} = 3\vec{i} + 2\vec{j}$ が面積ベクトル $\vec{A}$ で表される面を貫いている。以下の場合の電束 Φ_e を求めよ。

(1) $\vec{A} = \vec{i} + 3\vec{j}$　　(2) $\vec{A} = 5\vec{k}$

🚩発展 問題 3.5　【電束のベクトル計算】

図のように 1 辺 $l = 2$ m の立方体が，原点 O に頂点が，x, y 軸に 2 辺が接した状態で置いてある。以下の問いに答えよ。

(1) 面 A と面 B の面積ベクトル $\vec{A}$, $\vec{B}$ を単位ベクトル $\vec{i}$, $\vec{j}$, $\vec{k}$ を用いて表せ。
(2) 電場ベクトルが $\vec{E} = 2\vec{i} + 2\vec{j} + 2\vec{k}$ であるとき，面 A, B を貫く電束 Φ_e が同じであることを示せ。

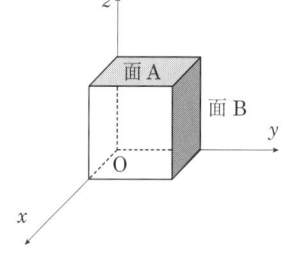

❶ 電気力線　❷ 電場

3.2 ガウスの法則の証明 Basic

さて，これからいよいよ，電磁気学の偉大な法則であるガウスの法則を証明する。はじめに，正の点電荷 q を囲む半径 r の球面 S_1 を考える（図 3.6）。なお，ガウスの法則を考える面はしばしば ❼ □ とよばれる。電気力線は点電荷から放射状に発することは間違いないので，ガウス面上の電場 $\vec{E}$ と面積ベクトル $\mathrm{d}\vec{A}$ の内積は $\vec{E}\cdot\mathrm{d}\vec{A}=|\vec{E}||\mathrm{d}\vec{A}|=E\mathrm{d}A$ となり，大きさ同士の積に等しい。電場の大きさ E はクーロンの法則から，真空の誘電率 ε_0 を用いて

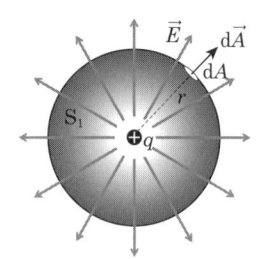

図 3.6 点電荷 q と，それを囲む球面
$\vec{E}$ と $\mathrm{d}\vec{A}$ の方向は一致している。

$$E = k\frac{q}{r^2} = \text{⑧} \boxed{}$$

となる。この電場はガウス面上の至る所で同じ大きさだから，電場は積分の外に出すことができる。

$$\Phi_\mathrm{e} = \varepsilon_0 \oiint_A \vec{E}\cdot\mathrm{d}\vec{A} = \varepsilon_0 E \oiint_A \mathrm{d}A$$

ここで，この積分は半径 r の球の表面積 $=$ ⑨ □ にほかならないから，電場 E を代入して，

$$\Phi_\mathrm{e} = \varepsilon_0 \frac{q}{4\pi\varepsilon_0 r^2} 4\pi r^2 = \text{⑩} \boxed{}$$

となり，電束 Φ_e が内部の点電荷 q に一致することが示された。これが，ガウスの法則の基本形である。電束 Φ_e は球の半径をどうとっても点電荷 q に等しいことに注意しよう。

次に，点電荷 q を囲む任意の閉曲面について考えよう。図 3.7 において，閉曲面 S_1 は球面であるから，この面を貫く電束は q である。

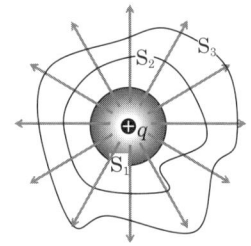

図 3.7 点電荷 q と，それを囲む任意の閉曲面
面をどうとっても，電束 Φ_e は面 S_1 で計算した値に一致する。

ここで，我々は第 2 章で学んだ「電気力線のルール」①電気力線は電荷から発する，④電気力線は枝分かれしたり交差したりしない，という性質を思い出すと，閉曲面 S_2 を貫く電気力線は，すべて閉曲面 S_1 を通ってこなければならないことがわかるだろう。したがって，閉曲面 S_2，さらに外側の閉曲面 S_3 を貫く電束もやはり q とわかる。**点電荷 q を囲む，任意の形の閉曲面について，その面を貫く電束は q である**といえる。

最後に，ガウスの法則を完成させるために，閉曲面の内部にある任意の電荷と，閉曲面を貫く電束の関係について考えよう。第2章で扱ったように，連続に分布する任意の電荷が作る電場は，電荷を小片に分割して，それらを点電荷と見なせば重ね合わせの原理で求められる。これは，当然電気力線についても当てはまるから，閉曲面Sの内部に電荷 q_1 があるとき，閉曲面Sを貫く電束は⑪□である。次に，この閉曲面の内部に電荷 q_2 を

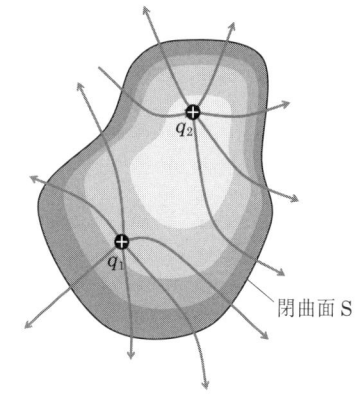

図3.8 閉曲面Sとその内部にある2つの電荷 q_1, q_2 すべての電気力線は閉曲面を貫いて外に出るため，電束の合計は必ず $q_1 + q_2$ となる。

入れると，この閉曲面を貫く電束は⑫□である。最後に，電荷 q_1, q_2 を同時に入れれば，この閉曲面を貫く電束は重ね合わせの原理から，⑬□となることがわかるだろう。これを，閉曲面内の任意の電荷分布に拡張すれば，

> **法則** ガウスの法則
>
> 閉曲面を貫く電束 Φ_e は，その中に含まれる全電荷 Q に等しい

といえる。これでガウスの法則が証明された。第4章では，ガウスの法則を利用して，分布する電荷が作る電場を鮮やかに解く方法を学ぶ。

基本 問題 3.6　　【ガウスの法則】

図のように，閉曲面に囲まれた $q_1 = 1.5$ C の正電荷と $q_2 = -4.0$ C の負電荷がある。この閉曲面を貫く正味の電束 Φ_e を求めよ。ここで，閉曲面を外から内に貫く電束はマイナスと数えることに注意せよ。

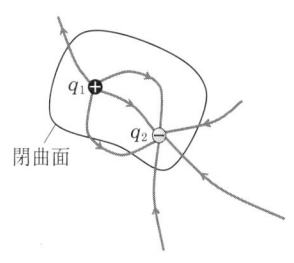

❸ 面積ベクトル　　④ $\varepsilon_0 \vec{E}_i \cdot \Delta \vec{A}_i$　　⑤ $\vec{E} \cdot d\vec{A}$　　❻ ガウス

カール・フリードリヒ・ガウス

Carl Friedrich Gauss (1777～1855)

　ドイツの数学者・物理学者。ガウスは天才だった。3歳のときには父親がした給与計算の誤りを正し，8歳頃には1から100までの和を即座に答えたという。神童であった彼は奨学金を得てゲッチンゲン大学で学び，ヘルムシュテット大学で学位を取得，1807年にはゲッチンゲン大学教授兼天文台台長となる。電磁気学分野ではガウスの法則（主論文は1840年）が有名だが，この他にも小惑星ケレスの軌道計算（1801年），屈折に関する研究（1804年），毛管現象を伴う液体の形の研究（1829年）など，さまざまな物理学の分野で活躍した。

　なお，ガウスといえば，物理学者よりも数学者だと位置づけられることが多い。若くして彼は古代ギリシア時代からの難問「定規とコンパスだけで行う正十七角形の作図」を見事に成し遂げ（1796年），その後も最小二乗法（着想を得たのは1795年とされる）や，超幾何級数論，複素関数論などの幅広い数学分野で多くの業績を残している。

　このように科学に多大な貢献をした天才ガウスであったが，彼の才能は多くの協力者がいなければ悲しみの中に埋もれてしまっていたかもしれない。父親の学問に対する不理解，最初の妻は早世，2度目の妻は病弱，息子とは不和，戦争など数々の不幸が彼を悩ませ続けていた。だが，母親や多くの人との文通によって支えられながら，彼は数理科学の諸分野で数々の偉業を成し遂げたのである。

解答

問題 3.1 　$\varPhi_e = \varepsilon_0 EA = 2.7 \times 10^{-12}$ C

問題 3.2 　(1) $\varPhi_e = \varepsilon_0 EA = 1.8 \times 10^{-12}$ C 　　(2) $\varPhi_e = \varepsilon_0 EA \cos\theta = 1.3 \times 10^{-12}$ C
(3) $\varPhi_e = \varepsilon_0 EA \cos\theta = 0$ C

問題 3.3

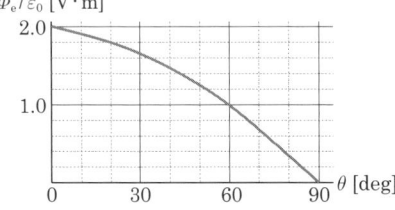

問題 3.4 　(1) $\varPhi_e = \varepsilon_0 \vec{E}\cdot\vec{A} = \varepsilon_0(3\vec{i}+2\vec{j})\cdot(\vec{i}+3\vec{j}) = 9\varepsilon_0 = 8.0 \times 10^{-11}$ C
(2) $\varPhi_e = \varepsilon_0 \vec{E}\cdot\vec{A} = \varepsilon_0(5\vec{k})\cdot(\vec{i}+3\vec{j}) = 0$ C

問題 3.5 　(1) $\vec{A} = l^2\vec{k} = 4\vec{k}, \ \vec{B} = l^2\vec{j} = 4\vec{j}$
(2) 面 A：$\varPhi_{eA} = \varepsilon_0 \vec{E}\cdot\vec{A} = \varepsilon_0(2\vec{i}+2\vec{j}+2\vec{k})\cdot(4\vec{k}) = 8\varepsilon_0$,
　　面 B：$\varPhi_{eB} = \varepsilon_0 \vec{E}\cdot\vec{A} = \varepsilon_0(2\vec{i}+2\vec{j}+2\vec{k})\cdot(4\vec{j}) = 8\varepsilon_0$ 　よって同じ

問題 3.6 　$\varPhi_e = q_1 + q_2 = -2.5$ C

第4章 ガウスの法則の応用

キーワード 球状電荷，直線状電荷，面状電荷

4.1 「対称性」についての議論　Basic

　本章では，ガウスの法則を使い，分布する電荷がどのような電場を作るのかを計算する方法について学ぼう。第2章で述べたように，一般にこれを具体的に計算するのは大変難しい。比較的単純な，電荷が無限に長い直線状に分布している場合ですら，高度な積分の技術を必要とする。しかし，ガウスの法則と，これから説明する「対称性」についての議論を使えば，対称性のよい分布をした電荷が作る電場は驚くほど簡単に求めることができる。対称性の議論とは，**物理の法則はどの方向にも等しく作用する**という我々の信念である。例えば，球状で一様な電荷密度の正電荷があるとする。電場の向きが球から外向きであることは疑いもないが，対称性の議論により電場の大きさは，電荷の中心から半径 r の球面上ではどこでも同じであると信じる。同時に，電場の方向は球面に垂直，正確に r 方向のベクトルでなくてはならない。なぜなら，ベクトルの方向がそれ以外になると，どこかでこの系は非対称に見えることになってしまうからである。

4.2 球状に分布した電荷　Basic

　一様な電荷密度 ρ [C/m^3] で球状に分布した半径 a の正電荷が作る電場について考えよう（図 4.1）。領域は電荷の半径 a より外側の範囲とする。点 P の電場を正直な積分で求めるには，半径 a の球内部のすべての点が点 P に作る電場を積分で足し合わせなくてはならず，これは大変な計算である。しかし，この問題はガウスの法則を利用すればたやすく解答できる。

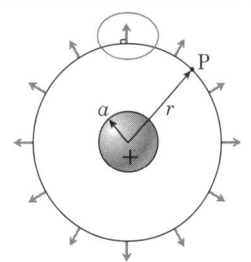

図 4.1　一様な密度の球状電荷のまわりに，点 P を含む半径 r のガウス面を仮定する
電場の大きさは球面上ではどこでも同じで，電場の方向は球面に垂直である。

　対称性の議論から，点 P における電場は球の半径方向，外向きのベクトルで，点 P を含む半径 r の球面上の電場の大きさ E は一様であろう。半径 r の面をガウス面とすれば，電場は面に垂直かつ一様だから，面積分は

---

❼ ガウス面　⑧ $\dfrac{q}{4\pi\varepsilon_0 r^2}$　⑨ $4\pi r^2$　⑩ q　⑪ q_1　⑫ q_2　⑬ q_1+q_2

[電場の大きさ]×[面積]の計算になる。半径 a の正電荷の体積は $\frac{4}{3}\pi a^3$ であるから全電荷は ① [ ] であり、これを Q とおくと、ガウスの法則より

$$\Phi_e = \varepsilon_0 \oiint \vec{E} \cdot d\vec{A} = \varepsilon_0 E \oiint dA = \text{②}\,[\quad] = Q$$

となり、移項して E は

$$E = \text{③}\,[\quad]$$

となる。すなわち、点 P の電場は原点に全電荷 Q が集まったときと同じである。

基本 問題 4.1 【球状分布した電荷が作る電場】

電荷密度 $\rho = 1.0 \times 10^{-12}$ C/m^3 の電荷が半径 $a = 0.20$ m の球内部に存在する。以下の問いに答えよ。

(1) 中心からの距離 $r = 2.0$ m の位置における電場の大きさ E を求めよ。

(2) $r = 0.10$ m の位置における電場の大きさ E を求めよ。

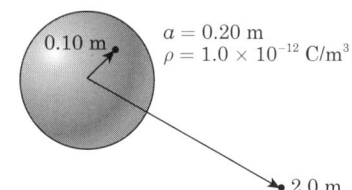

解答

(1) ガウスの法則と対称性の議論より、半径 r の球面上の電場 E と全電荷 Q の関係は
$\Phi_e = \varepsilon_0 \oiint \vec{E} \cdot d\vec{A} = \varepsilon_0 E \oiint dA = \text{ⓐ}\,[\quad] = Q$ と表せる。よって、電場 E は

$$E = \frac{\text{ⓑ}\,[\quad]}{\text{ⓒ}\,[\quad]}$$

である。半径 a、電荷密度 ρ の球の全電荷は $Q = \text{ⓓ}\,[\quad]$ なので、電場は $E = \text{ⓔ}\,[\quad]$ と計算できる。これに数値を代入して $E = \text{ⓕ}\,[\quad]$ V/m となる。

(2) 対称性の議論は球内部でも通用する。ガウス面が a より内側の場合、「ガウス面より内側の全電荷」は半径 r の球が含む電荷であるから、$Q = \text{ⓖ}\,[\quad]$ である。よって、電場は

$$E = \text{ⓗ}\,[\quad] = \text{ⓘ}\,[\quad]\ \text{V/m}\ \text{となる。}$$

類似 問題 4.2 【球状分布した電荷が作る電場】

電荷密度 $\rho = 2.0 \times 10^{-10}$ C/m^3 の電荷が半径 $a = 0.25$ m の球内部に存在する。以下の問いに答えよ。

(1) 中心からの距離 $r = 2.0$ m の位置における電場の大きさ E を求めよ。

(2) $r = 0.20$ m の位置における電場の大きさ E を求めよ。

4.3 無限長線電荷　Basic

一様な線電荷密度 τ で，無限に長い線状に分布している電荷が作る電場について考えよう。ここで，線電荷密度とは太さが無視できる細い線の単位長さに含まれる電荷量で，単位は [C/m] で表される。線電荷密度 τ，長さ l の区間に含まれる電荷は τl で表される。対称性の議論から電場は線に対して垂直な方向で，線から半径 r の円周上ではどこでも一様である。この場合，ガウス面を半径 r，長さ l の円筒状にとる。ガウスの法則から電場を求めよう。電場は放射状なので，円筒の上下面と電場は平行で，電束の定義からこの上下面を貫く電束は ❹ □ となる。また，電束 Φ_e は円筒の側面を垂直に貫くから，積分は [電場の大きさ] × [円筒の側面積 ⑤ □] で計算できることがわかるだろう。全電荷は ⑥ □ であるから，

$$\Phi_e = \varepsilon_0 \oiint \vec{E}\cdot d\vec{A} = \varepsilon_0 E \oiint dA$$
$$= ⑦\boxed{} = \tau l$$

となり，無限に長い線状に分布している電荷が線から半径 r の位置に作る電場は

$$E = ⑧\boxed{}$$

となる。

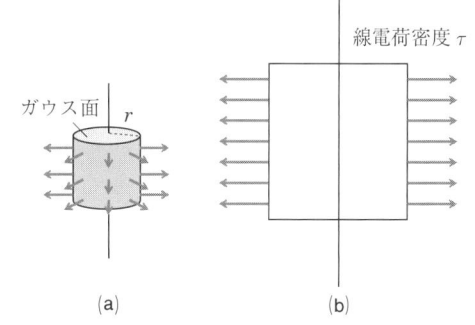

図 4.2　無限に長い直線状に分布した電荷が作る電場
(a) 半径 r，長さ l の円筒状のガウス面を考える。
(b) 円筒の上下面を貫く電束はゼロで，電束は円筒の側面を垂直に貫く。

基本問題 4.3　【無限長線電荷が作る電場】

線電荷密度 $\tau = 1.0 \times 10^{-12}$ C/m の無限長線電荷から距離 $r = 2.0$ m の位置における電場の大きさ E を求めよ。

解答

電荷を中心に半径 r，長さ l の円筒面をガウス面とする。対称性の議論より，電場は図 4.2 のように分布しており，ガウスの法則は積分 $\oiint dA$ が円筒の側面積であることに注意すると，以下のように書ける。

$$\Phi_e = \varepsilon_0 \oiint \vec{E}\cdot d\vec{A} = \varepsilon_0 E \oiint dA = ⓐ\boxed{} = Q$$

よって，電場は $E = \dfrac{ⓑ\boxed{}}{ⓒ\boxed{}}$ である。ガウス面に含まれる電荷は $Q = ⓓ\boxed{}$ で表されるので，代入すると l が消え，$E = ⓔ\boxed{} = ⓕ\boxed{}$ V/m となる。

基本 問題 4.4 【無限長円柱状電荷が作る電場】

電荷密度 $\rho = 1.0 \times 10^{-12}$ C/m³ の電荷が半径 $a = 0.20$ m の無限に長い円柱状に存在する。以下の位置における電場の大きさ E を求めよ。

(1) 円柱の中心から距離 $r_1 = 2.0$ m の位置
(2) 円柱の中心から距離 $r_2 = 0.10$ m の位置

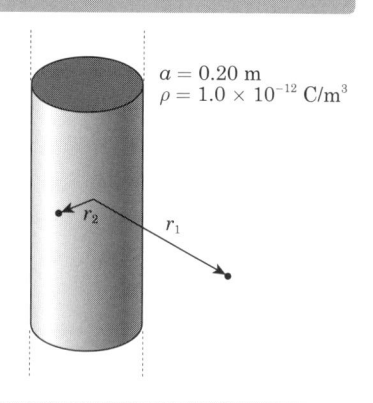

基本 問題 4.5 【2つの無限長線電荷が作る電場】

線電荷密度 τ [C/m] の無限に長い正電荷と，線電荷密度 $-\tau$ [C/m] の無限に長い負電荷が距離 l で平行に存在する。点 P における電場の大きさ E および，その方向を求めよ。

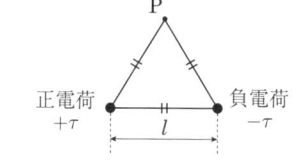

解答

線電荷密度 τ [C/m] で，無限に長い線電荷から距離 l の位置の電場の大きさはガウスの法則より

$E =$ ⓐ □ である。正電荷が点 P に作る電場 $\vec{E}_1$ と負電荷が点 P に作る電場 $\vec{E}_2$ をベクトルの和で足し合わせる。$|\vec{E}_1| = |\vec{E}_2|$ で互いのなす角が 120° だから，$E = |\vec{E}| = 2|\vec{E}_1|$ ⓑ □ = ⓒ □ となり，方向は図に示すとおりである。

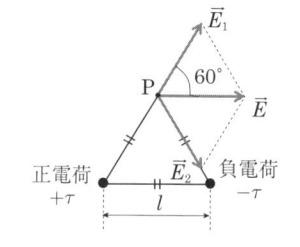

発展 問題 4.6 【円筒状に分布する電荷が作る電場】

内半径 r_1，外半径 r_2 の円筒状に，「ちくわ」のような形で一様な電荷密度 ρ で電荷が詰まっている。以下の位置における電場の大きさ E を求めよ。

(1) $0 \leq r < r_1$
(2) $r_1 \leq r < r_2$
(3) $r_2 \leq r$

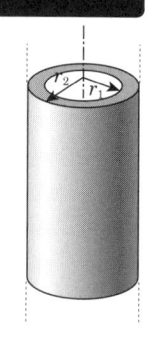

4.4 無限に広い面電荷　Basic

無限に広い平面状に面電荷密度 σ で分布する電荷が作る電場について考えよう。ここで，面電荷密度とは，厚さが無視できる薄い面の単位面積に含まれる電荷量で，単位は [C/m²] で表される。面電荷密度 σ，面積 S の面に含まれる電荷は σS で表される。

対称性の議論から，電場は電荷面と垂直に，面から遠ざかる方向を向いている。ガウス面は面に平行な底面をもつ，面積 S の円筒を考え，電荷がちょうど円筒を二分するように配置する。対称性の議論から，電場は円筒の上下面に垂直に出ていくのみで，面上の電場はどちらの面も同じ大きさであろう。積分は［電場の大きさ］×［円筒の❾□ $S \times 2$］（上下面）で計算できる。全電荷は⑩□であるから，

$$\Phi_e = \varepsilon_0 \oiint \vec{E} \cdot d\vec{A} = \varepsilon_0 E \oiint dA = ⑪\boxed{} = \sigma S$$

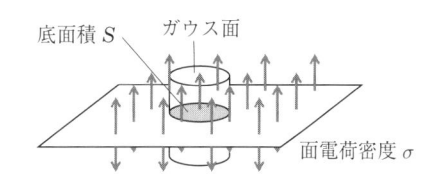

図 4.3　無限に広い平面状に分布した電荷が作る電場
底面積 S の円筒状のガウス面を考えると，円筒の側面を貫く電束はゼロで，電束は円筒の上下面を垂直に貫く。

となり，無限に広い平面状に分布している電荷が作る電場は

$$E = ⑫\boxed{}$$

となる。ここまでの議論で，円柱の長さがまったく不要であったことに気づいただろうか。つまり，**電場の大きさは面からの距離に依存しない**。無限に広い面電荷が作る電場が上式で表されるという事実は，重ね合わせの原理と合わせて平行板コンデンサー（☞第 7 章）の内部の電場を計算するときに役に立つ。

📝基本 問題 4.7　【無限に広い面状電荷が作る電場】

電荷密度 $\rho = 1.0 \times 10^{-12}$ C/m³ の電荷が厚さ $d = 0.40$ m の無限に広い平板状に存在する。以下の位置における電場の大きさ E を求めよ。
(1) 平板の中央から距離 $r_1 = 2.0$ m の位置
(2) 平板の中央から距離 $r_2 = 0.10$ m の位置

$d = 0.40$ m
$\rho = 1.0 \times 10^{-12}$ C/m³

解答
(1) 図 4.3 のような高さ $2r_1$，底面積 S の円筒形ガウス面を考える。対称性の議論から，電束は上下面を垂直に貫いている。上下面の電場の大きさを E とすれば，ガウス面を貫く電束は，上下で 2 倍になることに注意して，$\Phi_e = ⓐ\boxed{}$ である。一方，ガウス面内部に含まれる電荷は

$Q = ⓑ\boxed{}$ だから，ガウスの法則より ⓒ$\boxed{}$ となるから，$E = ⓓ\boxed{}$
$= ⓔ\boxed{}$ V/m となる。

(2) 高さ $2r_2$，底面積 S の円筒形ガウス面を考える。ガウス面内部に含まれる電荷は

---

① $\dfrac{4}{3}\pi a^3 \rho$　② $4\pi\varepsilon_0 r^2 E$　③ $\dfrac{Q}{4\pi\varepsilon_0 r^2}$　❹ ゼロ　⑤ $2\pi rl$　⑥ τl　⑦ $2\pi\varepsilon_0 rlE$　⑧ $\dfrac{\tau}{2\pi\varepsilon_0 r}$

第 4 章●ガウスの法則の応用

$Q =$ ⓕ ☐ だから，ガウスの法則より ⓖ ☐ となるから，$E =$ ⓗ ☐ $=$ ⓘ ☐ V/m となる。

問題 4.8 【2枚の無限面電荷が作る電場】

図のように平行におかれた 2 枚の無限に広い面 A, B がある。面 A は面電荷密度 $\sigma_A = 7.1 \times 10^{-6}$ C/m^2 で正に帯電し，面 B は面電荷密度 $\sigma_B = 5.3 \times 10^{-6}$ C/m^2 で負に帯電している。以下の位置における電場の大きさ E および，その方向を求めよ。

(1) 面 A の左側の点 P
(2) 面 A と面 B の間の点 Q

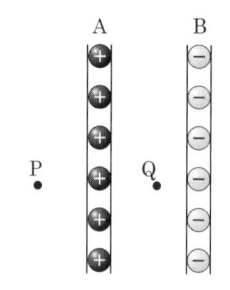

解答

問題 4.1 ⓐ $\varepsilon_0 E \cdot 4\pi r^2$ ⓑ Q ⓒ $4\pi\varepsilon_0 r^2$ ⓓ $\dfrac{4}{3}\pi a^3 \rho$ ⓔ $\dfrac{\rho a^3}{3\varepsilon_0 r^2}$
ⓕ 7.5×10^{-5} ⓖ $\dfrac{4}{3}\pi r^3 \rho$ ⓗ $\dfrac{\rho r}{3\varepsilon_0}$ ⓘ 3.8×10^{-3}

問題 4.2 (1) $E = \dfrac{\rho a^3}{3\varepsilon_0 r^2} = 2.9 \times 10^{-2}$ V/m (2) $E = \dfrac{\rho r}{3\varepsilon_0} = 1.5$ V/m

問題 4.3 ⓐ $\varepsilon_0 E \cdot 2\pi r l$ ⓑ Q ⓒ $2\pi r l \varepsilon_0$ ⓓ τl ⓔ $\dfrac{\tau}{2\pi\varepsilon_0 r}$ ⓕ 9.0×10^{-3}

問題 4.4 (1) 半径 a，長さ l の円柱内部に含まれる電荷は $Q = \pi a^2 l \rho$ であり，円筒を貫く電束はガウスの法則より，$\Phi_e = \varepsilon_0 E \cdot 2\pi r_1 l = Q$ であるから，$E = \dfrac{\rho a^2}{2 r_1 \varepsilon_0} = 1.1 \times 10^{-3}$ V/m となる。

(2) ガウス面を半径 r_2，長さ l の円柱にとると，ガウス面内部はすべて電荷で満たされているから，$Q = \pi r_2^2 l \rho$ であり，電束は $\Phi_e = \varepsilon_0 E \cdot 2\pi r_2 l = Q$ であるから，$E = \dfrac{\rho r_2}{2\varepsilon_0} = 5.6 \times 10^{-3}$ V/m となる。

問題 4.5 ⓐ $\dfrac{\tau}{2\pi l \varepsilon_0}$ ⓑ $\cos 60°$ ⓒ $\dfrac{\tau}{2\pi l \varepsilon_0}$

問題 4.6 (1) $E = 0$ (2) $E = \dfrac{\rho(r^2 - r_1^2)}{2r\varepsilon_0}$ (3) $E = \dfrac{\rho(r_2^2 - r_1^2)}{2r\varepsilon_0}$

問題 4.7 ⓐ $2\varepsilon_0 ES$ ⓑ ρdS ⓒ $2\varepsilon_0 ES = \rho dS$ ⓓ $\dfrac{\rho d}{2\varepsilon_0}$ ⓔ 2.3×10^{-2}
ⓕ $2\rho r_2 S$ ⓖ $2\varepsilon_0 ES = 2\rho r_2 S$ ⓗ $\dfrac{\rho r_2}{\varepsilon_0}$ ⓘ 1.1×10^{-2}

問題 4.8 (1) $E = \dfrac{\sigma_A}{2\varepsilon_0} - \dfrac{\sigma_B}{2\varepsilon_0} = 1.0 \times 10^5$ V/m，左向き

(2) $E = \dfrac{\sigma_A}{2\varepsilon_0} + \dfrac{\sigma_B}{2\varepsilon_0} = 7.0 \times 10^5$ V/m，右向き

第 5 章 静電ポテンシャル

キーワード 静電ポテンシャル，電位差，等電位面

5.1 仕事とポテンシャル　Basic

本章の内容を理解するためには，ニュートン力学の「仕事」と「ポテンシャルエネルギー」の概念が必要である．以下，簡単に復習をするが不慣れな場合は『穴埋め式 力学』の第 13 章から第 16 章などで復習してほしい．まずは，仕事の定義を復習しておく．仕事 W は，力 F を加え，力の方向に ds だけ動かしたとき，$W=$ ① □ で与えられ，単位は [② □] である．一般には力の方向と動く方向が同じとは限らないが，そのときはスカラー積を用いて $W=\vec{F}\cdot d\vec{s}$ と書ける．力の方向に動けば仕事はプラス，力と反対方向に動けば仕事はマイナスである．

ポテンシャルエネルギーについて復習しよう．ポテンシャルエネルギーが存在するためには，物体に**保存力**が働く必要がある．例えば，重力場中にある物体やばねに取りつけられた物体がポテンシャルエネルギーをもてる．物体に働く力が保存力なら，物体のポテンシャルエネルギーは，保存力に逆らって物体を動かすと増加し，保存力に沿って動かすと減少する．例えば，力が重力なら保存力は常に鉛直下向きで，重力に逆らって物体を上に移動させると重力ポテンシャルエネルギーが❸ □ する．保存力がした仕事を dW，ポテンシャルエネルギーの変化を dU とすると，$dU=$ ④ □ の関係がある．ここで，重要な定理として，始点と終点を決めたとき，物体をどのような経路で動かしても，ポテンシャルエネルギーの変化は同じであることに注目してほしい．このような仕事とポテンシャルの法則は，電荷が受ける力と電場にも適用できる．次節からこれを見ていこう．

> ⚠ 本来はクーロン力が保存力であることを証明しなければならないが，これはあと回しにして，当面はクーロン力も保存力なのでポテンシャルエネルギーが存在できるとして話を進めていく．

5.2 静電ポテンシャルの定義　Basic

クーロン力がする仕事について考える．電荷量を q_0，電荷が感じる電場ベクトルを

---

❾ 底面積　⑩ σS　⑪ $\varepsilon_0 E \cdot 2S$　⑫ $\dfrac{\sigma}{2\varepsilon_0}$

$\vec{E}$ とする。動いた距離 $d\vec{s}$ が短いとき $\vec{E}$ は一定と考えてよい。クーロン力は $\vec{F} = q_0 \vec{E}$ であるから，クーロン力がした仕事 dW は，

$$dW = \vec{F} \cdot d\vec{s} = \text{⑤} \boxed{}$$

と書ける。クーロン力が保存力なら，電荷が $d\vec{s}$ 動いたことにより増加したポテンシャルエネルギーは，

$$dU = -dW = \text{⑥} \boxed{}$$

となる。いま，変化する電場の中を電荷 q_0 が点Aから点Bまで動くとき（図5.1），クーロン力のした仕事は線積分で求めることができる。線積分とは図5.1のようにクーロン力 $\vec{F} = q_0 \vec{E}$ と微小線要素ベクトル $d\vec{s}$

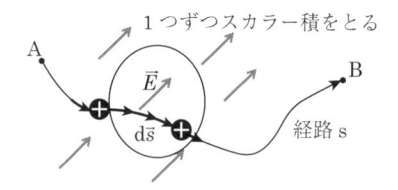

図5.1 クーロン力がする仕事
変化する電場の中で電荷 q_0 を点Aから点Bまで動かすとき，クーロン力がした仕事は電場 $\vec{E}$ を経路 s に沿って線積分することで得られる。

のスカラー積をとり，それを加えながら点Aから点Bまで進む演算操作である。スカラー積の性質から，一定の大きさの電場ベクトル場に沿って線積分すれば，その値は $q_0 \times$ ［電場の大きさ］$\times$［経路の長さ］となる。経路がベクトルに垂直なときは，線積分の値はゼロである（☞ 105 ページ）。

クーロン力のした仕事は $W = \int_A^B q_0 \vec{E} \cdot d\vec{s}$ であるから，増加したポテンシャルエネルギーは電場の線積分と以下のように関係づけられる。

$$\Delta U = U_B - U_A = -W = -q_0 \int_A^B \vec{E} \cdot d\vec{s}$$

議論を一般化するために，点Aと点Bの電位差 $V_B - V_A$ を，「**1 Cの電荷のポテンシャルエネルギーの差**」と定義する。すなわち，電位差は，次のように表される。

静電ポテンシャルの差（電位差）の定義：$\Delta V = V_B - V_A = \dfrac{\Delta U}{q_0} = \text{⑦} \boxed{}$

ある電荷を点Aから点Bまで動かすときの仕事は電荷量に依存するが，点Aと点Bの電位差は電荷を動かす前から決まっている。この違いに注意しよう。

さて，我々は，例えば「富士山の高さは 3776 m」というとき，暗黙のうちに海面の高さをゼロと定義している。電磁気学では，この基準として電場の存在しない，無限遠方の電位をゼロと定義する。したがって，

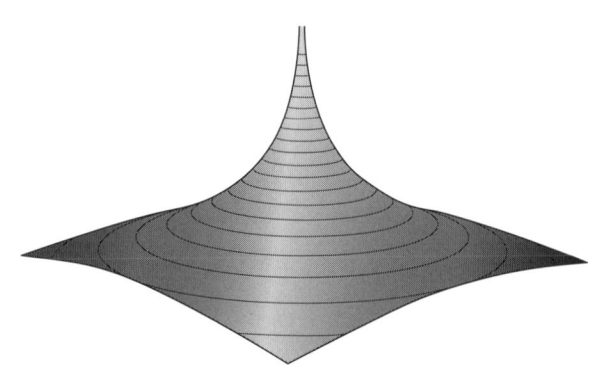

図5.2 点電荷のまわりのポテンシャル（電位）
ポテンシャルはよく坂道に例えられ，電位の高さを地面からの高さで例える。点電荷のまわりのポテンシャルを地面からの高さで例えると，このようなイメージとなる。詳しい説明は5.3節で行う。

ある点 P の電位 V_P は，無限遠方から点 P まで 1 C の電荷を運ぶときにクーロン力がした仕事（電場がした仕事といってもよい）で与えられる。

電位の定義：$V_P = -\int_\infty^P \vec{E} \cdot d\vec{s} = \int_P^\infty \vec{E} \cdot d\vec{s}$

要するに，点 P から出発して電場がなくなる無限遠方まで，どのような経路を通ってもよいから，電場を線積分すればそれが点 P の電位になるということである。

電位の単位を [V]（ボルト）で表し，電位 [V] はエネルギー [J] を電荷 [C] で割った量であるから，電位の単位は [V] = [⑧　　　] と書ける。さらに，電場の単位は定義から [N/C] で，[J] = [N·m] であるから，電場の単位は，[N/C] = [J/m·C] = [⑨　　　] と書けることがわかる。

> ⚠ 一般にいわれる「電圧」は，2 点間の電位差のことをさしている。

アレッサンドロ・ジュゼッペ・アントニオ・アナスタージオ・ボルタ
Alessandro Giuseppe Antonio Anastasio Volta（1745 ～ 1827）

イタリアの物理学者・化学者。当時，ボルタと同じイタリア人の解剖学者ガルヴァーニが，解剖したカエルの脚に異種の金属を当てると，脚がぴくぴく痙攣することを発見し，動物の中に電気があるとする「動物電気説」を唱えた。これに対してボルタは，電気は動物の中にあるのではなく，異種の金属の接触にその起源があるのではないかと考えた。「動物電気説」との論争が続く中，ボルタは 1792 年に異種金属の接触による電流の発生機構を考案，その後の 1800 年に「ボルタの電堆」を考案し，世界ではじめて持続的に電気を流し続ける装置，今日でいう「電池」を発明した。晩年は伯爵にもなり，栄誉のうちに生涯を閉じている。ちなみに，電圧の単位である「ボルト」はボルタの名前からとられている。

問題 5.1　【電場の単位】

電場の単位 [N/C] が [V/m] とも書けることを示せ。

問題 5.2　【1 電子ボルトの定義】

1 電子ボルト [eV] とは，素電荷 e（電子，陽子のもつ電荷量）を 1 V の電位差まで移動させるのに必要な仕事に等しいエネルギーである。素電荷を $e = 1.60 \times 10^{-19}$ C として，1 eV の大きさを求めよ。

問題 5.3　【外力がした仕事】

5.0 C の電荷を点 A から点 B まで移動させた。点 A と点 B の電位がそれぞれ $V_A = 2.0$ V，$V_B = 6.0$ V のとき，電場中を移動させるために外力がした仕事 W を求めよ。

---

① Fds　② J　❸ 増加　④ $-dW$

5.3 電場と静電ポテンシャルの関係 Basic

電場と静電ポテンシャルの関係を考えよう。もっとも簡単な例として，図5.3のような，一様な電場を考える。一様な電場では電荷がどこにあっても等しい力を受ける。大きさ E の一様な電場に沿って，1 C の電荷を距離 d 動かすとき，電場がした仕事は Ed であるから，点 A と点 B の電位差は，

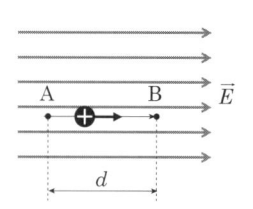

$$\Delta V = V_B - V_A = \text{⑩}\boxed{}$$

図5.3 一様な電場がする仕事（電場に平行）
一様な電場に沿って1 C の電荷を距離 d だけ動かす。電場がする仕事から電位が求められる。

となる（点 A を基準にとると，点 B の電位が低い）。大きさ q の電荷が電場に沿って距離 d 動いたときに失う静電ポテンシャルエネルギーは，このとき電場がした仕事に等しいが，以降は［電荷が失ったエネルギー］＝［電位差］×［電荷］と考えよう。こうすると，電位差をはじめに求めておけば，どんな電荷に対しても静電ポテンシャルエネルギーの変化を以下のように計算できる。

$$\Delta U = q\Delta V = \text{⑪}\boxed{}$$

次に，電荷を動かす経路が，まっすぐだが電場方向と一致しない場合を考えよう（図5.4）。終点の位置を点 C とすると，点 A と点 C の電位差は電場 $\vec{E}$ と移動ベクトル $\vec{d'}$ のスカラー積を用いて，

$$V_C - V_A = -\vec{E}\cdot\vec{d'} = -Ed'\cos\theta = \text{⑫}\boxed{}$$

図5.4 一様な電場がする仕事（任意の方向）
一様な電場中を1 C の電荷を電場に対して角度 θ 方向の点 C に動かす。電場がする仕事から電位を求めると，電場に沿って点 B まで動かした場合と同じになる。

となり，電場に沿って点 B まで移動した場合と同じになる。この結果は，仕事の原理から考えてもわかるように，点 B（点 C から電場に垂直な位置）の電位が❸$\boxed{}$の電位に等しいことを示している。

最後に，点 A から任意の経路に沿って，BC を結ぶ線上の点 C′まで1 C の電荷を動かしてみる（図5.5）。AC′間の電位差は，各区間の電位差を足し合わせれば（積分すれば）よいから，

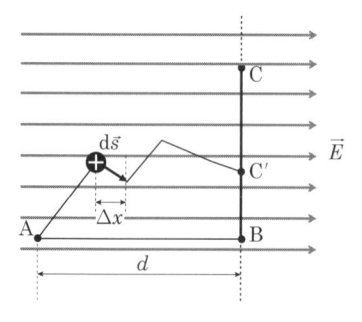

$$V_{C'} - V_A = -\int_A^{C'} \vec{E}\cdot d\vec{s} = -Ed$$

図5.5 一様な電場がする仕事（任意の経路）
一様な電場中を1 C の電荷を点 A から線分 BC 上の任意の点 C′まで動かす。電位は線分 BC 上（電場に垂直な線上）で同じとなる。

となる。直感的には，経路をどうとってもスカラー積 $-\vec{E}\cdot\mathrm{d}\vec{s}$ は AB 方向の微小距離 Δx と E の積になるので，それを足した大きさは必ず AB 間の距離 d に E をかけた量になることから上の計算が正しいことが示される。

いま，ここで，BC を通る電場に垂直な線を考えよう。今までの考察から，この線上のあらゆる点の電位は等しい。この線は❶❹ [　　　] とよばれる。電場は3次元空間に広がっているので，等電位の点を結んだものは面となり，これを❶❺ [　　　] とよぶ。等電位面はいくつも考えることができるが，普通は等しい電位差 ΔV ごとに等電位面を考える。一様な電場では，等電位面は図 5.6 のように，等間隔に並んだ平面になる。等電位面の特徴として，

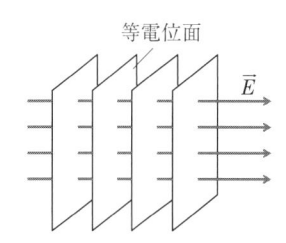

図 5.6 一様な電場と等間隔に並んだ等電位面
一様電場の等電位面は等間隔に並んだ平面になる。

等電位面は電気力線（電場ベクトル）に必ず直交する

という定理がある。これを簡単に証明しておこう。いま，等電位面を斜めに貫く電気力線があるとすると（図 5.7），電場には等電位面に垂直な成分 $\vec{E}_\mathrm{n}$ と平行な成分 $\vec{E}_\mathrm{t}$ が存在することになる。1 C の電荷を E_t 方向に沿って動かすと電場 $\vec{E}_\mathrm{t}$ が❶❻ [　　　] をする。すなわち，等電位面上に❶❼ [　　　] があることになる。これは，等電位面は電位が等しい面という仮定に反する。したがって等電位面と電気力線は直交していなくてはならない。

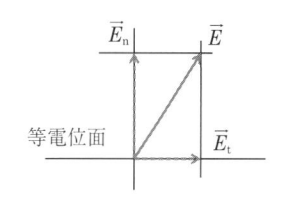

図 5.7 等電位面と電気力線（電場ベクトル）
等電位面が電気力線（電場ベクトル）と直交することを証明する図。

問題 5.4　【静電ポテンシャルと電場の関係】

一様な電場中に2つの等電位面 A，B がある。面 A の方が面 B よりも電位が高く，AB 間の電位差は $\Delta V = 10$ V である。AB 間の距離が $d = 2.0$ m であるとき，以下の問いに答えよ。
(1) この一様な電場の大きさ E を求めよ。
(2) この電場の中に $q = 5.0$ C の電荷が置かれたとき，電荷が受ける力の大きさ F を求めよ。
(3) この電荷が面 A から面 B まで移動するとき，電場がする仕事 W を求めよ。

問題 5.5　【電場と静電ポテンシャルエネルギー】

一様な電場 $E = 2.0$ V/m の方向に沿って，$q = 3.0 \times 10^{-12}$ C の電荷を $s = 4.0$ m 動かした。電場がした仕事 W を求めよ。また，電荷の静電ポテンシャルエネルギーはどれほど増加もしくは減少したか。

---

⑤ $q_0 \vec{E}\cdot\mathrm{d}\vec{s}$　⑥ $-q_0 \vec{E}\cdot\mathrm{d}\vec{s}$　⑦ $-\int_\mathrm{A}^\mathrm{B} \vec{E}\cdot\mathrm{d}\vec{s}$　⑧ J/C　⑨ V/m

基本 問題 5.6　【等電位線】

図のように，左から右へ一様な $E = 1.5$ V/m の電場がある。縦線は等電位線を表し，1マスは 1.0 m，中央の太い縦線は電位が 0 V である。点 A から点 B まで，矢印の経路に沿って $q = -2.0$ C の電荷を動かしたとする。以下の問いに答えよ。

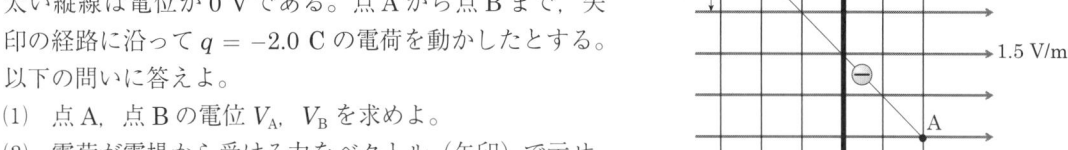

(1) 点 A, 点 B の電位 V_A, V_B を求めよ。
(2) 電荷が電場から受ける力をベクトル（矢印）で示せ。
(3) 電場がした仕事 W を求めよ。

基本 問題 5.7　【静電ポテンシャルとエネルギー保存則】

質量 m で，電荷量 q に帯電した小球が点 A にある。小球を静かに放すと球は電場により加速される。小球が距離 d 離れた点 B に達したとき，その速度 v を求めよ。重力や空気の抵抗は無視する。

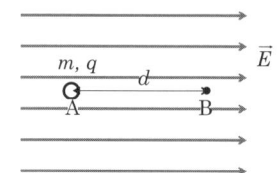

解答

点 A から点 B に電荷が移動したとき，電荷の静電ポテンシャルエネルギーが ⓐ □ だけ減少する。全エネルギーは保存するから，これが電荷の運動エネルギー ⓑ □ となる。すなわち，$\frac{1}{2}mv^2 = qEd$ であるから，$v =$ ⓒ □ となる。

発展 問題 5.8　【一様な電場と静電ポテンシャルの関係】

第 4 章で，無限に広い平板状電荷が作る電場は場所によらず一定の大きさであることを示した。いま，xy 平面に面電荷密度 σ の平板状電荷があったとき，$z > 0$ の領域の電位 V を求めよ。ただし，電位の基準を $z = z_0$ にとる。

5.4　点電荷の静電ポテンシャル　Basic

大きさ q の点電荷が自分のまわりに作る静電ポテンシャルについて考え，クーロン力が保存力であること，つまり電場のした仕事は点 A から点 B の経路によらないことを示そう。第 2 章で学習したように，大きさ q の点電荷が自らのまわりに作る電場 $\vec{E}$ は距離 r の関数であり，q を中心とした r 方向単位ベクトルを $\vec{e}_r$ とすると，クーロン定数 k を用いて，以下のように表される。

$$\vec{E} = \text{⑱} \boxed{}$$

いま，点電荷が作る電場の中を，点 A から点 B まで 1 C の試験電荷を動かす（図 5.8(a)）。このとき，点 A から点 B までの移動を，近似的に「円周に沿った動き Δt_i」と「半径

に沿った動き Δr_i」の集合と考える。クーロン力は常に半径方向に働くので，Δt_i の動きに対して電場は⑲[　　]をしない。電場のした仕事は Δr_i の動きだけを加えればよく，以下のように表される。

$$W \approx \sum_i \vec{E}_i \cdot \Delta \vec{r}_i$$

Δt_i，Δr_i をゼロに近づければ近似した経路は実際の経路と一致し，総和は積分で置き換えられ，

$$W = -\Delta V = \int_{r_A}^{r_B} \vec{E} \cdot d\vec{r}$$

となる。このとき，電場のした仕事に負符号をつけたものが2点の電位差であるから，電場を代入し，積分を実行すると，

$$\Delta V = V_B - V_A = -\int_{r_A}^{r_B} \vec{E} \cdot d\vec{r} = -\int_{r_A}^{r_B} k\frac{q}{r^2} dr = -\left[⑳ \right]_{r_A}^{r_B} = ㉑$$

となり，点Aと点Bがどこにあっても電位差 ΔV は原点からの距離の差のみで決まることがわかる。結局，点電荷 q のまわりで試験電荷を動かす仕事は，最初に試験電荷を半径方向に動かし，その後一定の半径で動かしても同じ，ということが示された。

点電荷の場合も，無限遠方（$r_A \to \infty$）の電位をゼロと定義すればあらゆる点の電位が定義でき，大きさ q の点電荷の作る静電ポテンシャルは $V_P = \dfrac{kq}{r} = \dfrac{q}{4\pi\varepsilon_0 r}$ となる。

点電荷のまわりの等電位面について考えよう。当然，等電位面は電荷を囲む球殻の集合となる。断面を描けば図5.10のようになる。ここで，電荷に近づくほど球殻の間隔

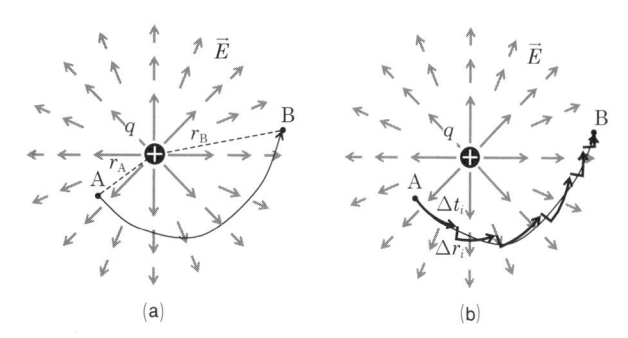

図 5.8　点電荷が作る電場がする仕事
(a) 点電荷の q まわりで，1 C の試験電荷を q から距離 r_A の点Aから r_B の点Bまで動かす仕事について考える。
(b) 経路は半径に沿った動き Δr_i と円周に沿った動き Δt_i の合成に近似できる。

図 5.9　点電荷が作る電場のまわりで試験電荷を動かす仕事
点電荷が作る電場のまわりで試験電荷を動かす仕事は，結局，図のような経路で動かした場合と変わらない。電場の方向が半径方向なので，静電ポテンシャルエネルギー（電位）の差はクーロン力を半径 r_A から r_B まで積分したものに等しい。

⑩ $-Ed$　⑪ $-qEd$　⑫ $-Ed$　⑬ 点C　⑭ 等電位線　⑮ 等電位面　⑯ 仕事　⑰ 電位差

が狭くなっていることに注意しよう。これは，電位が $1/r$ に比例して変化するからであり，$r \to 0$ の極限では（$q > 0$ のとき），電位は正の無限大に発散する。古典電磁気学では，この矛盾については深く考えない，という約束となっている。もし，この疑問をとことんまで追求したければ，電荷の正体である電子とは何かについて量子力学の理論で考える必要がある。点電荷のまわりの電位を坂道で例えたものが，5.2 節で示した図 5.2 である。

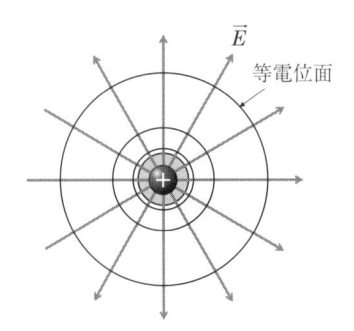

図 5.10 点電荷のまわりの等電位面（断面）
等電位面は電荷に近づくほど間隔が狭くなっている。内側はあまりに密度が大きく，描けないので省略している。

導入 問題 5.9 【点電荷の静電ポテンシャル】

原点に $q = 1.0 \times 10^{-6}$ C の電荷がある。原点から距離 $r = 1.0$ m の位置の電位 V を求めよ。

基本 問題 5.10 【点電荷の静電ポテンシャル】

原点に $q = 1.0 \times 10^{-6}$ C の電荷がある。同じ大きさの電荷を無限遠方から近づけていき，距離 $r = 1.0$ m になるまで接近させたとき，電荷を押す力がした仕事 W を求めよ。

発展 問題 5.11 【核分裂のエネルギー】

核分裂のエネルギーは，オーダー的には原子核中の陽子同士のクーロン力による静電ポテンシャルエネルギーが解放されたときに放出されるエネルギーに等しいと考えてよい。陽子の電荷は $q_p = 1.6 \times 10^{-19}$ C で，2 つの陽子が $r = 1.0$ pm 離れた状態の静電ポテンシャルエネルギーを核分裂のエネルギーとする。原子が 1 mol（$N_A = 6.02 \times 10^{23}$ 個）あったとき，解放されるエネルギー U はどれくらいか計算せよ。

5.5 分布する電荷が作る静電ポテンシャル Basic

クーロンの法則と電場に「重ね合わせの原理」が適用できるため，連続分布する電荷が作る電場の計算は，電荷を微小体積に分割し，それぞれを点電荷とみなして電場を足し合わせればよかった。同じ考え方が静電ポテンシャルにも適用できることを簡単に証明しておこう。

いま，1 C の試験電荷が，点電荷 q_1 と q_2 が作る電場の中にある（図 5.11）。点電荷 q_1 が作る電場を $\vec{E}_1$，点電荷 q_2 が作る電場を $\vec{E}_2$ とする。電場は足し合わせ可能なので，試験電荷の感じる電場は $\vec{E} = $ ㉒ となる。試験電

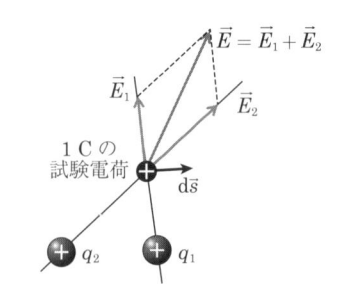

図 5.11 2 つの点電荷が作る電場
2 つの点電荷が作る電場は重ね合わせの原理で求められる。逆に，合計の電場がする仕事は，個々の電場がする仕事の和で表される。

荷を $\mathrm{d}\vec{s}$ 動かしたとき，電場がした仕事は $\mathrm{d}W = \vec{E}\cdot\mathrm{d}\vec{s}$ であるから，

$$\mathrm{d}W = (\vec{E}_1 + \vec{E}_2)\cdot\mathrm{d}\vec{s} = \text{㉓}\boxed{}$$

と分解できる。上の式は，$\mathrm{d}W$ が点電荷 q_1 の作る電場がする仕事と点電荷 q_2 の作る電場がする仕事の重ね合わせで表現できることを示しており，静電ポテンシャルにも重ね合わせの原理が適用できることを示している。

さて，本題に戻ろう。連続分布する電荷の微小体積 Δq_i による点 P の電位 ΔV_i は

$$\Delta V_i \approx \frac{\Delta q_i}{4\pi\varepsilon_0 r_i}$$

で，全電荷による点 P の電位 V は ΔV_i を足し合わせたものだから，$\Delta V \to 0$ の極限をとれば

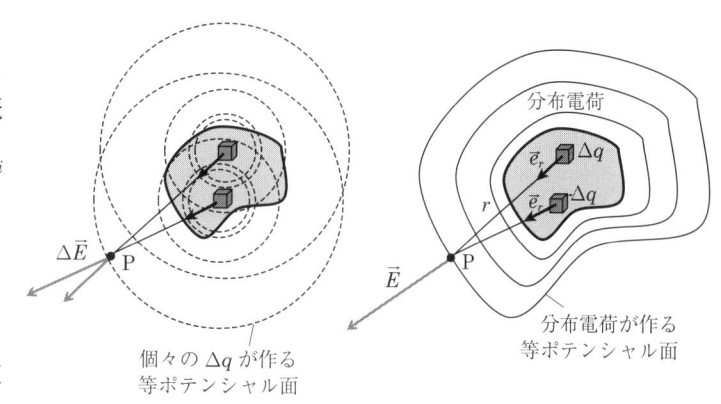

図 5.12 分布する電荷が作る静電ポテンシャル
分布する電荷が作る静電ポテンシャルは，個々の電荷が作る静電ポテンシャル ΔV_i を足したもので表される。等ポテンシャル面の形は一般に複雑だが，決して交わることがないことに注意しよう。

$$V = \lim_{\Delta V \to 0} \sum_i \frac{\Delta q_i}{4\pi\varepsilon_0 r_i} = \frac{1}{4\pi\varepsilon_0} \iiint_V \frac{\mathrm{d}q}{r}$$

となる。一般に，3 次元空間に分布した電荷が作る静電ポテンシャルを計算するのは厄介だが，電荷が対称性のよい分布をしている場合はまずガウスの法則で電場を求め，電場を電気力線に沿って積分することでも静電ポテンシャルを得ることができる（☞問題 5.15）。

問題 5.12 【複数の点電荷が作る電位】

図のように，1 辺 d の正方形の頂点に 4 個の電荷が配置されている。正方形中央の電位 V を求めよ。

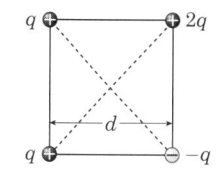

解答

点電荷の作る静電ポテンシャルは $V = \dfrac{q}{4\pi\varepsilon_0 r}$ で $r = \text{ⓐ}\boxed{}$ だから，

$$V = \frac{\sqrt{2}}{4\pi\varepsilon_0 d}[q + 2q + q - q] = \text{ⓑ}\boxed{}$$

となる。

---

⑱ $k\dfrac{q}{r^2}\vec{e}_r$ ⑲ 仕事 ⑳ $-\dfrac{kq}{r}$ ㉑ $kq\left(\dfrac{1}{r_\mathrm{B}} - \dfrac{1}{r_\mathrm{A}}\right)$

発展 問題 5.13　【分布する電荷が作る電位】

図のように，リング状に分布した電荷があり，線電荷密度は τ である。リング中央の電位 V を求めよ。

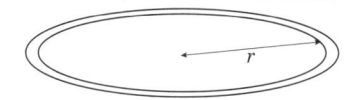

発展 問題 5.14　【電気力線と等電位線】

同じ大きさの正電荷と負電荷があるとき，電気力線は図に示すようになっている。2つの電荷の間を通る等電位線（紙面上の等電位面）を3本描け。

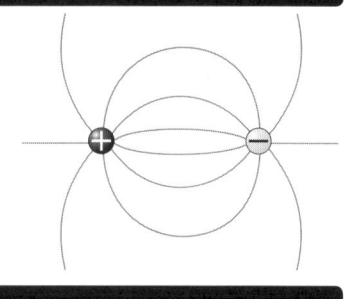

発展 問題 5.15　【電場を積分して電位を求める】

電荷密度 ρ，半径 a の球状の電荷がある。以下の問いに答えよ。
(1) $r > a$ における電場の大きさ E を求めよ。
(2) $r > a$ における電位 V を求めよ。
(3) $0 < r \leq a$ における電場の大きさ E を求めよ。
(4) $0 < r \leq a$ における電位 V を求めよ。

5.6　静電ポテンシャルから電場を求める　Standard

2.4節で，連続分布する電荷が作る電場を実際に計算するのは大変であることを指摘したが，これを，静電ポテンシャルを介して求めると計算がずっと楽になる。なぜなら，静電ポテンシャルは電場と違いスカラー量なので，連続分布する電荷が作る静電ポテンシャルは単純な足し算で計算できるからである。「電機メーカーの技術者はこの積分を利用して電場を求めている」と書いたが，実際に使われるのはこちらの方法である。では，あらゆる点の電位がわかっているとして，どうやって電場を計算するのだろうか。ここで，我々は，**微分の反対が**㉔ □ という重要な性質を使う。電位を求めるには電場をある経路に沿って積分したことを思い出そう。ある点の電場を求めるには，求めたい点で電位を微分すればよい。

まず，電場が x 方向に向いている場合を考える（図 5.13）。このとき，電場 $\vec{E}_x$ と，x 方向に沿って dx 離れた2点の電位差 dV の関係は，$dV = -E_x dx$ である。これを変形すれば，

$$\frac{dV}{dx} = ㉕ \boxed{}$$

図 5.13　一様な電場中の電位差
x 方向に沿って dx 離れた2点の電位差 dV について考える。

を得る。つまり，「電位の微分が電場」という単純明快な公式が得られた。電場が y 方向，z 方向に向いている場合も，同様に $\dfrac{dV}{dy} = -E_y$，$\dfrac{dV}{dz} = -E_z$ となる。あらゆる電場は

$\vec{E} =$ ㉖ □ のように成分に分解できるから，任意の電位分布があるとき，その場所の電場は，x, y, z 方向の単位ベクトルを，それぞれ $\vec{i}, \vec{j}, \vec{k}$ として，

$$\vec{E} = E_x \vec{i} + E_y \vec{j} + E_z \vec{k} = -\left(\frac{\partial V}{\partial x}\vec{i} + \frac{\partial V}{\partial y}\vec{j} + \frac{\partial V}{\partial z}\vec{k}\right)$$

と表される。ここで，微分記号に "∂" を使ったが，これは，電位 V が (x, y, z) の関数であるとき，$\partial V/\partial x$ は「y, z を変化させずに x のみ変化させた微分を求めよ」という約束で，㉗ □ とよばれる。さらに，大学で習う高等数学では，これを

$$\vec{E} = -\left(\vec{i}\frac{\partial}{\partial x} + \vec{j}\frac{\partial}{\partial y} + \vec{k}\frac{\partial}{\partial z}\right)V$$

と表して，V にかかる部分 $\left(\vec{i}\frac{\partial}{\partial x} + \vec{j}\frac{\partial}{\partial y} + \vec{k}\frac{\partial}{\partial z}\right)$ を逆三角形の記号 $\vec{\nabla}$（ナブラ，ナブラベクトルと読む）で表す決まりがある。すなわち，

$$\vec{E} = -\left(\vec{i}\frac{\partial}{\partial x} + \vec{j}\frac{\partial}{\partial y} + \vec{k}\frac{\partial}{\partial z}\right)V = ㉘ \boxed{}$$

と表される。これを，電位のグラディエントをとるとか，電位の勾配をとるということもある。

> ナブラベクトル $\vec{\nabla}$ とスカラー量 V の積 $\vec{\nabla}V$ を $\vec{\nabla}V = \text{grad}\,V$（グラディエント V と読む）と書くこともある（☞ 134 ページ）。

系が球対称のときは，極座標を使うと計算が簡単である。このとき，$\vec{E}_r$ と r の間には

$$\frac{dV}{dr} = -\vec{E}_r$$

という関係が成り立つことが期待される。点電荷が作る電場と電位は，それぞれ独立に計算できるから，電位を微分して電場に一致することを確認してみよう。

基本 問題 5.16 【電位から電場を求める】

3 次元空間の電位が $V = (2x + 3xy^2 - 1)$ と表されるとき，この空間にはどのような電場が存在するか。単位ベクトルを用いて電場 $\vec{E}$ を表せ。

解答

電場の各成分は電位を偏微分することで得られる。ここで，(x, y, z) の関数を x で偏微分するとき，y, z を定数と見なすことに注意しよう。

㉒ $\vec{E}_1 + \vec{E}_2$ ㉓ $\vec{E}_1 \cdot d\vec{s} + \vec{E}_2 \cdot d\vec{s}$

第 5 章 ● 静電ポテンシャル

$$E_x = -\frac{\partial V}{\partial x} = -\frac{\partial}{\partial x}(2x+3xy^2-1) = \boxed{\text{ⓐ}},$$

$$E_y = -\frac{\partial V}{\partial y} = -\frac{\partial}{\partial y}(2x+3xy^2-1) = \boxed{\text{ⓑ}},$$

$$E_z = -\frac{\partial V}{\partial z} = -\frac{\partial}{\partial z}(2x+3xy^2-1) = \boxed{\text{ⓒ}}$$

したがって，x, y, z 方向の単位ベクトルを $\vec{i}$, $\vec{j}$, $\vec{k}$ とすると，電場は $\vec{E} = \boxed{\text{ⓓ}}$ と表されるベクトル場となる。

基本 問題 5.17 【電位から電場を求める】

電荷密度 ρ の電荷が半径 a の球内部に存在するとき，電位 V は r の関数で以下のように表される。球内部（$0 < r \leq a$）および外部（$r > a$）の電場 E をそれぞれ求めよ。

$$(0 < r \leq a): V = \frac{\rho}{6\varepsilon_0}(3a^2 - r^2), \quad (r > a): V = \frac{\rho a^3}{3\varepsilon_0 r}$$

解答

問題 5.1 電位差の定義から $[\text{V}] = \frac{[\text{J}]}{[\text{C}]}$，仕事・エネルギー定理から $[\text{J}] = [\text{N}][\text{m}]$ である。これらを組み合わせれば $\frac{[\text{V}]}{[\text{m}]} = \frac{[\text{N}]}{[\text{C}]}\frac{[\text{m}]}{[\text{m}]} = \frac{[\text{N}]}{[\text{C}]}$ が示される。

問題 5.2 $1\,\text{eV} = 1.60 \times 10^{-19}\,\text{C} \times 1\,\text{V} = 1.60 \times 10^{-19}\,\text{J}$

問題 5.3 外力がした仕事は増加した静電ポテンシャルエネルギーに等しい。$W = \Delta U = q(V_B - V_A) = 20\,\text{J}$

問題 5.4 (1) $E = \dfrac{\Delta V}{d} = 5.0\,\text{V/m}$ (2) $F = qE = 25\,\text{N}$ (3) $W = q\Delta V = 50\,\text{J}$

問題 5.5 $W = qEs = 2.4 \times 10^{-11}\,\text{J}$，電荷の静電ポテンシャルエネルギーは $2.4 \times 10^{-11}\,\text{J}$ 減少

問題 5.6 (1) $V_A = -2E = -3.0\,\text{V}$ $V_B = 2E = 3.0\,\text{V}$

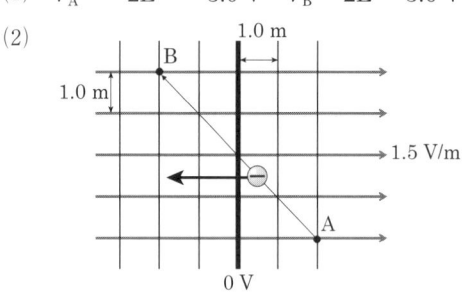

(2)

(3) $W = -q(V_B - V_A) = 12\,\text{J}$

問題 5.7 ⓐ qEd ⓑ $\dfrac{1}{2}mv^2$ ⓒ $\sqrt{\dfrac{2qEd}{m}}$

問題 5.8 対称性より電場は z 軸方向で，ガウスの法則を使い，$z > 0$ の領域の電場は $E_z = \dfrac{\sigma}{2\varepsilon_0}$ である。電位は積分して $V = -\displaystyle\int \dfrac{\sigma}{2\varepsilon_0}\,\text{d}z = -\dfrac{\sigma}{2\varepsilon_0}z + C$。積分定数 C は $z = z_0$ で $V = 0$ という条件から定まり，$V = \dfrac{\sigma}{2\varepsilon_0}(z_0 - z)$ を得る。

（注）電荷が無限に広がっているときは「無限遠方の電位をゼロとする」ことができない。なぜなら，無限遠方の電位をゼロとするためには，電荷が有限の範囲にとどまっている（どの電荷からも無限に遠い領域がある）ということが前提になっているからだ。この場合は，適当な位置を電位の原点におく。無限遠方の電位は発散して無限大か無限小になる。

問題 5.9 $V = \dfrac{q}{4\pi\varepsilon_0 r} = 9.0 \times 10^3$ V

問題 5.10 $W = qV = \dfrac{q^2}{4\pi\varepsilon_0 r} = 9.0 \times 10^{-3}$ J

問題 5.11 $U = \dfrac{q_p^2}{4\pi\varepsilon_0 r} N_A = 1.4 \times 10^8$ J

問題 5.12 ⓐ $\dfrac{d}{\sqrt{2}}$　　ⓑ $\dfrac{3\sqrt{2}q}{4\pi\varepsilon_0 d}$

問題 5.13 $V = \displaystyle\int_0^{2\pi} \dfrac{\tau r \mathrm{d}\theta}{4\pi\varepsilon_0 r} = \dfrac{\tau}{2\varepsilon_0}$

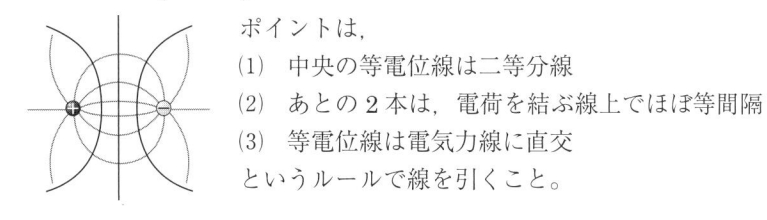

問題 5.14 ポイントは，
(1) 中央の等電位線は二等分線
(2) あとの 2 本は，電荷を結ぶ線上でほぼ等間隔
(3) 等電位線は電気力線に直交
というルールで線を引くこと。

問題 5.15 (1) $E = \dfrac{\frac{4}{3}\pi a^3 \rho}{4\pi\varepsilon_0 r^2} = \dfrac{\rho a^3}{3\varepsilon_0 r^2}$

(2) $V = -\displaystyle\int E \mathrm{d}r = \dfrac{\rho a^3}{3\varepsilon_0 r} + C_1$，$r \to \infty$ で $V = 0$ より，$C_1 = 0$。よって $V = \dfrac{\rho a^3}{3\varepsilon_0 r}$

(3) $E = \dfrac{\frac{4}{3}\pi r^3 \rho}{4\pi\varepsilon_0 r^2} = \dfrac{\rho r}{3\varepsilon_0}$

(4) $V = -\displaystyle\int E \mathrm{d}r = -\dfrac{\rho r^2}{6\varepsilon_0} + C_2$。ここで(2)の結果を用いて $r = a$ での電位は $V_a = \dfrac{\rho a^2}{3\varepsilon_0}$ であるから，$V_a = -\dfrac{\rho a^2}{6\varepsilon_0} + C_2 = \dfrac{\rho a^2}{3\varepsilon_0}$ より，$C_2 = \dfrac{\rho a^2}{2\varepsilon_0}$。よって $V = \dfrac{\rho}{6\varepsilon_0}(3a^2 - r^2)$

問題 5.16 ⓐ $-(2 + 3y^2)$　　ⓑ $-6xy$　　ⓒ 0　　ⓓ $-(2 + 3y^2)\vec{i} - 6xy\vec{j}$

問題 5.17 $(0 < r \leq a): E = -\dfrac{\mathrm{d}V}{\mathrm{d}r} = \dfrac{\rho r}{3\varepsilon_0}$，$(r > a): E = -\dfrac{\mathrm{d}V}{\mathrm{d}r} = \dfrac{\rho a^3}{3\varepsilon_0 r^2}$

問題 5.15 と比較して，電場と電位が [微分] ↔ [積分] の関係にあることを確認しよう。

㉔ 積分　　㉕ $-E_x$　　㉖ $\vec{E}_x + \vec{E}_y + \vec{E}_z$　　㉗ 偏微分　　㉘ $-\vec{\nabla}V$

第 6 章 導体と静電平衡

キーワード 導体，静電平衡，静電遮蔽

6.1 導体とは何か　Basic

本章では，第1章で学んだ「導体」の性質について，今まで習った定理を駆使して詳しく調べてみよう。導体は❶□□□が格子状に整然と並んでいて，その間を原子から離れた❷□□□（自由電子）が自由に漂っているというモデルでよく近似される（☞7ページ）。

導体が電場中にあるとき，自由な電子は電場と反対方向に移動する。このような電荷の流れを❸□□□とよぶ。実際には，電子は原子に高速でぶつかりながら，時間平均的にはゆっくり（毎秒1 mmより遥かに遅く）移動する。電流についての正確な定義は第8章で詳しく述べるが，ここでは導体における電場と電流についての1つの法則を紹介しておこう。

> **法則**
>
> 導体とは，電場がある限り電流が流れ続ける物質であり，電場 $\vec{E}$ と電流密度 $\vec{i}$ の関係は，電気伝導率を σ として，次のように表される。$\vec{i} = \sigma \vec{E}$

電磁気学ではこれを「**オームの法則**」とよぶ。詳しいことは第8章で習うので，いまは，「**導体中に電場があるとき，導体中の自由電子が移動する**」と理解しよう。

6.2 静電平衡　Basic

導体に外部から電場が加わると，❹□□□が動き出す。しかし，動きは永遠に続くわけではない。なぜなら，自由電子が動くことで，導体内部に外部からの電場を打ち消す逆方向の電場が生じるからである。実際には，電場中に置かれた導体は，瞬間的にある状態に達し，そこで電荷の動きが止まる。この静止平衡状態を❺□□□という。静電平衡にある導体にはいくつかの面白い性質がある。

性質　静電平衡の導体の性質

① 導体内部は至る所電場が存在しない。したがって，導体内部は至る所等電位である。

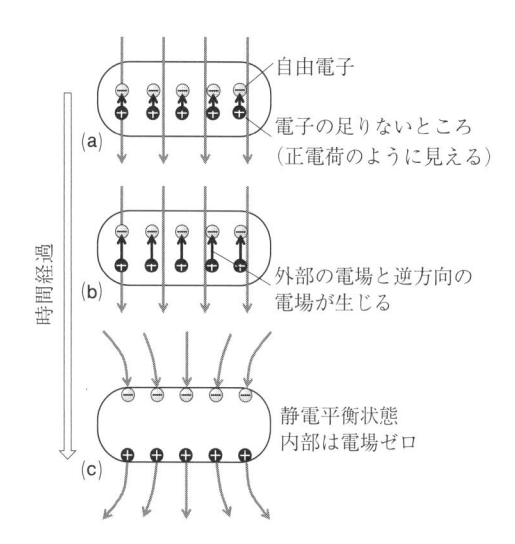

　この性質を示すのは簡単である。導体とは，「電場がある限り電荷が動く物質」だから，静電平衡にある導体，つまり電荷が動いていない導体は内部に電場が存在しない。導体が電場中に置かれ，静電平衡になるまでの過程を示したものが図 6.1 である。手にもてるくらいの金属で，電荷が動き出してから平衡状態になるまでにかかる時間は 1 ナノ秒のオーダーなので，導体は瞬間的に静電平衡になると考えてよい。電場がないとき，そこは至る所等電位であることは第 5 章で述べた電場と電位の関係，$\Delta V = \int \vec{E} \cdot d\vec{s}$ を考えればすぐわかる。ゼロはいくら積分してもゼロである。

図 6.1　静電平衡に至る過程

(a) 導体内部の自由電子は電場と反対方向に動き，自由電子の抜けた「穴」は正電荷のようにふるまい電場に沿って動く。
(b) 正電荷から負電荷に向けて電気力線が発するので，外部の電場を打ち消すように働く。
(c) 内部の電荷移動によって作られた電場がちょうど外部の電場を打ち消して内部は電場ゼロとなる。

導入 問題 6.1　【静電平衡】

以下の文章の空欄を埋めよ。

電荷が動いていない導体内では，導体内部に ⓐ [　　　] はなく，導体の電位は ⓑ [　　　] になっている。逆に等電位ならば，電場 $\vec{E}$ と電位 V の関係，$\vec{E}=$ ⓒ [　　　] を用いると，電位 V をどの座標成分に沿って微分しても値は ⓓ [　　　] である。すなわち，至る所 ⓔ [　　　] ならば，そこには ⓕ [　　　] が存在しない。

6.3　帯電した導体の性質　Basic

　続いて，静電平衡にある導体に電荷を与えてみよう。典型的な金属は $1\,\mathrm{cm}^3$ あたり 10^{22} 個程度の自由電子をもつが，与えることのできる最大の電荷はその 10 桁以上小さいわずかな量である。大きなプールにスポイトで着色水を垂らしたようなイメージである。導体に与える電荷が正負どちらの場合でも，以下の性質が成り立つ。

性質 静電平衡の導体の性質

② 導体に与えられた電荷はすべて表面に分布する。

そのため，導体内部は相変わらず❻□□□□はゼロ，等電位である。これは，与えられた自由な電荷同士には反発力が働くため，電荷は互いになるべく遠ざかろうとするが，導体の外に飛び出すことはできないので，電荷は可能な限り離れた状態である表面に分布し，平衡状態となるからである。

多少，数学的な証明をするなら，導体表面のすぐ内側をガウス面にとればよい。静電平衡にある導体内部は「性質①」から至る所電場がゼロである。したがって，ガウス面を貫く電束はゼロである。ガウスの法則から，ガウス面内側の正味の電荷はゼロである。したがって，静電平衡では，余剰な電荷はすべて表面にいなくてはならない。

さらにここから，導体表面の電場と表面の面電荷密度について，以下の性質が成り立つことを示せる。

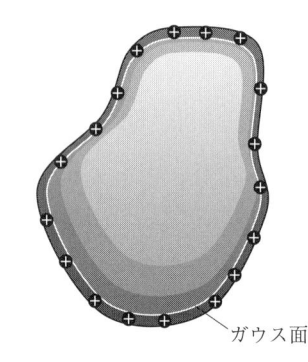

図6.2 帯電した導体の静電平衡状態
「静電平衡の導体の性質①」から導体内部の電場はゼロだから，導体の表面からすぐ内側にガウス面をとれば，その中に正味の電荷が存在しないことを直ちに示すことができる。

性質 静電平衡の導体の性質

③ 導体表面の電場は導体の表面に垂直である。
④ 導体表面の電場 E と表面の面電荷密度 σ の関係は，$E = \dfrac{\sigma}{\varepsilon_0}$ である。

「性質③」を証明するときには，第5章と同じ考え方を使う。導体表面に，導体に垂直でない電場 $\vec{E}$ があったとしよう。この電場は「導体に垂直な成分 $\vec{E}_\mathrm{n}$」と「導体に平行な成分 $\vec{E}_\mathrm{t}$」に分解できる。ところが，平行成分 $\vec{E}_\mathrm{t}$ が存在すれば導体内部の自由な電荷は導体表面に沿って移動するから，これは導体が平衡状態という仮定に反する。したがって，静電平衡の導体から出ている電場は，必ず導体から❼□□□□に飛び出しているということがわかる（図6.3）。

次に，「性質④」を示すために，導体表面をまたぐ底面積 S の小さな円筒状のガウス面を考えよう（図6.4）。電気力線は導体に垂直で，導体内部に電場はないから，ガウス面から飛び

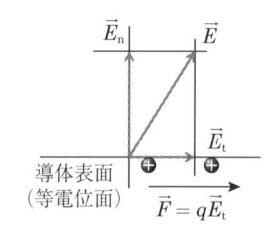

図6.3 導体表面の電場
導体表面の電場が面に垂直でなかったら，自由な電荷は導体表面に沿って移動するから，静電平衡にはならない。

出す電気力線は上側表面からのみで，電場の大きさを E とすれば電束は $\varepsilon_0 ES$ である。一方，表面の面電荷密度を σ とすれば，ガウス面に閉じこめられた電荷は σS だから，ガウスの法則から

$$\varepsilon_0 ES = \sigma S$$

が成り立ち，変形すれば $E = $ ⑧ □ を得る。

図 6.4 導体表面の面電荷密度と電場
導体表面をまたぐ底面積 S の小さな円筒状のガウス面を考える。導体内部に電場はないから，ガウス面から飛び出す電気力線は上側表面からのみである。

最後に，静電平衡にある導体に電荷を与えたとき，電荷は導体表面にどのように分布するかについて考えよう。導体が球形なら，「対称性の議論」から電荷は球表面に均一に分布する。では，導体が複雑な形状のとき，電荷はどのように分布するのだろうか。大雑把にいって次のような性質があることが知られている。

性質　静電平衡の導体の性質

⑤　導体に与えられた電荷はとがった先端に集中する。

「性質⑤」の証明

「性質⑤」を数学的にきちんと証明するのは簡単ではないので，導体球の電位と電荷密度を考えることで何となく納得してもらおう。図 6.5 のように，半径 r_1 と半径 r_2 の導体球があるとする（$r_1 < r_2$）。与えられた電荷をそれぞれ Q_1, Q_2 とする。結果として，球表面の電位は V で等しいとしよう。対称性の議論から，球表面の電位は導体球が作る電場を積分して，それぞれ

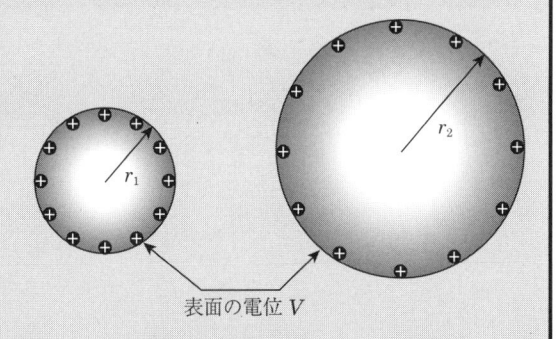

図 6.5 表面の電位が等しい 2 つの導体球

$$V = \int_{r_1}^{\infty} k\frac{Q_1}{r^2} = k\frac{Q_1}{r_1}, \quad V = \int_{r_2}^{\infty} k\frac{Q_2}{r^2} = k\frac{Q_2}{r_2}$$

が得られる。球表面の電位 V が等しいことから，電荷 Q_1 と Q_2 に

$$\frac{Q_1}{Q_2} = \frac{r_1}{r_2}$$

の関係があることがわかる。次に，表面の面電荷密度をそれぞれ計算すると，

---

❶ 原子　　❷ 電子　　❸ 電流　　❹ 自由電子　　❺ 静電平衡

$$\sigma_1 = \frac{Q_1}{4\pi r_1^2}, \quad \sigma_2 = \frac{Q_2}{4\pi r_2^2} = \frac{Q_1}{4\pi r_1 r_2}$$

となって、σ_2 より σ_1 の方が大きい。つまり、導体球の場合は、半径が小さければ小さいほど、同じ電位になるためには電荷を密に詰め込まなくてはならないことがわかる。

次に、これらの導体球を細い導体棒でつなぐ（図6.6）。2つの導体球は等電位だから、電荷の移動は起こらないだろう。このとき、このアレイ状導体の表面の面電荷密度は、半径 r_1 の球面の方が高いということがわかる。

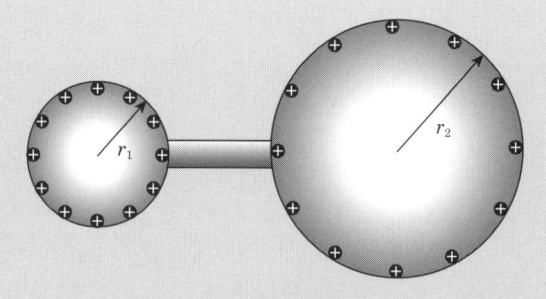

図6.6　2つの導体球をつなぐ
一体化した導体の表面の面電荷密度は半径 r_1 の導体球の方が大きい。

これを一般化すれば、どのような形状の導体でも、表面を等電位に保つためには、鋭くとがった半径の小さい曲面には多くの電荷がなくてはならないことが想像できるだろう。身近なところでは、避雷針がとがっているのはこの性質を利用したものである。先端をとがらせることにより多くの電荷を地面から吸い上げ、雷を呼び込んでいるのである。一方、図6.7のような高電圧を扱う機器は電荷の集中を避けるために丸みを帯びた形になっている。

図6.7　高電圧試験装置
［治部電機株式会社　提供］

静電遮蔽

図6.8のような中空の導体を考えよう。ここに外から電場を加えてもよいし、電荷を与えてもよい。しかし、どのようなことをしても、空洞内部に電荷がなければ空洞内部は至る所等電位で、電場が存在しないことを示すことができる。これを「静電遮蔽」という。これは、電場があっては困るような状況で、周囲の電場を遮断する簡単でしかも大変強力な手段を提供する。静電遮蔽がなぜ成立するか簡単に証明しよう。

いま、導体の内部空洞には電位の極大、極小（山の頂上や谷底のようなピーク）が存在しないことを示すことができる。仮に、内部空洞に電位の極大点があったとしよう。その極大点を囲む小さなガウス面を考えれば、電気力線はすべてガウス面を内から外に貫くだろう（電位の勾配が電気力線の方向であったことを思い出そう）。すると、ガウスの法則からガウス面の内側に正味の電荷があることになり、最初の仮定に反する。したがって、内部空洞には極大、極小がない。そして帯電した導体の「性質①」から、導体の内側表面は至る所等電位である。つまり、内部空洞のへりは至る所等電位ということになる。極大、極小がなく、へりが一定の電位なら、内部空洞は至る所等電位で

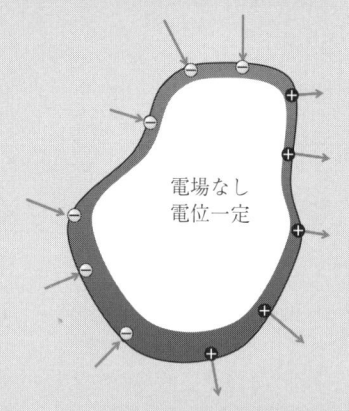

図6.8　静電遮蔽の概念図
空洞内部に電荷がなければ空洞内部は至る所等電位で、電場が存在しない。

なくてはならない。したがって，内部空洞に電場は存在しない。

君たちは，「医療機器に悪影響を与えるので携帯電話の使用を控えてください」という注意書きをよく見るだろう。しかし，自身が超精密機械である携帯電話はなぜ誤動作しないのだろうか。この秘密が静電遮蔽である。携帯電話は，電磁波で誤動作を起こす可能性のある部分を導体で覆って，自身の発する電波の影響を受けないように工夫されている。また，「雷が鳴ったら自動車の中に避難すれば安全」というのも静電遮蔽にもとづいた考え方である。歴史的には，電磁誘導を発見したファラデーが，静電遮蔽が雷の防護に役立つことをデモンストレーションするため自ら金属製のかごに入り，外から高電圧放電をかごに浴びせかけさせたという記録が残っている。ビルやエレベーターの中で携帯電話がつながりにくい，という経験をしたことは誰にでもあるだろう。

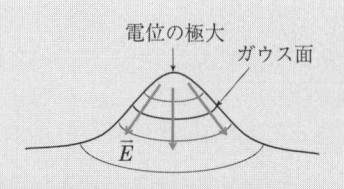

図 6.9 電位の極大点とそれを囲むガウス面
2 次元の等高線で概念的に示しているが，実際にはガウス面は閉曲面である。

キャベンディッシュの実験

第 1 章で述べたクーロンの法則

$$\vec{F}_{12} = k\frac{q_1 q_2}{r^2}\vec{e}_r$$

は，クーロンがねじり秤を使った装置により実験的に示したもので，それゆえ発見者の名前が冠されている。だが，クーロンより先に，巧みな方法で電荷同士に働く力が距離の逆 2 乗にしたがうことを示した物理学者がイギリスにいた。万有引力定数 G をはじめて測定したことでも知られているヘンリー・キャベンディッシュである。

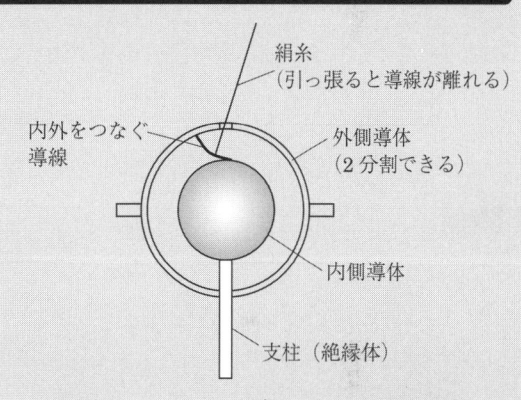

図 6.10 キャベンディッシュの実験装置

キャベンディッシュが行った実験を紹介しよう（図 6.10）。装置は球状の内側導体を 2 分割できる球殻状の外側導体で囲み，それらを細い導線でつないだ構造をしている。ここで，「帯電した導体の電荷はすべて表面に分布する」という「静電平衡の性質②」はガウスの法則から導かれ，ガウスの法則はクーロンの法則と密接に結びついた定理であることに注意しよう。つまり，帯電した導体の表面以外のところに電荷が分布していなければ，電荷の及ぼし合う力が逆 2 乗則にしたがうことを間接的に示すことになる。最初，キャベンディッシュは，外側導体に電荷を与えた。そして，細い導線を注意深く切り離した後，外側の球殻を取り去った。「静電平衡の性質②」が正しければ，電荷はすべて外側導体の表面に分布するはずだから，内側導体には電荷がないはずである。はたして，当時の測定精度の限界内で，内側導体には電荷が見いだされなかった。しかし，電荷同士に働く力の法則が「キャベンディッシュの法則」とよばれなかったのは，彼が持ち前の内気さからこの結果を公表しなかったためであった。キャベンディッシュの実験が再発見されたのはおよそ 100 年後，マクスウェルによってであった。

❻ 電場　　❼ 垂直　　⑧ $\dfrac{\sigma}{\varepsilon_0}$

意外なことに、クーロンの法則は現代においても絶対的真理ではなく、計測の結果で確認するしかない事実である。現代最高の実験装置では 3×10^{-16} 以内の精度でクーロンの法則が成り立っていることが示されている。「これだけ精度が高い実験で正しさが証明されていれば、クーロンの法則は間違いないのでは？」と思うかもしれない。しかし、「クーロンの法則がどこまで正しいか」を追求する努力は、我々の住む宇宙がどのような法則にしたがっているかを知るための大切な営みである。例えば、実験の結果、宇宙的スケールではクーロンの法則がわずかに破れているようなことが見つかるかもしれない。そのときは、現在考えられているような宇宙の歴史が否定されるということもないとはいえない。歴史的には、量子論も、相対論も、観測された事実と当時の理論（ニュートン力学）のわずかなズレをトコトン追求した結果生まれたものであることを忘れてはならない。そういう意味では、クーロンの法則を公理とする「電磁気学」はさまざまな試練に耐え抜いて現代でも健在である。

問題 6.2　【導体表面の電場】

半径 r の導体球に Q の電荷を与えた。表面の電場の大きさ E を真空の誘電率 ε_0 を用いて表せ。

解答

表面の面電荷密度 σ は、導体球の表面積が ⓐ [　　　] のため、$\sigma =$ ⓑ [　　　] となる。よって、電場の大きさは $E = \dfrac{\sigma}{\varepsilon_0} =$ ⓒ [　　　] と表される。

問題 6.3　【導体表面の電場】

以下の問いに答えよ。

(1) 半径 $r = 1.0$ m の導体球に $q = 1.0 \times 10^{-5}$ C の電荷を与えた。表面の電場の大きさ E を求めよ。

(2) 半径 $r = 1.0$ m の導体球に電荷を与えたところ、表面の電場の大きさが $E = 1.0$ V/m になった。与えられた電荷 q を求めよ。

問題 6.4　【帯電したリング状導体の電荷分布】

図のような、リング状の導体がある。ここに負電荷を与えると、電荷はどのように分布するか。負電荷を 8 個として、図に描け。

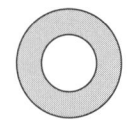

問題 6.5　【帯電した三角形状導体の電荷分布】

図のような三角形をした導体に正電荷を与えた。導体表面から発する電気力線の様子を描け。

発展 問題 6.6 【帯電した球殻状導体の電荷分布】

図のような半径 R の導体球殻がある。ここに電荷 Q を与えたとき，以下の問いに答えよ。ここで，電位の基準は無限遠方をゼロとして，真空の誘電率を ε_0 とする。

(1) $r \geq R$ における電場の大きさ E および電位 V を求めよ。
(2) $r < R$ における電場の大きさ E および電位 V を求めよ。

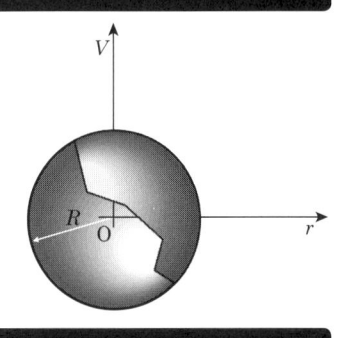

発展 問題 6.7 【帯電した導体の電荷分布】

図のように電荷 Q を与えられた導体球を，内半径 r_1，外半径 r_2 の同心の導体球殻で囲んだ。平衡状態では導体球殻に図のような正負の電荷が誘導される。以下の問いに答えよ。

(1) 球殻内側に誘導された電荷の面電荷密度 σ_1 を求めよ。
(2) 球殻外側に誘導された電荷の面電荷密度 σ_2 を求めよ。

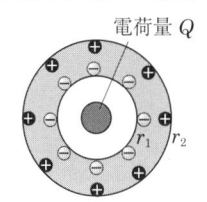

解答

問題 6.1 ⓐ 電場 ⓑ 等電位 ⓒ $-\left(\dfrac{\partial V}{\partial x}\vec{i} + \dfrac{\partial V}{\partial y}\vec{j} + \dfrac{\partial V}{\partial z}\vec{k}\right)$ ⓓ 0 ⓔ 等電位 ⓕ 電場

問題 6.2 ⓐ $4\pi r^2$ ⓑ $\dfrac{Q}{4\pi r^2}$ ⓒ $\dfrac{Q}{4\pi\varepsilon_0 r^2}$

問題 6.3 (1) $E = \dfrac{q}{4\pi\varepsilon_0 r^2} = 9.0 \times 10^4$ V/m (2) $q = 4\pi\varepsilon_0 r^2 E = 1.1 \times 10^{-10}$ C

問題 6.4

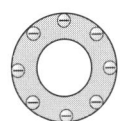

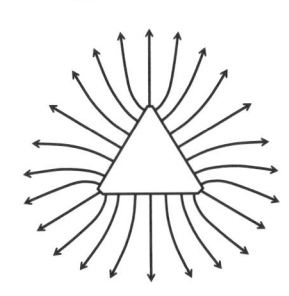

問題 6.5 ポイントは，
(1) 角に近いところは電気力線の密度が高い
(2) 電気力線は導体から垂直に発している
(3) 導体から離れたところでは電気力線の間隔が等間隔に近くなっている
ことである。

問題 6.6 (1) $E = \dfrac{Q}{4\pi\varepsilon_0 r^2},\ V = \dfrac{Q}{4\pi\varepsilon_0 r}$ (2) $E = 0,\ V = \dfrac{Q}{4\pi\varepsilon_0 R}$

問題 6.7 (1) $\sigma_1 = -\dfrac{Q}{4\pi r_1^2}$ (2) $\sigma_2 = \dfrac{Q}{4\pi r_2^2}$

第 7 章 コンデンサーとエネルギー

キーワード コンデンサー，電気容量，静電ポテンシャルエネルギー，電場のエネルギー

7.1 コンデンサーとは何か Basic

コンデンサーとは，簡単にいってしまえば電荷を蓄積する仕掛けで，その正体は 2 つの導体である。もっとも基本的なコンデンサーの概念図を図 7.1(a)に示す。導体の形は何でもよいが，普通は効率よく電荷を蓄積するために向かい合った平板，あるいはそれを丸めた形（図 7.1(b)）で，多くの場合導線がついており，ここを通して電荷を出し入れするようになっている。2 つの導体板はコンデンサーの ❶□ とよばれる。いま，左の導線から正の電荷をコンデンサーに注入すると，左の極板は ❷□ に帯電する。すると，右の極板から正電荷が反発して逃げ出し，右の極版は ❸□ に帯電する。このような状態をコンデンサーが ❹□ **された**という。コンデンサーの 2 つの極板には，必ず等量の正負の電荷が蓄えられる。

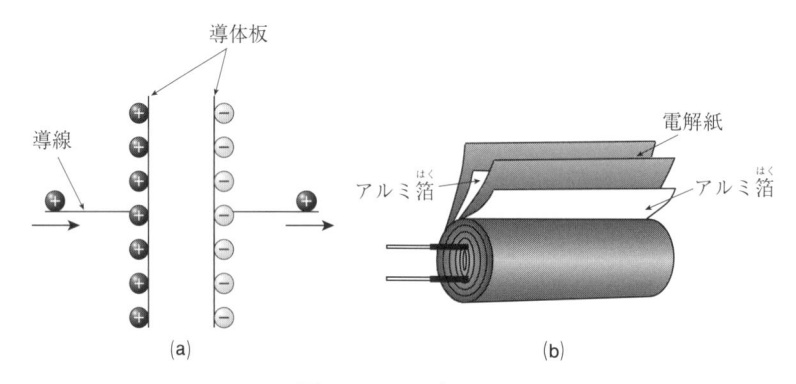

図 7.1　コンデンサー
(a) コンデンサーの概念図　(b) 実際のコンデンサーの内部

7.2 コンデンサーの電気容量 Basic

図 7.1(a)から想像できるように，コンデンサーの 2 つの極板間には電気力線が走っており，電位差がある。そして，極板は至る所等電位だから，変数は 2 つ，すなわち「極板間の電位差」と「極板に蓄えられた電荷量」である。重ね合わせの原理から，極板間の電位差 V は極板に蓄えられた電荷量 Q に比例することがわかる。その比例定数は，コンデンサーごとに決まる固有の定数で，これをコンデンサーの ❺□ C と定義する。すなわち，

極板に蓄えられた電荷量 Q，極板間の電位差 V，コンデンサーの電気容量 C の間には $Q =$ ⑥ □ の関係がある。

電気容量の単位は [C/V] = [F]（ファラド）である。実際に使われているコンデンサーの電気容量は 1 F と比べるとはるかに小さいので，SI 接頭語を用いて，μF（マイクロファラド）= ⑦ □ F，pF（ピコファラド）= ⑧ □ F という単位が多く使われる。ただし最近は，電気自動車などに使われる 10 F を超えるオバケのようなコンデンサーがある。これらはその原理から「電気二重層コンデンサー」とよばれている。

ところで，電気容量の単位を [F] に定めると，第 1 章でふれた真空の誘電率 ε_0 の単位を [F] を用いて表すことができる。点電荷が作るポテンシャル $V = \dfrac{q}{4\pi\varepsilon_0 r}$ から，

$$\varepsilon_0 = \text{⑨ □}$$

を得るが，q/V の単位が [C/V] = [F] であるから，ε_0 の単位は [⑩ □] と書ける。

問題 7.1 【コンデンサーの電気容量】

以下の問いに答えよ。

(1) 電気容量 $C = 1000\ \mu\text{F}$ のコンデンサーがある。極板間の電位差が $V = 10$ V であるとき，正負の極板に蓄えられた電荷量 Q を求めよ。

(2) 電気容量 $C = 1.0$ nF のコンデンサーに $Q = \pm 2.0$ nC の電荷量が蓄えられている。極板間の電位差 V を求めよ。

(3) 極板間の電位差が $V = 2.0$ V のコンデンサーに $Q = 4.0\ \mu\text{C}$ の電荷量が蓄えられている。電気容量 C を求めよ。

問題 7.2 【真空の誘電率】

真空の誘電率 ε_0 の単位が [F/m] であるとき，クーロンの法則は右辺と左辺の単位が一致していることを示せ。

解答

クーロンの法則は $F = \dfrac{q_1 q_2}{4\pi\varepsilon_0 r^2}$ で，右辺を単位で表すと ⓐ □ となる。電気容量の単位 [F] を [F] = [ⓑ □] で書き直して整理すると ⓒ □ が残る。[V/m] は電場の単位で，[V/m] = [ⓓ □] とも書けるから，結局，力の単位 [N] が残り左辺の単位と一致する。

7.3 平行板コンデンサー **Basic**

平行板コンデンサーは広くて面積が等しい2枚の平板からなり，間隔が狭く，しかも極板間の距離は一定である（図7.2）。これらの特徴と対称性の議論から，平行板コンデンサーには以下の性質がある。

① 極板上の電荷密度は一定である。（**性質1**）
② 極板間の電場は極板に垂直な方向で，かつ一定である。（**性質2**）
③ 電場は極板間にしか存在しない。（**性質3**）

性質1は実際には，極板が有限の面積しかもたないため，近似的にしか成り立っていない。しかし，対称性の議論から，無限に広い導体板に電荷が分布するとき，互いの反発力から電荷は等間隔に並び平衡状態に達し，電荷密度は一定となると考えてよい。すると，性質2，3は次のように直ちにいえる。

無限に広い導体板に電荷が均一に分布するとき，対称性の議論から電場は一様で，導体板から垂直に発する。いま，正電荷をもつ導体板と負電荷をもつ導体板を近づけてみよう（図7.3）。重ね合わせの原理から，導体板に挟まれた空間では両者からの電場が強め合い，その外側では電場が打ち消し合う。したがって，電場は導体板間にのみ均一に存在することがわかる。

平行版コンデンサー内部の電場はガウスの法則を使えばすぐ求められる。極板をまたぐ，底面積が S の円筒形のガウス面を考えよう（図7.4）。電場は極板に垂直，一様で，かつコンデンサーの内部にしか存在しない。したがって，電場は円筒の底面を貫き，その大きさを E とすると，電束は⑪□である。

一方，極板の面積を A, 電荷の絶対値を Q とするとき，表面の面電荷密度 σ は

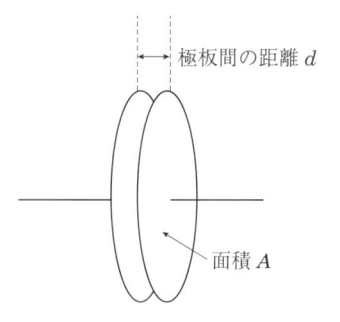

図7.2 平行板コンデンサーの概念図
平行板コンデンサーは広く面積が等しい2枚の平板からなる。極板の間隔は狭く，極板間の距離は一定である。

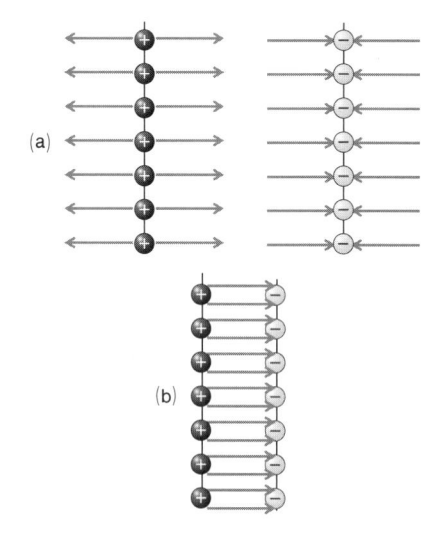

図7.3 極板の電場分布
(a) 無限に広い，帯電した導体板を平行に並べ近づけていく。
(b) 導体板に挟まれた空間では電場が強め合い，その外側では電場が打ち消し合う。

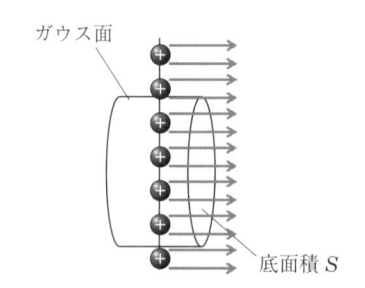

図7.4 極板間の電場
ガウスの法則から，平行板コンデンサーの極板間の電場を計算する。

$$\sigma = \boxed{\text{⑫}}$$

であり，ガウス面に囲まれた電荷は σS であるから，ガウスの法則から

$$\varepsilon_0 \oiint \vec{E}\cdot d\vec{S} = \sigma S \quad \to \quad \varepsilon_0 ES = \sigma S$$

となり，電場の大きさ E は Q, A を用いて表すと，

$$E = \frac{\sigma}{\varepsilon_0} = \boxed{\text{⑬}}$$

となる。続いて，極板間の電位差を計算する。第 5 章で習ったことを思い出そう。電場が極板に垂直で，かつ一様だから，電位差 V は［電場］×［極板間の距離］となり，

$$|V| = \boxed{\text{⑭}}$$

となる。最後に，この平行板コンデンサーの電気容量を計算しよう。電気容量 C は

平行板コンデンサーの電気容量：$C = \dfrac{Q}{V} = \boxed{\text{⑮}}$

と表される。つまり，平行板コンデンサーの電気容量を大きくしようと思ったら，極板の面積を ❶⓰ し，極板間を ❶⓱ すればよい。

実際の平行板コンデンサーは上で述べたような近似が完全に成り立つわけではなく，図 7.5 のように端から少し電場が漏れる。したがって，電気容量は正確には上記の式で表されるものに一致しない。いわゆる「端の効果」はこれのことをいっている。

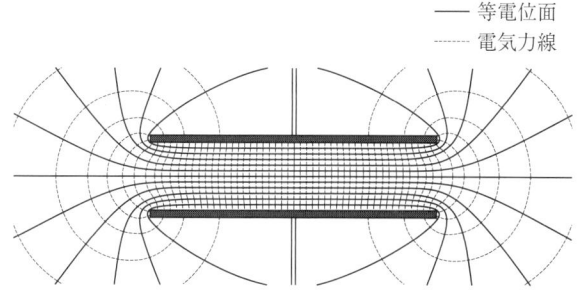

―― 等電位面
----- 電気力線

図 7.5 実際のコンデンサーの電場および等電位線の分布
コンデンサーの外側にも電場はあるが，その大きさはコンデンサー内部に比べてずっと小さい。コンデンサー中央では，ほぼ完全に極板に垂直，かつ互いに平行な電場ができている。

基本 問題 7.3　【平行板コンデンサー】

以下の問いに答えよ。

(1) 極板の面積 $A = 1.0 \times 10^{-4}$ m², 極板間の距離 $d = 1.0$ μm の平行板コンデンサーの電気容量 C を求めよ。

(2) 極板の面積 $A = 0.10$ m², 極板間の距離 $d = 1.0$ mm の平行板コンデンサーに $V = 10$ V の電位

---

❶ 極板　❷ 正　❸ 負　❹ 充電　❺ 電気容量　⑥ CV　⑦ 10^{-6}　⑧ 10^{-12}　⑨ $\dfrac{q}{4\pi rV}$
⑩ F/m

差を与える。極板に蓄えられる電荷量 Q を求めよ。
(3) 極板間の距離を $d = 0.10$ mm とし，電気容量がちょうど $C = 1.0$ nF となるようなコンデンサーの極板の面積 A を求めよ。

発展 問題 7.4 【同軸円筒コンデンサー】

図のような，同軸の円筒状極板からなる物体もコンデンサーである。このコンデンサーの電気容量は平行板コンデンサーと同じ要領で計算できる。L は a, b に比べ充分長いとして，以下の問いに答えよ。
(1) 内側の極板に $+Q$，外側の極板に $-Q$ の電荷を与えたときの極板間（$a \leq r \leq b$）での電場の大きさ E を半径 r の関数で表せ。
(2) 極板間の電位差 V_{ab} を求めよ。
(3) コンデンサーの電気容量 C を求めよ。

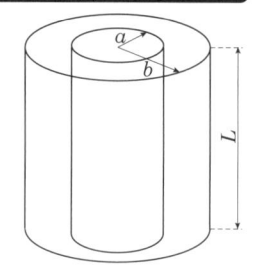

7.4 コンデンサーと静電ポテンシャルエネルギー Basic

コンデンサーというのは電荷を蓄える装置と考えることができるが，見方を変えれば，これはエネルギーを蓄える装置ともいえる。これはコンデンサーの正負の極板を適当な負荷（例えば電熱線やモーターなど）に接続すれば電流が流れ，それらに仕事をさせることができるからで，電荷の溜まったコンデンサーは紛れもなくエネルギーをもっている。これを ⓲ [　　　　　] とよぶ。仕事・エネルギー定理（☞『穴埋め式 力学』第 15 章）によれば，コンデンサーに溜まった静電ポテンシャルエネルギーは，電荷の溜まっていないコンデンサーに $\pm Q$ の電荷を蓄えるまで，外部から行う仕事である。ただし，ここでは，コンデンサーに電荷を蓄える仕事はすべて電荷の静電ポテンシャルエネルギーに変わると仮定している。

図 7.6 のようなコンデンサーを考えよう。はじめ，コンデンサーには電荷が溜まっていないが，負極板から微小電荷 $+\Delta q$ を取り出して正極板まで輸送すると，負極板には ⓳ [　　　] の電荷が現れる。これは，外部の電極板を介していないがコンデンサーを充電するのと同じ意

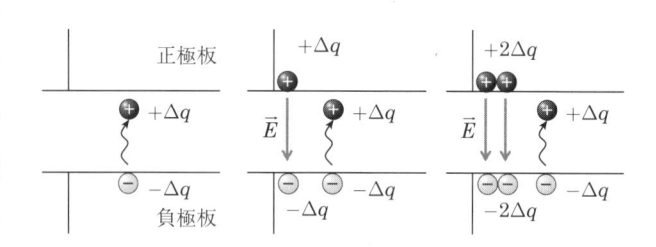

図 7.6 極板間で電荷を輸送する仕事
極板に電荷が溜まるほど，負極板から正極板に電荷を移動するための仕事量が増える。

味をもつ。このとき，極板間に電位差はないから輸送にエネルギーは必要ない。輸送が終わると両極板には $+\Delta q$ と $-\Delta q$ の微小電荷が溜まったことになる。もう一度，微小電荷 $+\Delta q$ を負極板から正極板へ運ぼう。今度は，極板間に電位差があるので，電場に逆らって仕事をしないと電荷が輸送できない。コンデンサーの電気容量を C とすると，

極板間の電位差 V は

$$V = ⑳\ \boxed{}$$

となる。すると，今回の微小仕事 ΔW は，微小電荷 Δq を電位差 V の静電ポテンシャルの差の位置に動かす仕事になるから，

$$\Delta W = \Delta q V = ㉑\ \boxed{}$$

となる。

❗ 極板から 1 つの正電荷を取り出すと極板には負電荷が生じるが，それは極板に存在する無数の正電荷で中和されるため，引き離した正電荷との間のクーロン引力は無視できる。

もう 1 回くり返そう。いま，両極板には $\pm 2\Delta q$ の電荷があるから，電位差は $V = \dfrac{2\Delta q}{C}$ である。したがって今回の微小仕事 ΔW は

$$\Delta W = \Delta q V = \Delta q \frac{2\Delta q}{C}$$

となる。これを，電荷が $\pm Q$ になるまでくり返す。電荷が $\pm Q$ になるまでに外部の力がした仕事は，Δq をゼロに近づけ，総和を積分に置き換えることで求めることができる。作業途中の電荷が q だけ溜まったとき，電荷 $\mathrm{d}q$ を移動させるのに必要な仕事 $\mathrm{d}W$ は

$$\mathrm{d}W = V\mathrm{d}q = \frac{q}{C}\mathrm{d}q$$

で，これを q が 0 から Q になるまで積分したものが全仕事 W となる。積分を実行して

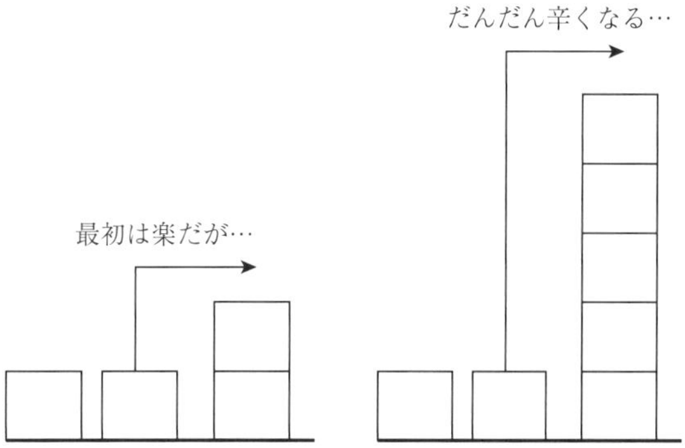

図 7.7　電荷の輸送

電荷の輸送を同じ大きさのブロックを 1 列に積み上げていく仕事で例えると理解しやすいだろう。最初，ブロックを積み上げるのはたいしたことはないが，ブロックが高くなるにつれて新しいブロックを最上段に積み上げるのが大変になっていく。

$$W = \int_0^Q \frac{q}{C}\mathrm{d}q = \Big[\ ㉒\ \boxed{}\ \Big]_0^Q = ㉓\ \boxed{}$$

を得る。したがって，コンデンサーに蓄えられる静電ポテンシャルエネルギー U_e は電気容量 C と電荷量 Q を用いて，

---

⑪ $\varepsilon_0 ES$　⑫ $\dfrac{Q}{A}$　⑬ $\dfrac{Q}{\varepsilon_0 A}$　⑭ Ed　⑮ $\dfrac{\varepsilon_0 A}{d}$　⑯ 大きく　⑰ 狭く

コンデンサーに蓄えられる静電ポテンシャルエネルギー：$U_e = \dfrac{Q^2}{2C}$

と表される。つまり、コンデンサーに蓄えられる静電ポテンシャルエネルギーは電荷量の❷⓸□に比例し、電気容量に❷⓹□する。電気容量に反比例するというのは意外かもしれないが、同じ量の水を器に入れるとき、細い器に溜めた方が水位は高くなるということを考えれば納得できるだろう。

さて、この式は、公式 $Q = CV$（☞ 7.2 節）を用いれば、以下のように変形できる。

$$U_e = \boxed{\text{㉖}} = \boxed{\text{㉗}}$$

> コンデンサーに蓄えられる静電ポテンシャルエネルギー U_e の添え字 "e" は、electric の意味である。あとで、コイルが磁気のエネルギーを蓄えることを示すので、あらかじめ区別しておく。

基本 問題 7.5 【コンデンサーと静電ポテンシャルエネルギー】

以下の問いに答えよ。

(1) 電気容量 $C = 1000\,\mu\text{F}$ のコンデンサーがある。極板間の電位差が $V = 10\,\text{V}$ であるとき、蓄えられている静電ポテンシャルエネルギー U_e を求めよ。

(2) 電気容量 $C = 5.0\,\mu\text{F}$ のコンデンサーに $Q = 2.0 \times 10^{-4}\,\text{C}$ の電荷量が蓄えられている。蓄えられている静電ポテンシャルエネルギー U_e を求めよ。

(3) 極板間の電位差が $V = 10\,\text{V}$ のコンデンサーに $U_e = 3.0 \times 10^{-4}\,\text{J}$ の静電ポテンシャルエネルギーが蓄えられている。コンデンサーの電気容量 C を求めよ。

発展 問題 7.6 【コンデンサーと静電ポテンシャルエネルギー】

コンデンサーの特別な形として、「孤立した半径 a の導体球」を考えよう。たしかに、孤立した導体球に電荷 Q を与えれば、それは電荷を蓄えたことになる。この系について、以下の問いに答えよ。

(1) 導体球の外側（表面）の電位 V を求めよ。
(2) 導体球の電気容量 C を求めよ。
(3) コンデンサーの静電ポテンシャルエネルギーの公式を用いて、蓄えられている静電ポテンシャルエネルギー U_e を求めよ。
(4) 次に、充電されていない導体球に、無限遠方から電荷を運ぶ仕事を考える。導体球に電荷 q が蓄えられているとき、導体球に電荷 dq を与えるのに必要な仕事 dW を求めよ。
(5) これを、0 から Q まで積分し、電荷 Q が蓄えられた導体球の静電ポテンシャルエネルギー U_e を求めよ。

7.5　電場のエネルギー　Standard

第 2 章で、我々は「電場」という概念を定義した。そのときは、分布する電荷がど

のように力を及ぼし合うかを解析するための道具としてしか考えなかったが,電場の概念にはもっと深い意味がある。実は,電場 $\vec{E}$ のある空間は,$\frac{1}{2}\varepsilon_0 E^2$ のエネルギーをもっていると考えることができるのである。一般の場合にこれを示すのは大変なので,平行板コンデンサーで証明してみよう。

図7.8のように,極板の面積が A,極板間の距離が d の平行板コンデンサーに電荷 Q が溜まっているとき,蓄えられる静電ポテンシャルエネルギーは,$C = \frac{\varepsilon_0 A}{d}$,$Q = \varepsilon_0 EA$ を代入して,整理すると

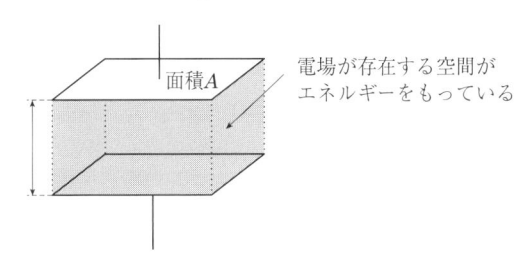

図7.8 電場のエネルギー
平行板コンデンサー内部の空間,すなわち電場が存在する空間がエネルギー(電場のエネルギー)をもっている。

$$U_e = \frac{Q^2}{2C} = \frac{d}{2\varepsilon_0 A}Q^2 = \frac{d}{2\varepsilon_0 A}(\varepsilon_0 EA)^2 = {}_\text{㉘}\boxed{}$$

となり,これは $\left[\frac{1}{2}\varepsilon_0 E^2 \text{(単位体積あたりの静電ポテンシャルエネルギー)}\right]$ と $[Ad \text{(電場が存在する体積)}]$ の積の形で書けていることがわかる。つまり,平行板コンデンサーの場合はその面積や極板間の距離によらず,単位体積あたりに蓄えられている電場のエネルギーは常に ㉙ $\boxed{}$ と考えられる。そして,これは電場の存在するどんな空間についてもいえることが示されている。

電場のエネルギー

電場のエネルギーとは一体どんなイメージだろうか。我々は最初,コンデンサーの静電ポテンシャルエネルギーは極板上の電荷がもっていると考えたわけだが,発想を転換して,個々の電荷が自らのまわりに「電場」というばねのようなものをまとっていると考えよう。電荷が1つのとき,このばねを伸ばしたり縮めたりすることはできない。ばねを縮めるにはもう1つ,同じ符号の電荷をもってくればよい。すると,2つの電荷が作る電気力線は互いを退けようとし,場所によっては前より圧縮される。それを,「空間の電場がエネルギーをもった状態」と考えると大変都合がよい。結果として,エネルギーが,例えば平行板コンデンサーの中の空間に蓄えられていると考えることができるわけである。電磁気学の黎明期,物理学者達は電場のことを「空間の緊張状態」とよんだ。なかなか,よいイメージではないか。

「点電荷が1つのときは,空間はエネルギーをもっていないのか?」という質問に答えるのは難しい。$\frac{1}{2}\varepsilon_0 E^2$ を全空間で積分すると,無限大に発散してしまうからである。これは「点電荷の自己エネルギー」という問題で,古典電磁気学でこれを真面目に考えるのはタブーとなっている。電場のエネルギーを論じるときは,点電荷の自己エネルギーを引いた残りについて論じる決

---

⑱ 静電ポテンシャルエネルギー ⑲ $-\Delta q$ ⑳ $\frac{\Delta q}{C}$ ㉑ $\Delta q \frac{\Delta q}{C}$ ㉒ $\frac{q^2}{2C}$ ㉓ $\frac{Q^2}{2C}$

まりになっている。

　電場がエネルギーをもつと考えると，電磁気学でエネルギーを論じるときにいろいろと都合がよい。例えば，第16章で述べる「電磁波」は電場と磁場の振動が空間を伝わる現象だが，これは，電場の振動が空間を光の速さで移動するため，結果として光の速さでエネルギーを運んでいると解釈できるのである。

基本 問題 7.7　【電場のエネルギー】

以下の問いに答えよ。
(1) $E = 1.0$ V/m の電場が存在する空間，1 m^3 あたりに蓄えられている電場のエネルギー U_e を求めよ。
(2) この電場を平行板コンデンサーで実現するには，極板 1 m^2 あたりどれほどの電荷があればよいか。面電荷密度 σ を求めよ。

発展 問題 7.8　【電場のエネルギー】

問題 7.6 の，孤立した半径 a の導体球のエネルギーについてもう一度考える。導体球外側の全空間の電場について $\frac{1}{2}\varepsilon_0 E^2$ を積分し，これが問題 7.6 で導いた静電ポテンシャルエネルギー $U_e = \dfrac{Q^2}{8\pi\varepsilon_0 a}$ と一致することを以下の手順で示せ。
(1) 電荷量 Q に帯電した球の外側（$a < r$）の電場 E を求めよ。
(2) 厚さ dr の薄い球殻に含まれる電場のエネルギー u_e を求めよ。
(3) (2)の結果を半径 a から無限大まで積分し，全空間の電場のエネルギー U_e を求めよ。

発展 問題 7.9　【電場のエネルギー】

平行板コンデンサーの電場は，極板の電荷が一定なら極板間の距離によらない。いま，極板に $\pm Q$ の電荷を与えたまま極板を遠ざけていく。すると，電場が一定のまま電場が存在する空間は大きくなるから，電場エネルギーを労せず増やせることになる。これはエネルギー保存則に違反するのではないだろうか。何が間違っているか指摘せよ。

解答

問題 7.1　(1) $Q = CV = 1.0 \times 10^{-2}$ C　(2) $V = Q/C = 2.0$ V
　　　　　(3) $C = Q/V = 2.0$ μF

問題 7.2　ⓐ $\dfrac{[C]^2}{[F/m][m]^2}$　ⓑ C/V　ⓒ $\dfrac{[C][V]}{[m]}$　ⓓ N/C

　　　　　（注）やり方は他にもあり，これが唯一の正解ではない。

問題 7.3　(1) $C = \dfrac{\varepsilon_0 A}{d} = 8.9 \times 10^{-10}$ F　(2) $Q = \dfrac{\varepsilon_0 A V}{d} = 8.9 \times 10^{-9}$ C

　　　　　(3) $A = \dfrac{Cd}{\varepsilon_0} = 1.1 \times 10^{-2}$ m^2

問題 7.4　(1) ガウスの法則：$Q = \varepsilon_0 \oiint E dA = \varepsilon_0 E \times 2\pi r L$ より，$E = \dfrac{Q}{2\pi\varepsilon_0 L r}$

　　　　　(2) 内側円筒が高い電位をもつので，$V_{ab} = -\displaystyle\int_a^b -E dr = \dfrac{Q}{2\pi\varepsilon_0 L} \log \dfrac{b}{a}$

(3) $C = \dfrac{Q}{V_{ab}} = \dfrac{2\pi\varepsilon_0 L}{\log(b/a)}$

問題 7.5 (1) $U_e = \dfrac{1}{2}CV^2 = 5.0 \times 10^{-2}$ J　　(2) $U_e = \dfrac{Q^2}{2C} = 4.0 \times 10^{-3}$ J

(3) $C = \dfrac{2U_e}{V^2} = 6.0 \times 10^{-6}$ F

問題 7.6 (1) $V = \dfrac{Q}{4\pi\varepsilon_0 a}$　　(2) $C = \dfrac{Q}{V} = 4\pi\varepsilon_0 a$　　(3) $U_e = \dfrac{1}{2}QV = \dfrac{Q^2}{8\pi\varepsilon_0 a}$

(4) 表面の電位は $V' = \dfrac{q}{4\pi\varepsilon_0 a}$ であるから，$dW = dq V' = \dfrac{q\,dq}{4\pi\varepsilon_0 a}$

(5) $U_e = W = \displaystyle\int_0^Q \dfrac{q\,dq}{4\pi\varepsilon_0 a} = \dfrac{Q^2}{8\pi\varepsilon_0 a}$

（仕事・エネルギー定理から W は(3)で求めた系のエネルギーに一致する。）

問題 7.7 (1) $U_e = \dfrac{1}{2}\varepsilon_0 E^2 = 4.4 \times 10^{-12}$ J/m^3　　(2) $\sigma = \varepsilon_0 E = 8.9 \times 10^{-12}$ C/m^2

問題 7.8 (1) $E = \dfrac{Q}{4\pi\varepsilon_0 r^2}$　　(2) $u_e = \dfrac{1}{2}\varepsilon_0 E^2 \times 4\pi r^2 dr = \dfrac{Q^2}{8\pi\varepsilon_0 r^2}dr$

(3) $U_e = \displaystyle\int_a^\infty \dfrac{Q^2}{8\pi\varepsilon_0 r^2}dr = \dfrac{Q^2}{8\pi\varepsilon_0 a}$　（結果は問題 7.6 と一致する。）

問題 7.9 極板を遠ざけるということは，正極板と負極板の電荷が引き合うクーロン力に逆らって動かすため，仕事が必要である。極板間のエネルギーはこの仕事とちょうど同じだけ増加する。

㉔ 2乗　　㉕ 反比例　　㉖㉗ $\dfrac{1}{2}CV^2$, $\dfrac{1}{2}QV$　　㉘ $\dfrac{1}{2}\varepsilon_0 E^2 (Ad)$　　㉙ $\dfrac{1}{2}\varepsilon_0 E^2$

総合演習 I

復習 問題 I.1　【クーロン力の重ね合わせ】　☞ 問題 1.4

3つの点電荷が図のように配置されている。電荷の大きさは $q_1 = 3.0 \times 10^{-6}$ C, $q_2 = -3.0 \times 10^{-6}$ C, $q_3 = 3.0 \times 10^{-6}$ C, 電荷間の距離は $r_{13} = 0.10$ m, $r_{23} = 0.20$ m である。以下の問いに答えよ。
(1) q_3 が q_1 から受ける力の大きさ F_{13} と向きを求めよ。
(2) q_3 が q_2 から受ける力の大きさ F_{23} と向きを求めよ。
(3) q_3 が受ける正味の力の大きさ F と向きを求めよ。

復習 問題 I.2　【2つの電荷が作る電場】　☞ 問題 2.5

真空中で $R = 0.40$ m 離れた点 A, B に $q_1 = 3.0 \times 10^{-6}$ C と $q_2 = -3.0 \times 10^{-6}$ C の点電荷を置くとき, 以下の各点での電場の大きさ E と向きを求めよ。
(1) AB を結ぶ線上で点 A から $r = 0.10$ m 離れた点 P
(2) AB の中点から垂直に $\frac{R}{2} = 0.20$ m 離れた点 Q

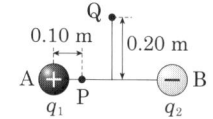

復習 問題 I.3　【無限長線電荷が作る電場】　☞ 問題 4.3

線電荷密度 $\tau = 1.0 \times 10^{-12}$ C/m の無限長線電荷から距離 $r = 1.5$ m の位置における電場の大きさ E を求めよ。

復習 問題 I.4　【平行板コンデンサー】　☞ 問題 7.3

以下の問いに答えよ。
(1) 極板面積 $A = 1.5 \times 10^{-4}$ m^2, 極板間距離 $d = 1.0$ μm の平行板コンデンサーの電気容量 C を求めよ。
(2) 極板面積 $A = 0.15$ m^2, 極板間距離 $d = 0.50$ mm の平行板コンデンサーに $V = 10$ V の電位差を与える。極板に蓄えられる電荷量 Q を求めよ。
(3) 極板間距離を $d = 0.10$ mm に決めたとき, 電気容量がちょうど $C = 2.0$ nF となるようなコンデンサーの極板面積 A を求めよ。

総合 問題 I.5　【球と球殻に分布した電荷が作る電場】

図のように, 原点 O を中心に電荷 $Q_1 = 1.0$ μC の球と, 電荷 $Q_2 = 3.0$ μC, $Q_3 = 5.0$ μC の球殻があり, 電荷はそれぞれ一様に分布している。それぞれの球と球殻の間にあり, かつ原点 O からの距離がそれぞれ $r_A = 1.0$ m, $r_B = 2.0$ m, $r_C = 3.0$ m である球面 A, B, C 上の電場の大きさ E_A, E_B, E_C を求めよ。

総合 問題 I.6　【電気双極子】

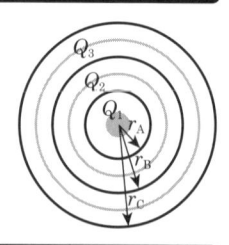

図のように x 軸に沿って原点から等距離の位置 a, $-a$ に, 同じ大きさの正負の電荷 q, $-q$ を置く。

x 軸上で，$x \gg a$ にある点 P について，以下の問いに答えよ。

(1) $x \gg a$ のとき，$x^2 - a^2 \approx x^2$ と近似できることを用いて，点 P における電位 V を求めよ。

(2) 電位 V を微分することにより点 P での電場の大きさ E を求めよ。

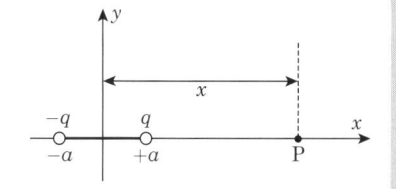

問題 I.7　【一様な電場中の電子の運動】

図のように，質量が $m = 9.11 \times 10^{-31}$ kg，電荷が $e = -1.60 \times 10^{-19}$ C の電子に $V = 20.0$ V の電位差を与え，静止状態から速さ v になるまで加速させて，一様な電場 $E = 2.00 \times 10^2$ V/m に垂直に入射させる。電子はこの電場中を x 方向に長さ $L = 0.200$ m だけ通って抜ける。以下の問いに答えよ。

(1) 入射するときの電子の速さ v を求めよ。
(2) 一様電場 E を通過しているときの y 方向の加速度 a を求めよ。
(3) 長さ L だけ進んだときの y 方向のずれ y_L を求めよ。

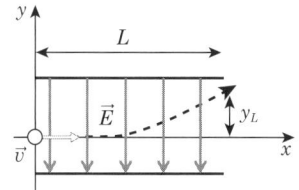

解答

問題 I.1 (1) $F_{13} = \dfrac{|q_1||q_3|}{4\pi\varepsilon_0 r_{13}^2} = 8.1$ N，右向き　(2) $F_{23} = \dfrac{|q_2||q_3|}{4\pi\varepsilon_0 r_{23}^2} = 2.0$ N，右向き

(3) $F = F_{13} + F_{23} = 10$ N，右向き

問題 I.2 (1) $E = \dfrac{q_1}{4\pi\varepsilon_0 r^2} + \dfrac{|q_2|}{4\pi\varepsilon_0 (R-r)^2} = 3.0 \times 10^6$ V/m，右向き

(2) $E = \sqrt{2}E = 4.8 \times 10^5$ V/m，右向き

問題 I.3 電荷を中心に $r = 1.5$ m，長さ l の円筒面をガウス面とすると，ガウスの法則より，
$$E = \frac{\tau l}{2\pi r l \varepsilon_0} = \frac{\tau}{2\pi\varepsilon_0 r} = 1.2 \times 10^{-2} \text{ V/m}$$

問題 I.4 (1) $C = \dfrac{\varepsilon_0 A}{d} = 1.3 \times 10^{-9}$ F $= 1.3$ nF　(2) $Q = CV = \dfrac{\varepsilon_0 A}{d} V = 27$ pC

(3) $A = \dfrac{Cd}{\varepsilon_0} = 2.3 \times 10^{-2}$ m^2

問題 I.5 $E_A = \dfrac{Q_1}{4\pi\varepsilon_0 r_A^2} = 9.0 \times 10^3$ V/m，$E_B = \dfrac{Q_1 + Q_2}{4\pi\varepsilon_0 r_B^2} = 9.0 \times 10^3$ V/m，

$E_C = \dfrac{Q_1 + Q_2 + Q_3}{4\pi\varepsilon_0 r_C^2} = 9.0 \times 10^3$ V/m

問題 I.6 (1) $V = \dfrac{1}{4\pi\varepsilon_0}\left(\dfrac{q}{x-a} - \dfrac{q}{x+a}\right) = \dfrac{1}{2\pi\varepsilon_0}\dfrac{qa}{x^2-a^2} \approx \dfrac{qa}{2\pi\varepsilon_0 x^2}$　(2) $E = -\dfrac{dV}{dx} = \dfrac{qa}{\pi\varepsilon_0 x^3}$

問題 I.7 (1) 電子の運動エネルギーが静電ポテンシャルエネルギーと等しいので，$\dfrac{1}{2}mv^2 = eV$。

よって，$v = \sqrt{\dfrac{2eV}{m}} = 2.65 \times 10^6$ m/s

(2) 一様電場 E の中での運動方程式は $eE = ma$ であるから，$a = \dfrac{eE}{m} = 3.51 \times 10^{13}$ m/s^2

(3) 長さ L だけ移動するのにかかる時間は $t = \dfrac{L}{v} = 7.55 \times 10^{-8}$ s。また，電場中では等加速度運動なので，$y_L = \dfrac{1}{2}at^2 = 0.100$ m

第 8 章 電流

キーワード 電流，オームの法則，電気伝導率，ジュール熱，電力

8.1 電流の定義 Basic

前章まで学習してきたことは，電磁気学の中でも「静電気学」といわれる範疇の問題である。つまり，電場も電荷も（途中で動くことは認めるにしても）時間的に変化しない状態についてのみ考えてきたわけである。本章からは動く電荷について考えよう。あとになってわかるが，電磁気学の双璧である電場と磁場のうち，後者の磁場は動く電荷がもとになって生じるもので，電磁気学の半分は電荷の動きに伴う現象であるといえる。

はじめに，電流を「**ある面を単位時間あたりに通り抜けた電荷量**」と定義する。図 8.1 は，電荷が一定の方向に流れている導線を表している。電荷の流れに垂直な面 A を考えよう。流れは時間的に変化することも考えられるので，電流 I の定義を時間 dt の間に面 A を dQ の電荷が通り抜けたとき

電流の定義：$I = $ ① ☐

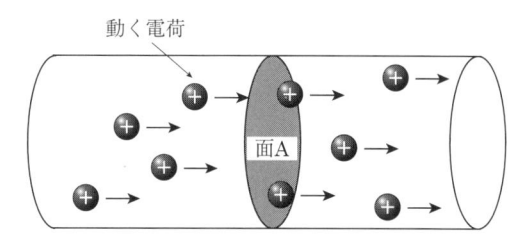

図 8.1 導線中を流れる電流
ある面 A を単位時間あたりに通り抜けた電荷の量を電流と定義する。

とする。電荷の流れが一定なら，電流は毎秒面 A を通過した電荷量となる。電流の単位を [A]（アンペア）と表し，電荷の単位は [C] だから，[A] = [② ☐] となる。

> ⚠ 現代の単位系では，はじめに 1 A の電流が定義され，1 A の電流が 1 s 流れたときに移動した電荷量を 1 C と定義している。

続いて，「電流密度」というベクトル量を定義する。その大きさは，電流 I を電流に垂直な面積 A で割ったもので，「単位面積あたりの電流」という意味になる。方向は電荷の流れる方向とする。電流方向の単位ベクトルを $\vec{e}$ として電流密度 $\vec{i}$ を定義すると，

電流密度の定義：$\vec{i} = $ ③ ☐ $\vec{e}$

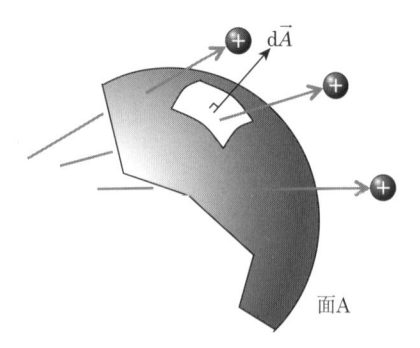

図 8.2 一般的な場合の電流の定義
電荷がどんな動きをしていても，面 A がどんな形をしていても電流は定義できる。

となり，単位は[④　　　]である。電流が細い導線の中を，一定の方向に流れているときには電流密度という考え方を使う必要はない。だが，電荷の動きが複雑なときは，ある面 A を通り抜ける電流を，電流密度を使い定義する。すなわち，

$$I = \iint_A \vec{i} \cdot d\vec{A}$$

である。第 3 章で「電束」を定義したとき，電場を面積分したが，今回も考え方は同じである。

導入 問題 8.1 【導線を流れる電流】

電子の電荷量は $e = 1.6 \times 10^{-19}$ C である。ある導線の断面を電子が毎秒 $N = 1.0 \times 10^{16}$ 個通過しているとき，この導線を流れる電流 I を求めよ。

導入 問題 8.2 【電流密度】

以下の場合の電流密度の大きさ i を求めよ。
(1) $I = 2.0$ A の一定の電流が断面積 $A = 2.0 \times 10^{-6}$ m^2 の導線を流れている場合
(2) $I = 1.5$ A の一定の電流が断面積 $A = 0.010$ m^2 の導線を流れている場合

基本 問題 8.3 【電流密度】

原点から，$q = 1.0$ pC の電荷をもつ粒子が毎秒 $N = 1.0 \times 10^4$ 個，あらゆる方向に均一に飛び出している。原点から $r = 1.0$ m の距離における電流密度の大きさ i を求めよ。

基本 問題 8.4 【電荷量と電流の関係】

図は，導線のある断面を通過した電荷量の合計 Q を時間 t の関数で表したものである。ここから，電流 I を時間の関数でグラフに描け。

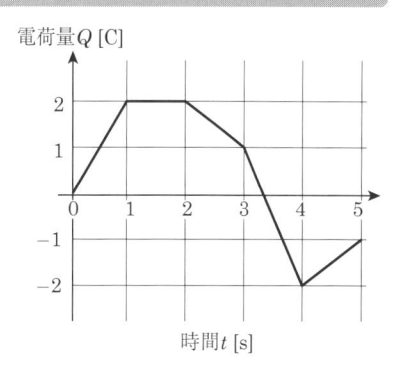

8.2 電荷のドリフトと電流　Basic

ここで，もっとも一般的な「金属の導線に流れる電流」についていくつか補足的説明をしなくてはならない。まず，導線に流れているのは実際には負電荷の❺　　　だが，電流の方向は正の電荷が流れる方向と定義している（電流の発見が電子の発見に先行してしまったための悲劇である）。図 8.1 は左から右に流れる電流を表しているが，金属

では実際には電子が右から左に流れている。もちろん，ある種の半導体のように正の電荷が流れる（と見なせる）物体もある。

そして，もう1つの事実は，電子は図 8.1 のように導線の中をまっすぐに動いているわけではなく，実際には図 8.3 のように高速でジグザグに動きながら少しずつ一方向（電流と逆方向）に漂流しているという点である。こ

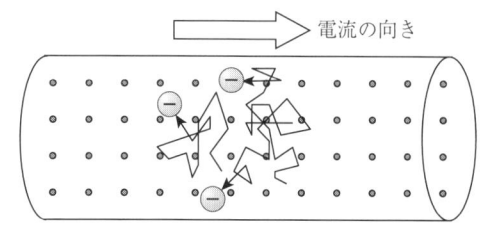

図 8.3 導線を流れる電流のイメージ
流れているのは電子で，しかもジグザグに動いている。小さな点は障害物となる原子核のイメージであるが，実際には電子の方がずっと小さい。

れを ❻ □□□ という。電荷が導線の中をドリフトする速度（ドリフト速度）は，日常見かける範囲の電流では驚くほど遅く，0.1 mm/s くらいである。ここで，おかしいと思った人もいるのではないだろうか？「電気の信号は光の速さで伝わると教わったのに変だ」と。実はこれも同時に正しい。導線の一端の電子を押すと，導線の中を「押された」効果が光の速さで伝わるということなのである。

電子のドリフト速度ベクトルを $\vec{v}$，流れる電荷の電荷量を q，電荷密度を n とすると，電流密度は，$\vec{i} = nq\vec{v}$ となる。電流密度が一定とすると，導線に垂直な面 A を通り抜ける電流 I は

$$I = \boxed{⑦}$$

となる。

問題 8.5 【銅線中の電子のドリフト速度】

直径 $d = 1.00$ mm の銅線に $I = 1.00$ A の電流が流れているときの電子のドリフト速度 v を求めよ。ただし，銅の原子量を $u = 63.5$（1 mol あたり 63.5 g ということになる。1 mol は $N_A = 6.02 \times 10^{23}$ 個の原子数に等しい），密度を $\rho = 8.94 \times 10^3$ kg/m^3 として，銅の原子はそれぞれ 1 つの自由電子を放出するものとする。

解答

ドリフト速度 v は，電流 I，電荷密度 n，電子の電荷量 e，断面積 A とすると，$v = \boxed{ⓐ}$ と表せる。銅の電荷密度 n を求めると，

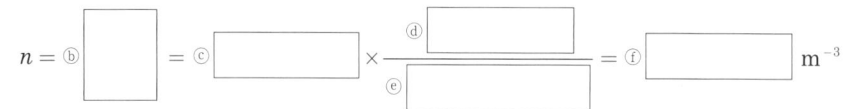

$$n = \boxed{ⓑ} = \boxed{ⓒ} \times \frac{\boxed{ⓓ}}{\boxed{ⓔ}} = \boxed{ⓕ} \text{ m}^{-3}$$

電子の電荷量は $e = 1.60 \times 10^{-19}$ C，断面積は $A = \boxed{ⓖ} = \boxed{ⓗ}$ m^2 より，数値を代入すると，

$$v = \frac{I}{neA} = \frac{1.00}{\boxed{ⓕ} \times 1.60 \times 10^{-19} \times \boxed{ⓗ}} = \boxed{ⓘ} \text{ m/s}$$

基本 問題 8.6 【電流と電荷のドリフト速度】

電子の電荷量を $e = 1.6 \times 10^{-19}$ C として，以下の問いに答えよ。

(1) 導体の中に，電子が $n = 1.5 \times 10^{26}$ m^{-3} の密度で存在する。導線の断面積が $A = 1.0$ mm^2，電子のドリフト速度が $v = 1.0 \times 10^{-4}$ m/s のとき，電流の大きさ I を求めよ。

(2) 電子が断面積 $A = 2.0 \times 10^{-6}$ m^2 の導線をドリフト速度 $v = 3.0 \times 10^{-4}$ m/s で移動しているとき，この導線を流れる電流は $I = 3.2$ A だった。このときの電子の密度 n を求めよ。

8.3 オームの法則 Basic

電子が導線の中をまっすぐ進めないのは，導線には多くの障害があって，電子がそれにぶつかりながら進むからである。この障害は，金属の場合は自由電子を放出したあとの陽イオンである。したがって，電流が流れ続けるためには電子を常に一方から押してやらなくてはならない。電荷に力を与えるのは電場であるから，電流が流れているとき，導線内には電場が存在する。では，電流と電場の関係はどうなっているのだろうか。

ドイツの物理学者オームは，1826 年に電流密度と電場の間に次の関係が成り立つことを発見した。

電流密度を $\vec{i}$，電気伝導率（物質固有の定数）を σ，電場を $\vec{E}$ として $\vec{i} = \sigma \vec{E}$ の関係がある。

これを発見者にちなみ❽□□□□□の法則という。

金属の中をドリフトする電子は，例えるなら空気中を落下する雨粒のようなものである。真空中を落下する物体は等加速度運動をするが，空気中を落下する軽い物体は空気抵抗のためすぐに等速運動になる。導体中の電子も，電場により加速されるが，原子にぶつかるたびに減速し，平均的には一定の速度でゆっくりドリフトとしているように見えるというわけである。電子がぶつかる際の抵抗が物質により異なるため，同じ電場でも電子のドリフト速度が異なる。この物質固有の値を❾□□□□□とよぶ。オームの法則：$\vec{i} = \sigma \vec{E}$ は，導体に一定の電場が与えられたときは一定の電流が流れ，その大きさは電気伝導率に比例するということをいっている。電気伝導率の単位は [A/V·m] になるが，[A/V] = [S]（ジーメンス）という単位が与えられているので，電気伝導率の単位は [S/m] となる。

電気伝導率 σ は近似的には物質の定数で変化しないと考えるが，実際には温度によって変化する。また，定数としての電気伝導率 σ が定義できない物体があり，その代表

---

① $\dfrac{dQ}{dt}$ ② C/s ③ $\dfrac{I}{A}$ ④ A/m^2 ❺ 電子

例がシリコン，ゲルマニウムなどの半導体である。これらは，電気伝導がオームの法則にしたがわない性質（非オーミック）を生かし，電流の整流，増幅などを行う素子の材料として利用される。本書ではこれ以上は立ち入らず，電気伝導率 σ は物質固有の定数として考える。

表 8.1 は代表的な導体，半導体および絶縁体の電気伝導率を一覧に示したものである。電気伝導率 σ の大きな金属は金，銀，銅などで，いずれもピカピカと光る（「光ること」と「電気伝導率が高いこと」には関連がある）。高級オーディオの接続端子が金メッキされているのはダテではなく，少しでも抵抗を減らそうという努力なのである。

表 8.1 代表的な導体の電気伝導率

物質	電気伝導率 [S/m]	物質	電気伝導率 [S/m]
金	4.3×10^7	炭素（グラファイト）	2.0×10^4
銀	6.2×10^7	ゲルマニウム	2.2
銅	5.9×10^7	シリコン	4.3×10^{-3}
鉄	1.0×10^7	乾燥木材	10^{-10} 程度
鉛	4.9×10^6	ソーダガラス	10^{-10} 程度
ニクロム※	6.7×10^5	天然ゴム	10^{-14} 程度

※ニッケルクロムの合金で，あえて電気伝導率が小さくなるように配合される。目的は後述するようにジュール熱を得ることである。

また，表 8.1 から「絶縁体」とよばれる物質の電気伝導率も完全にゼロではないことがわかる。実は「ほとんど完璧に電流を流さない」物質というのは，それはそれで特殊な材料で，ゴムは伝統的に高い絶縁性をもつ材料として便利に用いられている。

基本 問題 8.7　【電気伝導率】

表 8.1 の電気伝導率を参考に，以下の問いに答えよ。

(1) 銅に $i = 1.0$ A/m^2 の密度で電流が流れているとき，そこに存在する電場の大きさ E を求めよ。
(2) グラファイトに $i = 1.0$ A/m^2 の密度で電流が流れているとき，そこに存在する電場の大きさ E を求めよ。
(3) ある導体中を $i = 2.0$ A/m^2 の密度で電流が流れ，$E = 3.0 \times 10^{-6}$ V/m の電場が生じた。この導体は何か。

8.4 抵抗器とオームの法則　Basic

一般に知られているオームの法則は，ある抵抗値 R をもつ抵抗器に電位差 V を与えると電流 I が流れるというもので，いわば抵抗器のオームの法則とよぶのがふさわしい。抵抗器は図 8.4(a)のように，適当に電気伝導率の小さい物質，例えば炭素粉末などを固めて成形したものの両端に導体の端子をつけたものである。抵抗器の両端に電位差 V を与えると電流 I が流れ，それらの間に

抵抗器のオームの法則：⑩ ☐

という関係がある。この比例定数 R を抵抗とよび，単位は [Ω]（オーム）で表す。これを，物質の定数である電気伝導率 σ から見ていこう。

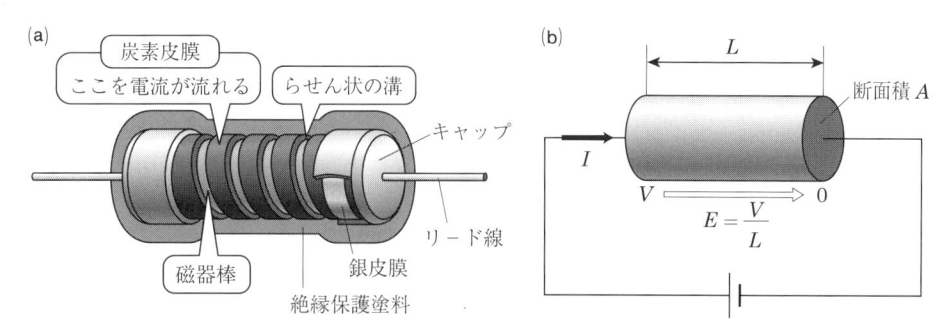

図 8.4 抵抗器

(a) 市販の抵抗器の内部構造。種類によっては，図のように内部がらせん状の構造をもっているものもある。これには，望みの抵抗値を得やすくする目的や，大電流を流したときの抵抗値の変化を小さくする目的がある。
(b) 簡単のため，抵抗器を内部が一様な（適当に小さい）電気伝導率をもつ導体とする。両端に金属の極板をつけ，そこから導線の端子が出ている。

いま，簡単のため抵抗器を断面積 A，長さ L の一様な導体としよう（図 8.4(b)）。両端の電極に電位差 V を与えると，抵抗器には一様な電流が流れる。電位と電場の関係から，電場 E が一様なとき，$E = V/L$ の関係がある。一方，電流密度は $i = I/A$ である。いずれも，抵抗器の軸に沿った方向であることは明らかなのでスカラーで書いている。これをオームの法則：$i = \sigma E$ に代入すると

$$\frac{I}{A} = \sigma \frac{V}{L}$$

となり，変形して

$$V = \text{⑪} \boxed{}$$

となる。たしかに，よく知られたオームの法則が導出された。ここで，抵抗器両端の電位差 V と流れる電流 I の比率を「抵抗」とよび，単位は [Ω] = [⑫ ☐] である。抵抗器の抵抗 R は抵抗器の長さ L と断面積 A で

$$R = \text{⑬} \boxed{}$$

と表せることに注意しておこう。また，物質の電気伝導率 σ は，その逆数である抵抗率 $\rho = \dfrac{1}{\sigma}$ で測られることが多い。すなわち，抵抗率を用いて抵抗 R は

---

❻ ドリフト　　❼ $nqvA$　　❽ オーム　　❾ 電気伝導率

$$R = \boxed{}^{⑭}$$

と表せる。抵抗率の単位は [⑮] である。一方，電気伝導率の単位は先ほど [S/m] と書かれると述べたが，[S] = [Ω^{-1}] は割合，最近（1971 年）に定義された単位なので，いまだに [1/$\Omega\cdot$m] と書かれることもある。

問題 8.8 【抵抗率】

図のように，1 辺 a の立方体の形をした一様な抵抗体に電位差 V を与えたところ，電流 I が流れた。この抵抗体の抵抗率 ρ を a, V, I で表せ。

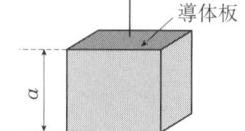

解答
抵抗 R を電流 I と電位差 V で表すと，オームの法則より $R = \boxed{}^{ⓐ}$。

また，抵抗 R は抵抗率 ρ と抵抗体の長さ L，断面積 A を用いて $R = \boxed{}^{ⓑ}$ と表せる。ここでの抵抗は 1 辺が a の立方体なので $R = \boxed{}^{ⓒ}$。よって，2 式より，$\rho = \boxed{}^{ⓓ}$ となる。

問題 8.9 【抵抗率】

抵抗率が $\rho = 1.0 \times 10^2\ \Omega\cdot$m のセラミックを使って抵抗素子を作りたい。抵抗値が $R = 100$ kΩ で，断面積が $A = 3.0 \times 10^{-6}\ \text{m}^2$ と決まっているとき，抵抗素子の長さ L はどれほどにすればよいか。

問題 8.10 【抵抗率】

表 8.1 を参考に，断面積が $A = 2.0\ \text{mm}^2$ で長さ $L = 1.0$ m の銅線の抵抗 R を求めよ。

問題 8.11 【抵抗器とオームの法則】

コンデンサーの理論と抵抗器の理論はよく似たところがある。これを確認しよう。

(1) はじめに，極板面積が A で極板間の距離が d の平行板コンデンサーを考える。このコンデンサーの電気容量 C を求めよ。

(2) 次に，極板間を電気伝導率 σ の導体で埋めるとコンデンサーが抵抗体になる。抵抗体内部の電場はコンデンサーの電場とまったく同じであるとしよう。このとき，抵抗体の抵抗値 R を求めよ。

(3) コンデンサーの電気容量 C と抵抗体の抵抗値の逆数 $1/R$ を表す式はよく似た形をしている。C [F] = $1/R$ [S] の比例定数を仮定したとき，模擬コンデンサーの電気容量 C を R, ε_0, σ で表せ。

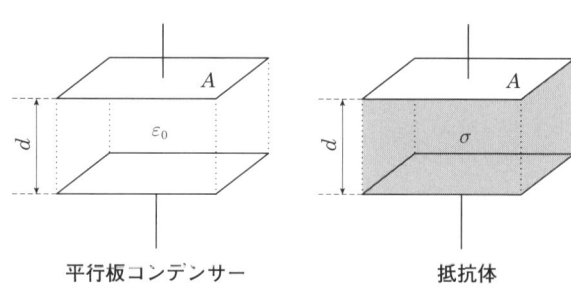

問題 8.11 のような方法を用いて，静電場の問題で電極に電荷が与えられたら，電場がどのように分布するかを電流によるモデルでシミュレーションすることは実際に行われている。例えば，平行板コンデンサーの電場を知りたかったら，導体紙（わずかに電流が流れる紙。専用のものが手に入るが，なければFAX用紙で代用できる）を平らな板に固定して，2本の電極を置いて電位差を与える。あとは，負極板を基準として導体紙のいろいろなところの電位を測れば，それがコンデンサーまわりの電位と一致する（図8.5）。

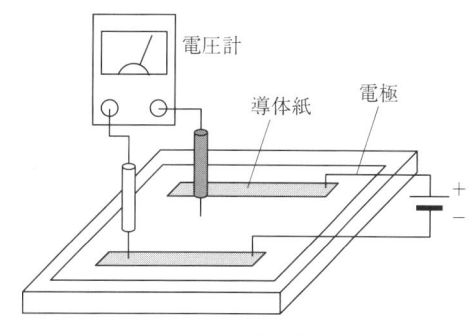

図 8.5 電位の測定

ゲオルグ・シモン・オーム
Georg Simon Ohm（1789 ～ 1854）

ドイツの物理学者。苦学という言葉がオームには似合うようだ。オームは1805 年にエルランゲン大学に入学したが，父親との折り合いがつかずに学費を打ち切られてしまい，スイスで家庭教師などをしながらお金を貯めて復学，学位を得たのは入学から 6 年後であった。その後も経済的な理由により大学で研究を続けることができず，小さな学校やギムナジウムで教えながら電流について独自に研究を進めた。1826 年，休暇を利用して実験に専念していたオームは，起電力を一定に保ちながら電流と導線の長さ（抵抗）との関係を研究し，有名な「オームの法則」を発見する。しかし，この偉大な発見に対する根強い反対もあり，大学の職はなかなか得られなかった。1849 年にようやくミュンヘン大学の員外教授に選ばれ，1852 年からは念願の正教授の地位に就いたのだが，それからわずか 2 年後に，彼の生涯は終わった。

8.5 ジュール熱と電力 Basic

電流が抵抗のある導体を通過するときに何が起こるかを考えよう。1つ1つの電荷は電場に沿って動いているが，抵抗があるため，電場が電荷を動かすためには仕事が必要である。では，仕事をすることで失われたエネルギーはどこに行ったのだろうか。これは，摩擦のある平面を，おもりを引きずって動かす

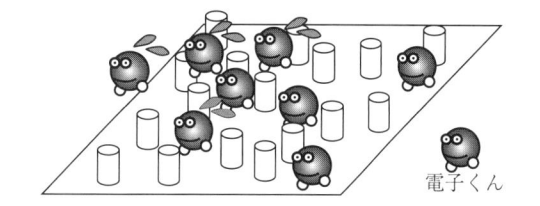

図 8.6 ジュール熱
電子が抵抗のある導体を通り抜けると発熱するイメージ。障害物競争である。

---

⑩ $V = IR$ ⑪ $\dfrac{L}{\sigma A} I$ ⑫ V/A ⑬ $\dfrac{L}{\sigma A}$

ことを考えれば簡単で仕事は熱に変わったのである。くり返そう。**抵抗のある導体に電流が流れると熱が発生する**。この発生した熱を特別に ⑯[　　　] とよぶ。

次に、電圧、電流とジュール熱の関係について考える。いま、両端の電位差が V の抵抗に電流 I が流れているとする（図 8.7）。これは、時間 Δt あたり $\Delta Q =$ ⑰[　　　] の電荷が抵抗に入り、抵抗から出て行くことに等しい。すると、Δt あたりに電場がした仕事 ΔW は定義から

$$\Delta W = \text{⑱}[\quad]$$

となり、これを毎秒あたりに換算すると

$$P = \frac{\Delta W}{\Delta t} = \frac{\Delta Q}{\Delta t} V = \text{⑲}[\quad]$$

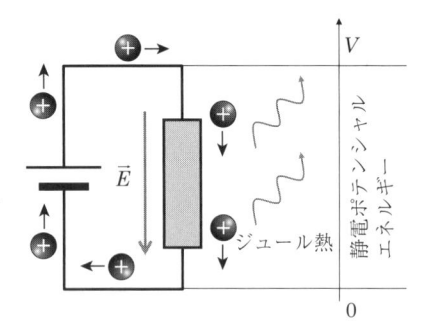

図 8.7 抵抗における仕事とエネルギー
抵抗のある導体に電流が流れるとジュール熱が発生する。

となる。つまり、抵抗で毎秒熱に変わるエネルギーは電流 I と電圧 V の積に等しい。これを抵抗の ⑳[　　　] とよぶ。消費電力の単位は、力学でいう仕事率（毎秒行われた仕事）に等しいことから、[W]（ワット）である。電流、電圧、抵抗の組み合わせを使って消費電力 P を計算する方法はオームの法則を使えばいくつか考えられる。式で書いておこう。

電流、電圧と電力の関係：$P = IV = $ ㉑[　　　] $=$ ㉒[　　　]

日常生活における「電力」

我々の日常生活では、上の定義とよく似ているが意味の違う単位がよく見かけられる。それが [kWh]（キロワット時）という単位である。これも電力とよばれているからややこしい（厳密には電力量であるが不正確に用いられることが多い）。キロワット時の定義は 1 kW の消費電力の機器を 1 時間使ったとき、機器が消費した電気のエネルギーということである。科学の世界でいう [J] と同じ次元の量であることに注意しよう。電力会社は [W] に課金するのでなく [J] に課金する。電気機器の消費電力と電力料金の関係については以下の演習問題で考えてもらおう。

問題 8.12　【電力】

抵抗値 $R = 2.0\,\Omega$ の抵抗器に $V = 4.0\,\text{V}$ の電流を流した。発熱量 P を求めよ。

問題 8.13　【電力】

家庭用電源 $V = 100\,\text{V}$ 用の $P = 100\,\text{W}$ の電球（これは 100 W のジュール熱を発生すると近似できる）の抵抗値 R を求めよ。

問題 8.14 【ジュール熱と電力】

ニクロム線を使い，電熱器を作ることを考える。ニクロム線の断面積を $A = 0.10 \text{ mm}^2$ としたとき，以下の問いに答えよ。ここで，ニクロムの電気伝導率は表 8.1 を参照せよ。

(1) 家庭用電源 $V = 100$ V で発熱量 $P = 100$ W の電熱器を作りたい。ニクロム線の抵抗 R を求めよ。

(2) ニクロム線の長さ L を求めよ。

(3) 同じニクロム線を直列に 2 本つないだ。ニクロム線を家庭用電源につないだときの合計の消費電力 P_s を求めよ。

(4) 続いて，同じニクロム線を並列につないだ。ニクロム線を家庭用電源につないだときの合計の消費電力 P_p を求めよ。

(5) (1)のニクロム線を誤って工業用の $V = 200$ V の電源につないでしまった。このときの発熱量 P を求めよ。

問題 8.15 【電力とエネルギー消費】

典型的な電気料金は 1 kWh あたり 20 円程度である。では，消費電力 $P = 100$ W の電灯を 1 年間つけっぱなしにしておくと，いくらの電気料金を請求されるかを以下の手順で計算せよ。

(1) 1 年間に消費されるエネルギー E は何 [J] か。

(2) 1 kWh は何 [J] か。

(3) 請求される電気料金を求めよ。

問題 8.16 【ノートパソコンの消費電力】

ノートパソコンの，典型的なバッテリーの容量は「7.2 V，5000 mAh」である。これは，$V = 7.2$ V の電位差で，$I = 5000$ mA の電流を 1 時間継続できる，ということである。以下の問いに答えよ。

(1) このバッテリーが満充電のときにもっているエネルギー E を求めよ。

(2) このノートパソコンが 3 時間連続で使用できるとすると，消費電力は何 [W] と見積もられるか。消費電力 P を求めよ。

解答

問題 8.1 $I = eN = 1.6 \times 10^{-3}$ A

問題 8.2   (1) $i = I/A = 1.0 \times 10^6$ A/m^2 (2) $i = I/A = 1.5 \times 10^2$ A/m^2

問題 8.3 $i = \dfrac{qN}{4\pi r^2} = 8.0 \times 10^{-10}$ A/m^2

問題 8.4

⑭ $\dfrac{\rho L}{A}$ ⑮ $\Omega \cdot$m

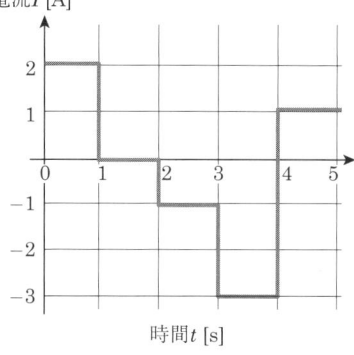

問題 8.5 ⓐ $\dfrac{I}{neA}$ ⓑ $\dfrac{N_A \rho}{u}$ ⓒ 6.02×10^{23} ⓓ 8.94×10^3 ⓔ 63.5×10^{-3}
  ⓕ 8.48×10^{28} ⓖ $\dfrac{\pi d^2}{4}$ ⓗ 7.85×10^{-7} ⓘ 9.39×10^{-5}

問題 8.6 (1) $I = envA = 2.4 \times 10^{-3}$ A   (2) $n = \dfrac{I}{evA} = 3.3 \times 10^{28}$ m^{-3}

問題 8.7 (1) $E = \dfrac{i}{\sigma} = 1.7 \times 10^{-8}$ V/m   (2) $E = \dfrac{i}{\sigma} = 5.0 \times 10^{-5}$ V/m   (3) ニクロム

問題 8.8 ⓐ $\dfrac{V}{I}$ ⓑ $\dfrac{\rho L}{A}$ ⓒ $\rho \dfrac{a}{a^2}$ ⓓ $\dfrac{aV}{I}$

問題 8.9 $L = \dfrac{AR}{\rho} = 3.0 \times 10^{-3}$ m （3.0 mm）

問題 8.10 $R = \dfrac{L}{\sigma A} = 8.5 \times 10^{-3}$ Ω

問題 8.11 (1) $C = \dfrac{\varepsilon_0 A}{d}$ (2) $R = \dfrac{d}{\sigma A}$ (3) $C = \dfrac{\varepsilon_0}{\sigma R}$

問題 8.12 $P = \dfrac{V^2}{R} = 8.0$ W

問題 8.13 $R = \dfrac{V^2}{P} = 100$ Ω（厳密にいうと家庭用の電源は交流なので，電圧は時間的に変化している。しかし，100 Ωの負荷をつなぐと平均で 100 W の電力を消費するような電圧を「交流の 100 V」とよんでいる。）

問題 8.14 (1) $R = \dfrac{V^2}{P} = 100$ Ω   (2) $L = \sigma AR = \dfrac{\sigma AV^2}{P} = 6.7$ m

(3) 長さが倍になって抵抗も倍の $R' = 2R = 200$ Ω になる。$P_s = \dfrac{V^2}{R'} = 50$ W。

(4) いろいろな考え方ができるが，単純に「長さ 6.7 m のニクロム線を 100 V の電源につないだ」ものが 2 つあると考えると，消費電力も 2 倍となる。消費電力 $P_p = 200$ W。「抵抗の並列接続」の考え方で解くこともできる（☞第 19 章）

(5) $P = \dfrac{V^2}{R} = 400$ W（危険なのでやめよう。）

問題 8.15 (1) $E = P \times 60 \times 60 \times 24 \times 365 = 3.2 \times 10^9$ J
  (2) 1 kWh $= 1 \times 10^3 \times 60 \times 60 = 3.6 \times 10^6$ J
  (3) $\dfrac{E}{3.6 \times 10^6} \times 20 = 1.8 \times 10^4$（約 18,000 円）（電気はこまめに消そう。）

問題 8.16 (1) $E = IV \times 3600 = 1.3 \times 10^5$ J   (2) $P = \dfrac{E}{3 \times 3600} = 12$ W

第 9 章　磁場

キーワード 磁場，磁束密度，ローレンツ力，サイクロトロン運動，比電荷

9.1　磁場とは何か　　Basic

　本章では，磁石が発する**磁場**なる場があること，磁場が荷電粒子（電荷をもった微粒子）の運動を曲げる作用があること，そして磁場は電流により生じさせることも可能であるという事実をもとに，磁場についての理解を深めていこう。磁石について，電磁気学の完成以前からわかっていたことを列挙する。

磁石の性質

① 磁石には，必ず N 極と S 極という 2 つの磁極がある。
② N 極同士，S 極同士は反発し，N 極と S 極は引き合う。
③ 磁石を半分に割ると，それぞれが N 極と S 極をもつ磁石になる。つまり，N か S かを単独で取り出すことはできない。
④ 磁極同士が及ぼし合う力も，クーロンの法則と同様の逆 2 乗則にしたがう。

ここから，当然我々は電荷同士に働くクーロン力のような「磁力」，そして磁力の源である「磁荷」があるものと予想する。しかし，N または S の磁荷を単独で取り出そうとする試みはことごとく失敗に終わった。クーロン力と磁力は，何かが本質的に異なるようである。

9.2　ローレンツ力　　Basic

　1850 年代に真空管の中で電子を飛ばす装置（クルックス管）が発明され，荷電粒子が磁力により曲げられることが明らかになった（図 9.1）。まず，荷電粒子に力を及ぼす場として「磁場」を定義しよう。以下は，当時の観測により明らかになった事実である。

荷電粒子と磁場

① 磁石からは磁場 $\vec{B}$ が発している。
② 磁場は磁石の① [　　　] 極から発し，② [　　　] 極に向かうベクトル量である。
③ 磁場中を速度 $\vec{v}$ で運動している電荷量 q をもつ荷電粒子は，磁場から $\vec{F} = q\vec{v} \times \vec{B}$ の力を受ける。この力を ❸ [　　　　　　　] という。

---

⑯ ジュール熱　　⑰ $I\Delta t$　　⑱ ΔQV　　⑲ IV　　⑳ 消費電力　　㉑㉒ $\dfrac{V^2}{R}$, $I^2 R$

荷電粒子が磁場から受ける力は磁場の方向ではなく，磁場に垂直な方向である（図9.2）。ベクトル積（外積）の性質については，『穴埋め式 力学』の第22章で復習してもらいたい。また，大切なことは，**荷電粒子が静止しているとき，それは磁場から力を受けない**ということである。磁場は，電荷の運動と密接な関係がある。

磁場の単位は $\vec{F}=q\vec{v}\times\vec{B}$ から [N]/[C][m/s] = [N/A·m] となるが，これを [④ 　　] （テスラ）または [⑤ 　　　　] （ウェーバー毎平方メートル）という単位で表す。磁場 $\vec{B}$ を面積分した量は ❻ 　　　　 とよばれ，磁場 $\vec{B}$ はしばしば ❼ 　　　　　 ともよばれる。[Wb] は磁束を表す物理量であり，電束と電束密度の関係を思い出せば，任意の平面を貫く磁束 Φ_m は，磁場 $\vec{B}$ の面積分で与えられる（図9.3）。

$$\Phi_m = \lim_{\Delta A \to 0} \sum_i \vec{B}_i \cdot \Delta \vec{A}_i = \iint \vec{B}\cdot\mathrm{d}\vec{A}$$

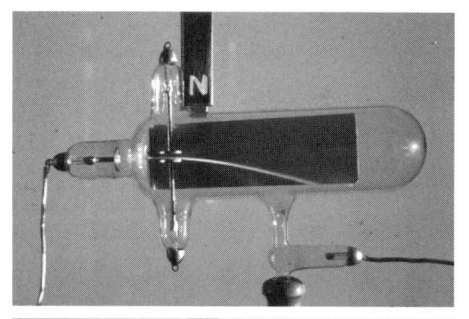

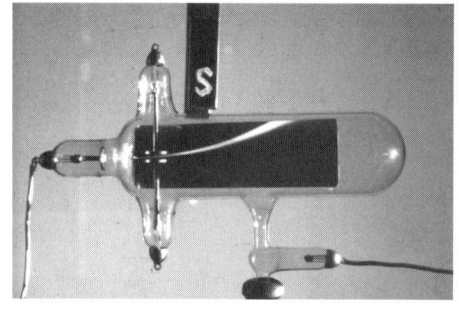

図9.1 クルックス管
真空に保たれた管の中で，陰極から電子（当時はまだその正体は明らかでなかった）が出て管の端までまっすぐに飛ぶ。これを「陰極線」とよぶ。上からU字型磁石を近づけると，陰極線が曲がることが観察される。

荷電粒子の運動方向，磁場の方向と，荷電粒子が受ける力の方向は直感的にはわかりにくい。これをわかりやすく考える方法として，右手を使う方法を紹介しよう（図9.4）。電荷が正のとき，右手を掲げ，$\vec{v}$ から $\vec{B}$ の方向に4本の指を巻き込むようにする。この

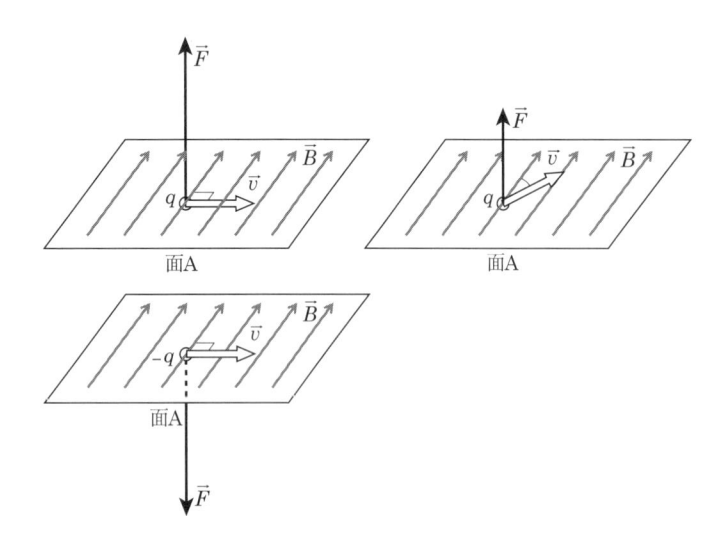

図9.2 運動する電荷が磁場から受ける力
力の方向は $\vec{v}\times\vec{B}$ で，$\vec{v}$ にも $\vec{B}$ にも垂直な方向となる。運動が磁場と平行なとき，粒子は磁場から力を受けない。

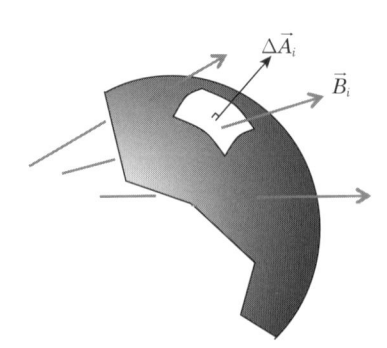

図9.3 磁束と磁束密度
任意の平面を貫く磁束 Φ_m は，磁場 $\vec{B}$ の面積分で与えられる。

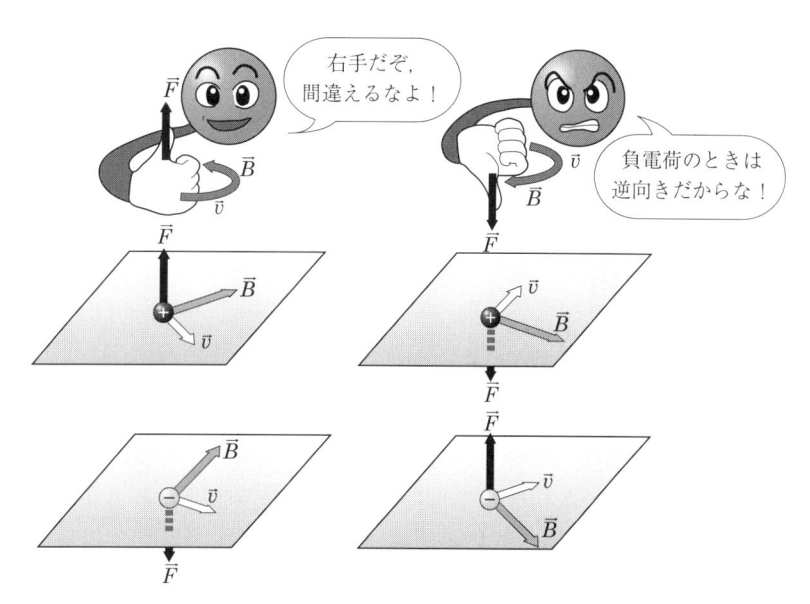

図 9.4　右手の法則
運動する粒子が磁場から受ける力の方向を「右手の法則」で理解する。粒子の電荷が負のとき，力は逆方向になるので注意しよう。

とき，親指が指す方向が $\vec{F}$ の方向である。電荷が負のときは，同じ要領で $\vec{F}$ の符号が逆になると憶えておこう。

導入 問題 9.1　【ローレンツ力の方向】

図のように速度 $\vec{v}$ をもつ荷電粒子が一様な磁場 $\vec{B}$ の中を運動している。このとき荷電粒子が受けるローレンツ力 $\vec{F}$ を，それぞれ図示せよ。

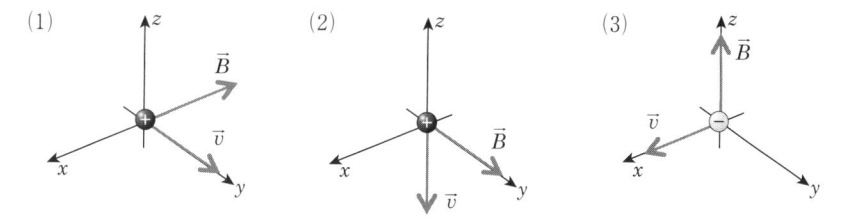

(1)　(2)　(3)

基本 問題 9.2　【ローレンツ力】

$B = 1.0$ T の一様な磁場 $\vec{B}$ の中を運動する，$q = 1.0$ C の正電荷をもった粒子を考える。磁場は紙面に平行，粒子の運動は紙面内のベクトルで，速度の大きさは $v = 1.0$ m/s である。以下の問いに答えよ。

(1) 粒子が磁場から受けるローレンツ力は紙面に垂直な方向である。粒子が①の方向に進んでいるとき，ローレンツ力の方向は表→裏，裏→表か答えよ。
(2) 磁場が図の方向で，粒子の運動方向が①，②，③のとき，粒子が磁場から受けるローレンツ力の大きさ F をそれぞれ求めよ。

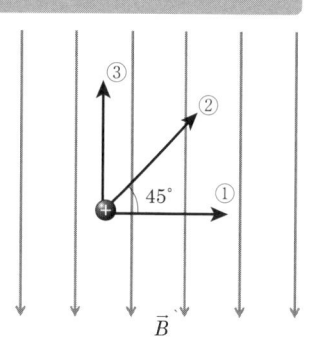

---

① N　② S　❸ ローレンツ力

基本 問題 9.3 【ローレンツ力】

速度 $v = 4.0 \times 10^6$ m/s で運動している陽子が一様な磁場領域に入る。陽子の電荷を $q_p = 1.6 \times 10^{-19}$ C として,以下の問いに答えよ。

(1) $B = 2.5$ T の磁場内に垂直に入るとき,陽子に作用するローレンツ力の大きさ F を求めよ。
(2) $B = 2.5$ T の磁場に対して $\theta = 30°$ の角度をもって入る場合のローレンツ力の大きさ F を求めよ。
(3) ある磁場内に $\theta = 60°$ の角度をもって入ったとき,$F = 3.3 \times 10^{-12}$ N のローレンツ力を受けた。磁場の大きさ B を求めよ。

基本 問題 9.4 【磁束密度と磁束の関係】

図のような,$B = 2.0$ T の一様な磁場中に,磁場と法線ベクトルが $\theta = 60°$ をなす面積 $A = 0.50$ m^2 の枠を置く。この枠を通り抜ける磁束 Φ_m を求めよ。

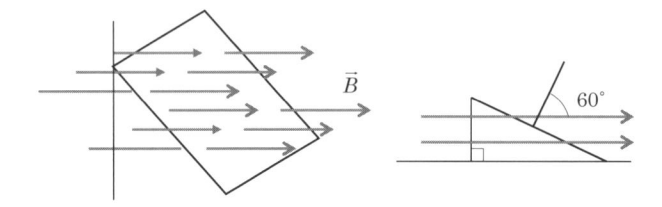

発展 問題 9.5 【ローレンツ力】

直交座標で $\vec{B} = \begin{pmatrix} 2 \\ 3 \\ -1 \end{pmatrix}$ [T] と表される一様な磁場中に $\vec{v} = \begin{pmatrix} 1 \\ 0 \\ 2 \end{pmatrix}$ [m/s] の速度をもった $q = 1.0$ C の正電荷があるとする。この電荷の受けるローレンツ力 $\vec{F}$ を直交座標で求めよ。

9.3 サイクロトロン運動 Basic

荷電粒子が一様な磁場中を運動することを考えよう。はじめ,粒子の運動が磁場に垂直だったとすると,荷電粒子の受けるローレンツ力は常に磁場に垂直で,速度の絶対値は変わらないから,力の大きさは常に $|q\vec{v} \times \vec{B}|$ で一定である。運動方向に垂直な,一定の力が働く運動は等速円運動である。(☞『穴埋め式 力学』第 10 章)つまり,一様な磁場中に磁場に垂直に荷電粒子を入射させると,荷電粒子は等速円運動をすることがわかる。これを❽[　　　　　　　　]運動という。「サイクロトロン」というのは,荷電粒子を高速で運動させつつ一定の空間に閉じこめる装置として,1930 年代にアメリカで発明された装置の名前である。

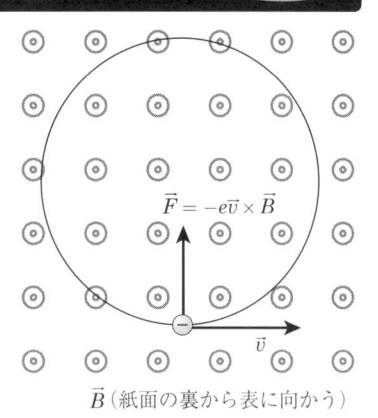

図 9.5 電子のサイクロトロン運動
一様な磁場中に,磁場に垂直に電子を入射させると電子は等速円運動をする。

サイクロトロン運動の基本公式を導出しておこう。荷電粒子を 1 つの電子として,はじめ電子は電位差 V により加速されたとすると (図 9.6),電子の速度 v と電位差 V の

関係は電子の質量を m として，エネルギー保存則から

$$eV = \boxed{\text{⑨}}$$

で与えられる。電子をこの初速度で磁場に垂直に入射させると，運動方向，磁場のどちらにも垂直な方向，すなわち円運動の中心に向かう向心力 $\vec{F}$ を受ける。円の半径を r，磁場を $\vec{B}$ とすると，向心力 $\vec{F}$ の大きさは

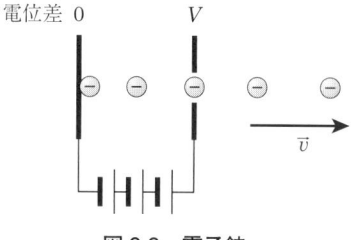

$$F = \boxed{\text{⑩}} = evB$$

図9.6 電子銃
電位差を使って電子を加速する。電子は失ったポテンシャルエネルギーをそのまま運動エネルギーとしてもつことになる。

となる。上記2式から v を消去して，電子の電荷と質量の比 e/m を求めると

$$\frac{e}{m} = \boxed{\text{⑪}}$$

を得る。これは❶❷ $\boxed{}$ とよばれる量である。電子がまだ負電荷をもった荷電粒子だとわからなかった頃，科学者達はこのような実験を通して電子の正体を推測していた。電子の電荷を独立に測定することができたのは20世紀に入ってからで，アメリカの物理学者ミリカンの功績である。

問題 9.6 【サイクロトロン運動】

質量 m，電荷量 q の荷電粒子が大きさ B の磁場中でサイクロトロン運動をしている。等速円運動の半径を r とするとき，粒子の運動速度 v を求めよ。また，円運動の周期 T を求めよ。

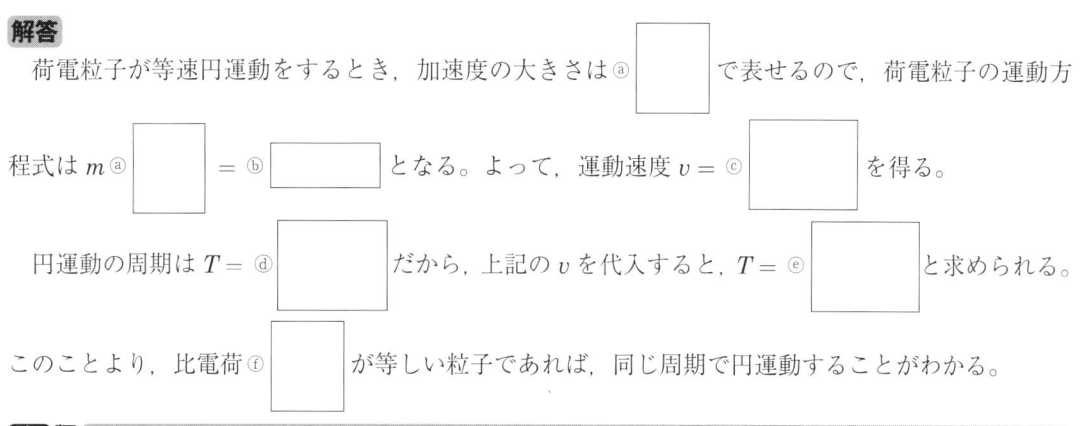

解答

荷電粒子が等速円運動をするとき，加速度の大きさは ⓐ $\boxed{}$ で表せるので，荷電粒子の運動方程式は mⓐ $\boxed{} = $ ⓑ $\boxed{}$ となる。よって，運動速度 $v = $ ⓒ $\boxed{}$ を得る。

円運動の周期は $T = $ ⓓ $\boxed{}$ だから，上記の v を代入すると，$T = $ ⓔ $\boxed{}$ と求められる。

このことより，比電荷 ⓕ $\boxed{}$ が等しい粒子であれば，同じ周期で円運動することがわかる。

問題 9.7 【サイクロトロン運動】

質量 $m = 1.7 \times 10^{-27}$ kg，電荷量 $q_p = 1.6 \times 10^{-19}$ C の陽子が大きさ $B = 0.30$ T の磁場中でサイクロトロン運動をしている。円運動の半径を $r = 10$ cm とするとき，粒子の運動速度 v を求めよ。また，

④ T　⑤ Wb/m²　❻ 磁束　❼ 磁束密度

第9章●磁場

円運動の周期 T を求めよ。

基本 問題 9.8 【地磁気によるサイクロトロン運動】

宇宙は，実は高速の荷電粒子が飛び交う危険な空間である。地球で生命が進化できたのは，地磁気がそれらの粒子の軌道をそらせたため，といわれている。簡単な計算をしてみよう。電子の質量を $m = 9.1 \times 10^{-31}$ kg，電子の電荷量を $e = 1.6 \times 10^{-19}$ C，地磁気の大きさを $B = 1.0 \times 10^{-5}$ T として，光速 $c = 3.0 \times 10^8$ m/s の 90% で進む電子のサイクロトロン半径 r を求めよ。

発展 問題 9.9 【粒子加速器の磁場】

世界最大の粒子加速器 LHC もサイクロトロン運動の原理で陽子を円形の軌道に閉じこめる。陽子の速度が光速に近づくと，相対論の効果により質量が増え，LHC 内部を回る陽子は静止質量 $m_0 = 1.7 \times 10^{-27}$ kg の 7000 倍にもなっている。LHC の半径を $r = 5.0$ km としたとき，陽子を閉じこめておくために必要な磁場の大きさ B を計算せよ。ここで，陽子の電荷量は $q_\mathrm{p} = 1.6 \times 10^{-19}$ C とする。また，陽子の速度は光速度 $c = 3.0 \times 10^8$ m/s と考えてよい。

解答

問題 9.1 (1)(2)(3) 図示

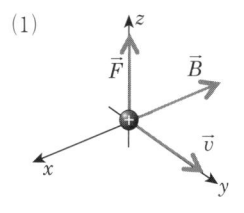

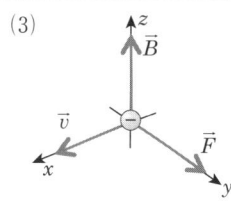

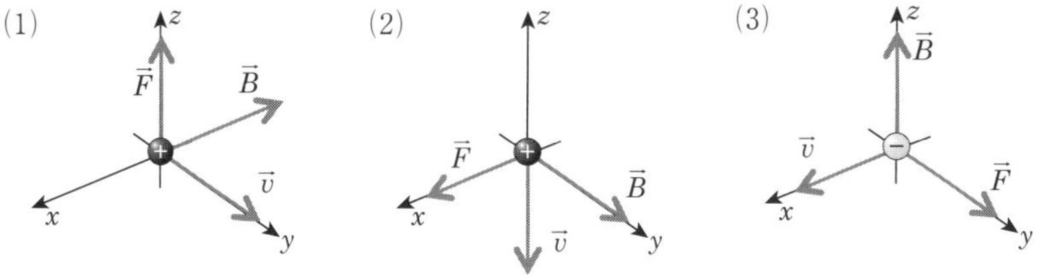

問題 9.2
(1) 表→裏
(2) ① $F = qvB \sin 90° = 1.0$ N ② $F = qvB \sin 135° = 0.71$ N
③ $F = qvB \sin 180° = 0$ N

問題 9.3 (1) $F = q_\mathrm{p} vB \sin 90° = 1.6 \times 10^{-12}$ N (2) $F = q_\mathrm{p} vB \sin 30° = 8.0 \times 10^{-13}$ N

(3) $B = \dfrac{F}{q_\mathrm{p} v \sin 60°} = 6.0$ T

問題 9.4 $\varPhi_\mathrm{m} = BA \cos\theta = 0.50$ Wb

問題 9.5 $\vec{F} = q(\vec{v} \times \vec{B}) = q \begin{vmatrix} \vec{i} & \vec{j} & \vec{k} \\ v_x & v_y & v_z \\ B_x & B_y & B_z \end{vmatrix} = \begin{pmatrix} -6 \\ 5 \\ 3 \end{pmatrix}$ N

問題 9.6 ⓐ $\dfrac{v^2}{r}$ ⓑ qvB ⓒ $\dfrac{qrB}{m}$ ⓓ $\dfrac{2\pi r}{v}$ ⓔ $\dfrac{2\pi m}{qB}$ ⓕ $\dfrac{q}{m}$

問題 9.7 $v = \dfrac{q_\mathrm{p} rB}{m} = 2.8 \times 10^6$ m/s, $T = \dfrac{2\pi m}{q_\mathrm{p} B} = 2.2 \times 10^{-7}$ s

問題 9.8 $r = \dfrac{m \times 0.9c}{eB} = 1.5 \times 10^2$ m （地球の大きさから比べれば，ほとんど同じ場所で回っているに過ぎない。）

問題 9.9 $B = \dfrac{7000 m_0 c}{r q_\mathrm{p}} = 4.5$ T （これは，現在の人類が作れる最高級の電磁石が作り出す磁場の大きさに匹敵する。）

第10章 ビオ・サバールの法則

キーワード 電流と磁場，ビオ・サバールの法則，電流が受ける力，磁気モーメント

10.1 ビオ・サバールの法則 Basic

1820年，デンマークの物理学者エルステッドは，図10.1のような実験装置で，近くに置いた方位磁針が回路に電流を流したときだけ振れることに気づき，電流が磁石と同様に磁場を生じさせることを発見した。このとき，磁場は電流のまわりに渦を巻くように生じていることがわかった。磁石が発する磁場は電荷から発する電場のように対称だったから，電流が発する磁場が「回転」という要素をもつことは予想外で，議論を巻き起こした。

この発見からすぐ，フランスのビオとサバールは電荷に相当する電流の最小単位である❶_____を定義し，電流が作る磁場が，電流素片が作る磁場の重ね合わせで表せることを発見した。これを❷_____の法則といい，以下のように表される。

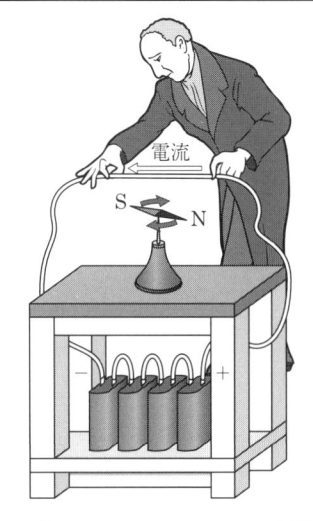

図10.1 エルステッドの実験
電流を磁針に近づけると，磁針が時計回りに回転する。「対称性の議論」から，当時の知識でこのような動きを説明するのは難しく，議論を巻き起こした。

> **法則** ビオ・サバールの法則
> 電流素片 $I d\vec{s}$ は，距離 r 離れた点Pに以下のような磁場 $d\vec{B}$ を作る。
> $$d\vec{B} = \frac{\mu_0}{4\pi} \frac{I d\vec{s} \times \vec{e}_r}{r^2}$$

ここで，電流素片は［電流］×［長さ］= [A·m] の次元をもつベクトル量であり，$\vec{e}_r$ は電流素片から点Pを向いた単位ベクトルである。また，μ_0 は❸_____といわれる定数で，$\mu_0 = 4\pi \times 10^{-7}$ [Wb/A·m] であり，単位 [Wb/A·m] は一般に [④_____]（ヘンリー/メートル）と書かれる。[H]（ヘンリー）はコイルの「インダクタンス」の単

---

❽ サイクロトロン　❾ $\frac{1}{2}mv^2$　❿ $m\frac{v^2}{r}$　⓫ $\frac{2V}{(rB)^2}$　⓬ 比電荷

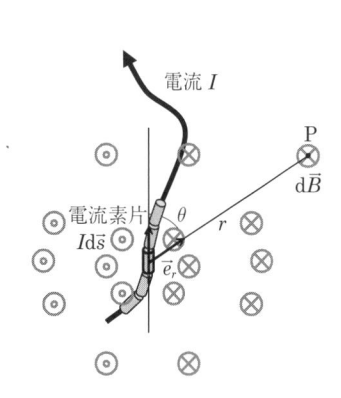

図 10.2 電流素片のイメージと，電流素片が作る磁場
ビオ・サバールの法則により磁場は電流素片を巻くように生じ，紙面を垂直に貫いている。

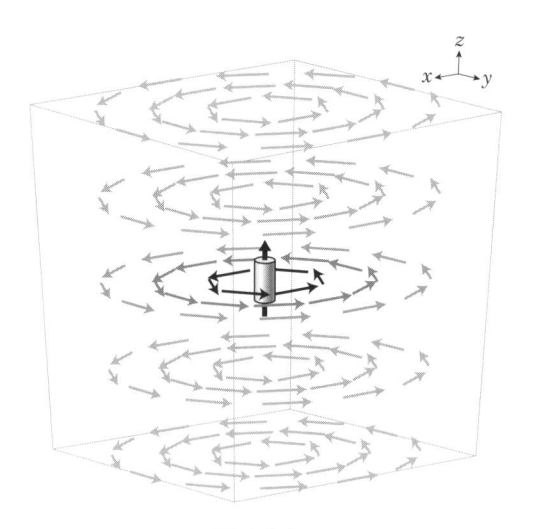

図 10.3 電流素片が作る磁場
図 10.2 を立体的に表したもの。

位である（☞第 14 章）。ある点における磁場 $\vec{B}$ は，すべての電流素片が作る磁場 $d\vec{B}$ を重ね合わせたもので表される。

磁石の磁場の源

　磁石の発する磁場と電流の発する磁場は同じものか異なるものか。「神は単純を好む」という信念（デカルト）から，当然両者は同じ原因により生じていると考えたい。では，磁石の発する磁場は一体どんな電流がもとになって生まれているのだろうか。当時はまだ原子の内部構造が明らかではなく，それをうまく説明することができなかった。

　磁石の発する磁場が根元的には個々の原子に備わっている電流が原因であることが明らかになったのはそれから 50 年以上後，量子力学の発展とともに原子の内部構造が明らかになってからのことである。ここで，電子は「原子のまわりを回っている」と考えられることに注意するべきである。実はこの仮説も，別の理由から一部が誤りであることがわかるのだが，「回っている」という近似は多くの場合現象をよく説明する。

　さらに，個々の電子もコマのように自転しており，それも一種の電流と見なすことができる（量子力学で正確に記述すれば「自転している」とはいえないが，「自転している」と考えるとよい近似となる）。つまり，磁石の生む磁場は個々の原子内部の電流が源（みなもと）になっているのである。したがって，我々はここで「磁石を含むこの世のすべての磁場は電流によって生じている」と結論づけてもよいだろう。

📝 基本 問題 10.1　　　　【ビオ・サバールの法則】

　図は，電流素片を真上から見た様子である。紙面内点 A，点 B，点 C，点 D の磁場ベクトルの方向を矢印で描け。

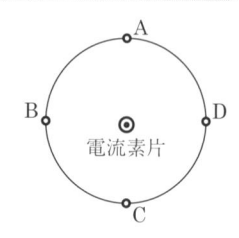

類似 問題 10.2　【ビオ・サバールの法則】

図は，電流素片を真横から見た様子である。紙面上の磁場ベクトルは紙面を垂直に貫く。点A，点B，点C，点Dの磁場ベクトルの方向を⊙か⊗で描け。

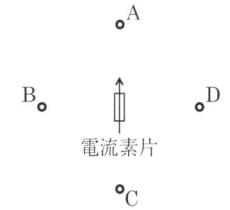

基本 問題 10.3　【ビオ・サバールの法則】

図10.2の電流素片が点Pに作る磁場の大きさdBを求めよ。ここで，$r = 0.20$ m，$I = 2.0$ A，$ds = 1.0 \times 10^{-3}$ m，$\theta = 30°$とせよ。

発展 問題 10.4　【ビオ・サバールの法則】

問題10.1, 10.2と対称性の議論から，無限に長い直線電流が作る磁場の様子を想像することができる。言葉で説明せよ。

10.2　電流素片と動く荷電粒子の関係　Basic

エルステッドの発見は，電流が磁場を発することを示したものであるが，磁石同士は力を及ぼし合うから，電流同士も磁場を介して力を及ぼし合うはずである。電流を一定の長さdsの電流素片の集合とし，個々の電流素片に含まれる電荷量をqとする。電荷の速さをvとすると，毎秒ある断面を通過する電荷量，つまり電流はvを電流素片の長さdsで割ることで得られ，

$$I = q\frac{v}{ds}$$

となる。ここから，以下の定理が成り立つ。

定理

電流素片$Id\vec{s}$は運動する電荷と等価であり，電荷量をq，運動速度を$\vec{v}$とすると

$Id\vec{s} =$ ⑤ ☐

の関係がある。ここから，電流素片が磁場から受ける力は以下のようになる。

$\vec{F} =$ ⑥ ☐

図10.4のように，電流素片$Id\vec{s}_1$と$Id\vec{s}_2$が平行に並んでいるとして，$Id\vec{s}_2$が$Id\vec{s}_1$から

---

❶ 電流素片　❷ ビオ・サバール　❸ 真空の透磁率　④ H/m

受けるローレンツ力を計算する。ビオ・サバールの法則から $Id\vec{s}_1$ が $Id\vec{s}_2$ の位置に作る磁場の大きさ dB は，$|Id\vec{s}_1 \times \vec{e}_r| = Ids_1$ より，$dB =$ ⑦ □ で紙面の❽ □ から

❾ □ の向きである。この磁場から $Id\vec{s}_2$ が受けるローレンツ力の大きさは

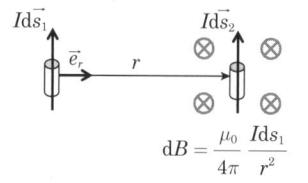

$$F = Ids_2 \cdot dB = \text{⑩} \boxed{}$$

図 10.4 2つの電流素片
2つの電流素片が互いに及ぼし合う力をビオ・サバールの法則から考える。

$$dB = \frac{\mu_0}{4\pi} \frac{Ids_1}{r^2}$$

で，向きは $Id\vec{s}_1$ に向かう引力となる。電流素片が平行に並んでいるとき，それはクーロンの法則と同じような逆2乗則にしたがい，互いに⓫ □ を及ぼし合う。磁場 $\vec{B}$ を電荷と電場の関係になぞらえると（☞第2章），磁場とは「**単位の試験電流素片が受ける力をベクトル場で表したもの**」ということができる。本書では便宜的に磁場を，はじめは動く荷電粒子の受ける力として定義としたが，通常はこちらを定義として用いる。ただし，クーロン力は電荷同士の距離だけで力の大きさが決まるのに対して，電流同士が及ぼし合う力は電流素片の⓬ □ にも依存する点に注意が必要である。例えば，2つの電流素片が互いに⓭ □ 向きにあるときは力を及ぼし合わない。

発展 問題 10.5　【電流素片とローレンツ力】

電子密度 n の金属導線に電流が流れている。電子の素電荷を $-e$，電子のドリフト速度を v，導線の断面積を A とする。以下の問いに答えよ。

(1) 電流の流れる方向と垂直に磁場 B をかけた。個々の電子が受けるローレンツ力の大きさ F を求めよ。
(2) 導線の長さ ds の区間が磁場から受ける力の大きさ F を求めよ。
(3) 導線に流れる電流 I を v を用いて表せ。
(4) 電流素片が，それに直交する磁場 B から受ける力の大きさは $IdsB$ と表されるが，これが(2)で求めた力に一致することを示せ。

10.3　直線電流が作る磁場　Basic

図 10.5 のように，無限に長い2本の直線電流 I が距離 a 離れて平行に置かれている。系の対称性から，右の電流のあらゆる点における磁場の大きさは一定であり，磁場の向きは，ベクトル積の性質から紙面の⓮ □ から⓯ □ である。左の電流の図の位置にある電流素片が点Pに作る磁場の大きさは，ベクトル積：$Id\vec{s} \times \vec{e}_r$ の大きさが $|Id\vec{s} \times \vec{e}_r| =$ ⑯ □ であることを思い出すと，ビオ・サバールの法則から

$$dB = \boxed{⑰}$$

となる。これを $-\infty$ から $+\infty$ まで積分したものが点Pの磁場となる。ここで、r と ds を定数 a と角度 θ で表そう。こうすると、独立変数が θ だけになって積分がやりやすくなる。

$$r = \frac{a}{\sin\theta}, \quad s = \frac{-a}{\tan\theta}$$

だから、ds は s の両辺を微分して

$$ds = \boxed{⑱}$$

となり、これらを代入、整理すると以下の式が得られる。

$$dB = \frac{\mu_0}{4\pi}\frac{Ids\sin\theta}{r^2} = \boxed{⑲}$$

これを任意の θ_1 から θ_2 まで積分すれば

$$B = \int_{\theta_1}^{\theta_2} \frac{\mu_0 I}{4\pi a} \sin\theta\, d\theta = \boxed{⑳}$$

となる。いま、導線は無限に長いと考えているから、$\theta_1 = \boxed{㉑}$, $\theta_2 = \boxed{㉒}$ である。したがって、無限長直線電流 I から距離 a 離れた位置の磁場 B は

$$B = \boxed{㉓}$$

となる。

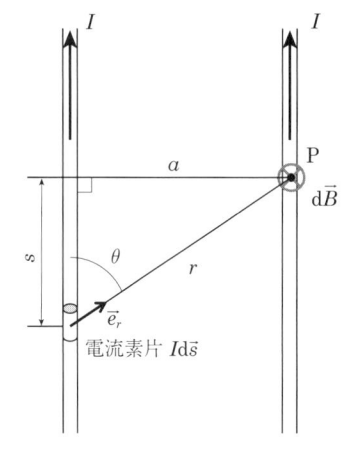

図 10.5 平行に並んだ 2 つの直線電流
直線電流が互いに及ぼし合う力をビオ・サバールの法則で計算する。

次に、無限長直線電流が作る磁場に垂直に置かれた電流 I が、単位長さあたりに受ける力を計算する。これは電流素片が磁場から受ける力 $\vec{F} = Id\vec{s} \times \vec{B}$ をそのまま使えばよい。電流と磁場は直交するのでベクトル積の大きさは $F = \boxed{㉔}$ で、単位長さあたりの力は $ds = 1\,\mathrm{m}$ を代入し、$F = \boxed{㉕}$ となる。

さて、ここで、電流の単位 [A] の定義に触れておこう。

---

⑤ $q\vec{v}$　⑥ $Id\vec{s} \times \vec{B}$

> **定義**
>
> 無限に長い平行な 2 本の導線に同じ大きさの電流を流したとき，長さ 1 m あたり及ぼし合う力が 2×10^{-7} N であるときの電流の大きさを 1 A とする。

1 A の電流が 1 m あたり 2×10^{-7} N の力を受けるとき，$F = IB$ から磁場の大きさは 2×10^{-7} T である。一方，この磁場は 1 m 離れた 1 A の電流から生まれたものだから，

$$F = \frac{\mu_0 I}{2\pi} = 2 \times 10^{-7} \text{ N}$$

の関係が成り立つ。両辺の大きさが等しくなるためには定数 μ_0 が $4\pi \times 10^{-7}$ でなくてはならないことがわかるだろう。SI 単位系における電荷の大きさ [C] は，このように定義された [A] から，「1 A の電流が 1 s 流れたときに通過した電荷の量」として定義されているのである。

最後に，電流から磁場の方向を決める便利な方法を教えよう。直線電流が作る磁場は，電流を回るように発生することが示されたがその向きを簡単に判別する方法は以下のようなものである。

直線電流と磁場の回転方向の関係は，ねじ回しを回す向きを磁場とすると，ねじが進む方向が電流の向きである。これを「右ねじの法則」という。あるいは，右手親指を電流の流れる向きに向けたとき，磁場は 4 本指のつけ根から先端の方向に回る。

右手を使った判別方法の例を図 10.6 に示す。荷電粒子が磁場から受ける力を判別するのと同じ方法だ。人間の右手と左手は同じ向きに重ね合わすことができないので，磁場が関係する現象を判別するのには便利な道具となる。

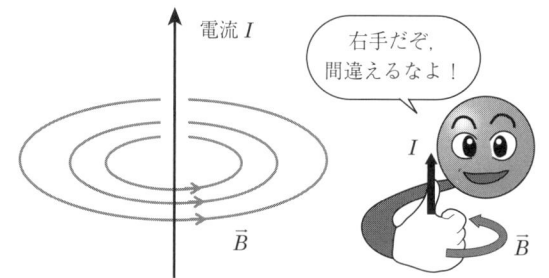

図 10.6 右ねじの法則
右手を使い，電流が作る磁場の向きを確認する。磁場が回る向きにねじを回すとねじは電流の方向に進む。

問題 10.6 【直線電流が作る磁場】

図のように，無限に長い直線電流が下から上方向に $I = 4.0$ A の大きさで流れているとき，直線電流から垂直に半径 $r = 0.20$ m 離れた位置に作られる磁場の大きさ B を求めよ。また，磁場の方向は(a)，(b)のどちらか。

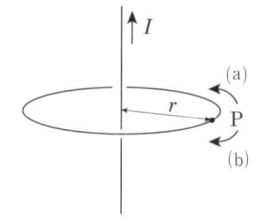

問題 10.7　【直線電流が作る磁場】

図のように $R = 1.0$ m 間隔の 2 本の無限に長い平行導線に $I = 8.0$ A の電流が流れている。片方から $r = 0.40$ m 離れた点 P における磁場の大きさ B を，以下のそれぞれの場合に求めよ。
(1) 2 本の平行導線に流れる電流の方向が同じ場合
(2) 2 本の平行導線に流れる電流の方向が逆向きの場合

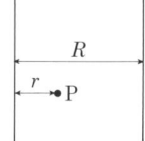

問題 10.8　【直線電流が受ける力】

図のように，一様な磁場 $B = 1.5$ T のある空間に電流 $I = 2.0$ A が流れており，電流は磁場から力を受けている。長さ $ds = 1.0$ m あたりに受ける力の大きさ F とその方向を求めよ。

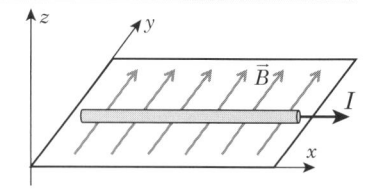

問題 10.9　【直線電流が受ける力】

図のように $a = 1.0$ m 間隔で並んだ 3 つの無限に長い平行導線 A，B，C がある。導線 A，B には下から上方向へそれぞれ $I_A = 2.0$ A，$I_B = 4.0$ A の電流が，導線 C には上から下方向へ $I_C = 6.0$ A の電流が流れている。以下の問いに答えよ。
(1) 導線 A，C に流れる電流が導線 B の位置に作る磁場の方向と大きさ B を求めよ。
(2) 導線 B が単位長さあたりに受ける力の向きと大きさ F を求めよ。

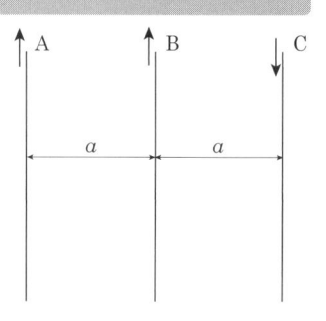

問題 10.10　【円電流が作る磁場】

図のように，半径 a の円形の導線に電流 I が流れている。以下の問いに答えよ。
(1) 円の中心における磁場の方向を答えよ。
(2) 円周上の $Ids = Iad\theta$ の電流素片が円の中心に作る磁場の大きさ dB を求めよ。
(3) 円の中心における磁場の大きさ B を求めよ。

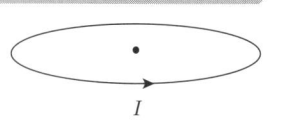

問題 10.11　【円電流が作る磁場】

図のように，半径 a の円形の導線に電流 I が流れている。円の中心を通り，円に垂直な線上の磁場について考える。以下の問いに答えよ。
(1) 円の中心から l 離れた点 P に，円周上の点 Q にある電流素片 Ids が作る磁場の方向を図示し，その大きさ dB を求めよ。
(2) この位置における磁場の大きさ B を求めよ。

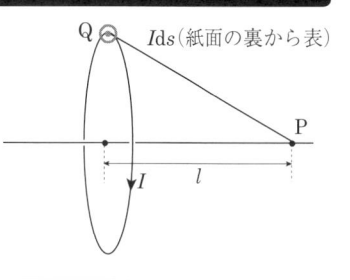

---

⑦ $\dfrac{\mu_0}{4\pi}\dfrac{Ids_1}{r^2}$　⑧ 表　⑨ 裏　⑩ $\dfrac{\mu_0}{4\pi}\dfrac{(Ids_1)(Ids_2)}{r^2}$　⑪ 引力　⑫ 方向　⑬ 直交する　⑭ 表

⑮ 裏　⑯ $Ids\sin\theta$　⑰ $\dfrac{\mu_0}{4\pi}\dfrac{Ids\sin\theta}{r^2}$　⑱ $\dfrac{a}{(\sin\theta)^2}d\theta$　⑲ $\dfrac{\mu_0 I}{4\pi a}\sin\theta d\theta$　⑳ $\dfrac{\mu_0 I}{4\pi a}(\cos\theta_1 - \cos\theta_2)$

㉑ 0　㉒ π　㉓ $\dfrac{\mu_0 I}{2\pi a}$　㉔ $IdsB$　㉕ IB

10.4 ループ電流が受けるトルク Standard

図10.7のように，一様な磁場中に一巻きのループ電流がある。ループは長方形で，固定軸を中心に自由に回転できる。このループはどんな力を受けるだろうか。

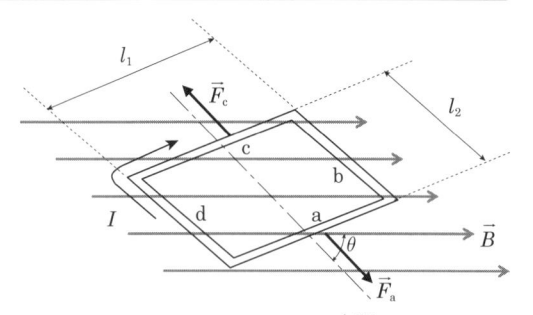

まず，辺aと辺cが受ける力の向きは電流と磁場のベクトル積の方向だから，それぞれ$\vec{F}_a$，$\vec{F}_c$の方向である。ループが磁場に対してどのような角度であっても$\vec{F}_a$と$\vec{F}_c$は常に大きさが❷⃝[　　]で❷⃞[　　]向きの力であるから，これらは相殺する。

図10.7 定常磁場中に置かれた矩形のループ電流
辺aと辺cが磁場から受ける力は常に同じ大きさで逆向きなので打ち消し合う。

続いて，辺bと辺dが受ける力について考える。図10.7を横から見た図を図10.8に示す。力の向きは，ベクトル積のルールから図の方向であることがわかる（角度によらず，電流と磁場が垂直であることに注意しよう）。力は軸を対称にして❷⃣[　　]向きである。こういう力を「偶力」というが，このとき，ループ電流は軸を中心に回転をはじめる。つまり，ループ電流には回転軸を中心とした正味のトルクが働いている。

電流をI，磁場をB，コイルの面積を$A = l_1 l_2$，なす角をθとすると，トルクの大きさτは，$F_b = F_d = IBl_2$より，

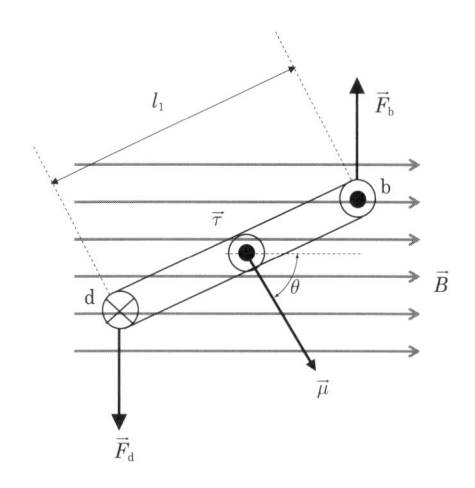

$$\tau = F_b \frac{l_1}{2}\sin\theta + F_d \frac{l_1}{2}\sin\theta = IBl_1 l_2 \sin\theta = ㉙[\quad]$$

図10.8 真横から見た矩形のループ電流
辺bと辺dが受ける力は常に磁場ベクトルと垂直，かつ反対向きである。そのためコイルは全体として軸を中心に回転させようとする力（偶力）を受ける。

と表される。いま，ループ電流の面積と電流の積に等しい大きさをもち，面の法線方向を向くベクトル$\vec{\mu}$を㉚[　　　　　　　]と名づける。電流の大きさI，面積Aの磁気モーメントの大きさは$\mu = IA$と表される。磁気モーメントの単位は$[\text{A}\cdot\text{m}^2]$である。法線の向きを，ループ電流に対して右ねじが進む方向と定義すると，ループ電流に働くトルクを向きまで考えて表せば，磁場と磁気モーメントのベクトル積

$$\vec{\tau} = \vec{\mu} \times \vec{B}$$

となることがわかる。ここで示した計算は長方形のコイルについてであるが，コイルの

面内の磁場が一様と見なせるとき，この関係はコイルの形状によらず成立することが知られている．電流は一般にループになるから，磁気モーメントはループの面積からループがどのくらいのトルクを受けるかを知ることができる便利な物理量である．一様な磁場中にあるループ電流がトルクを感じるという性質はモーターの基本原理になっている．さらに，鉄が磁石になる仕組みも，個々の原子が磁気モーメントをもち，外部の磁場により回転し，整列することで説明できる（☞第18章）．

基本 問題 10.12 【ループ電流が受けるトルク】

一様な磁場 $B = 2.0$ T の中に，図のように面積 $A = 1.0 \times 10^{-2}$ m^2 のループコイルを置く．コイルには $I = 2.0$ A の電流が流れている．磁場とコイル面の法線がなす角度が(a), (b), (c)であるとき，磁気モーメントの大きさ μ を求め，それぞれのループコイルが磁場から受けるトルクの大きさ τ を求めよ．

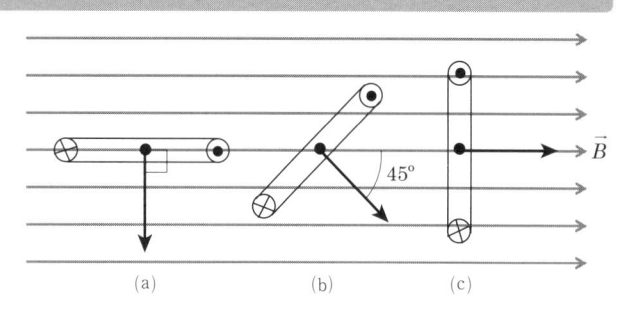

解答

問題 10.1 図（左）

問題 10.2 図（右）
（注）電流素片が作る磁場は真横が一番強く，真上と真下では大きさがゼロである．

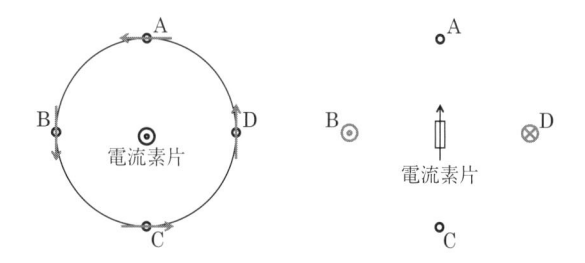

問題 10.3 $dB = \dfrac{\mu_0}{4\pi} \dfrac{Ids \sin\theta}{r^2} = 2.5 \times 10^{-9}$ T

問題 10.4 無限に長い直線電流のまわりの磁場は，電流の進む方向に向かって時計回りに電流を巻く方向と考えられる（☞図 10.6）．

問題 10.5 (1) $F = evB$ (2) $F = (nAds)evB$ (3) $I = envA$
(4) (2)の答えを $I = envA$ で表せば，$F = IdsB$（電流素片が磁場から受ける力は「個々の電子が受けるローレンツ力の和」と考えられる．）

問題 10.6 $B = \dfrac{\mu_0 I}{2\pi r} = 4.0 \times 10^{-6}$ T, (a)の方向

問題 10.7 (1) $B = \dfrac{\mu_0 I}{2\pi}\left(\dfrac{1}{r} - \dfrac{1}{R-r}\right) = 1.3 \times 10^{-6}$ T (2) $B = \dfrac{\mu_0 I}{2\pi}\left(\dfrac{1}{r} + \dfrac{1}{R-r}\right) = 6.7 \times 10^{-6}$ T

問題 10.8 $F = IdsB \sin\theta = 3.0$ N，z 軸の正の方向

問題 10.9 (1) 紙面の表から裏方向，$B = \dfrac{\mu_0}{2\pi a}(I_A + I_C) = 1.6 \times 10^{-6}$ T
(2) 導線 A の方向，$F = I_B B = 6.4 \times 10^{-6}$ N

問題 10.10 (1) 下から上 (2) $dB = \dfrac{\mu_0}{4\pi} \dfrac{Id\theta}{a}$ (3) $B = \displaystyle\int_0^{2\pi} \dfrac{\mu_0}{4\pi} \dfrac{I}{a} d\theta = \dfrac{\mu_0 I}{2a}$

問題 10.11 (1) 方向は下図。

$$dB = \frac{\mu_0}{4\pi}\frac{Ids\sin\theta}{(a^2+l^2)} = \frac{\mu_0}{4\pi}\frac{Ids}{(a^2+l^2)}\frac{a}{\sqrt{a^2+l^2}}$$

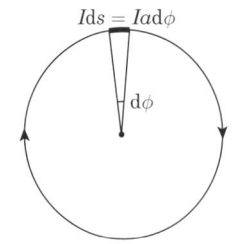

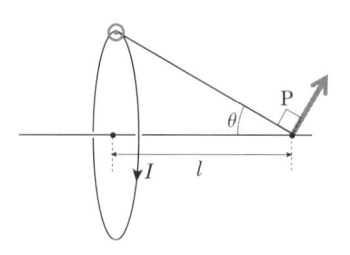

$Ids = Iad\phi$

(2) $\displaystyle B = \int_0^{2\pi}\frac{\mu_0}{4\pi}\frac{I}{(a^2+l^2)}\frac{a^2}{\sqrt{a^2+l^2}}d\phi = \frac{\mu_0 Ia^2}{2(a^2+l^2)^{3/2}}$

問題 10.12 $\mu = IA = 2.0\times 10^{-2}\,\mathrm{A\cdot m^2}$　(a) $\tau = \mu B\sin\theta = 4.0\times 10^{-2}\,\mathrm{N\cdot m}$
(b) $\tau = \mu B\sin\theta = 2.8\times 10^{-2}\,\mathrm{N\cdot m}$　(c) $\tau = \mu B\sin\theta = 0\,\mathrm{N\cdot m}$

面積分

　任意のベクトル場 $\vec{G}$ の中に任意の曲面 A を考える。曲面 A を微小面積ベクトル $d\vec{A}$ に分割し，$d\vec{A}$ とベクトル場 $\vec{G}$ のスカラー積をとって合計する。それが「曲面 A で $\vec{G}$ を面積分した」値である。数式ではこれを $\displaystyle\iint_A \vec{G}\cdot d\vec{A}$ と書く。面積分だから積分記号が二重になる。一定の大きさの $\vec{G}$ が垂直に貫く面上で，$\vec{G}$ を面積分すれば，スカラー積の性質から，その値は［$\vec{G}$ の絶対値］×［面積 A］で，面がベクトル $\vec{G}$ に平行なときは面積分の値はゼロである。面には法線ベクトルの向きによって「表」と「裏」の区別がつけられており，$\vec{G}$ が面の法線ベクトルと反対方向，すなわち表から裏に貫くときは面積分の値はマイナスとなる。まとめると，一定のベクトル場 $\vec{G}$ を任意の曲面 A で面積分した値は，

$$-GA \leq \iint_A \vec{G}\cdot d\vec{A} \leq GA$$

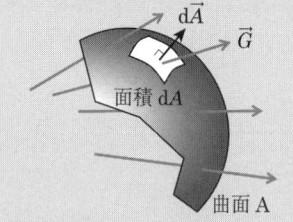

図 10.9　面積分
ベクトル場 $\vec{G}$ を曲面 A で面積分するという概念。曲面 A を $d\vec{A}$ に分割し，$\vec{G}$ とのスカラー積をとって合計する。

の範囲をとる。面積分を，閉じた面（閉曲面：内側と外側に区別できる，風船のような面）で行う場合は，特別に $\displaystyle\oiint_A \vec{G}\cdot d\vec{A}$ という記号で書く。

　ベクトル場として電場ベクトル $\vec{E}$ を考えると，$\varepsilon_0 \vec{E}$ を面積分したものは，その面を貫く電束 Φ_e と定義され，**閉曲面で面積分すると，それは必ず面の内側にある電荷量と一致する。**

$$\Phi_e = \varepsilon_0 \oiint_A \vec{E}\cdot d\vec{A} = Q$$

これが「ガウスの法則」である（☞ 20 ページ）。ガウスの法則を適用するとき積分をかけ算で置き換えるが，これは電場が一定かつ面に垂直な「ガウス面」があってこそである。

　電磁気学の諸法則は，基本的に 2 つの量が面積分や第 5 章で紹介した線積分（☞ 105 ページ）で結ばれた形で表されている。したがって，面積分や線積分を頭の中でイメージできることが電磁気学を理解するためには絶対に必要なのである。

第11章 アンペールの法則

キーワード アンペールの法則

11.1 アンペールの法則　Basic

ビオ・サバールの法則が発見されたのとほぼ同時期、フランスのアンペールも電流が作る磁場に関する以下の法則を発見した。

空間の任意の経路に沿って磁場 $\vec{B}$ を周回積分した値と周回路に囲まれる電流 $\sum I$ との間には以下の関係が成り立つ。ただし、電流は時間変化しないものとする。

$$\oint_s \vec{B}\cdot d\vec{s} = \mu_0 \sum I$$

これを ❶ ◻ の法則という。アンペールの法則をイメージで示したものが図11.1である。周回積分は図11.2のように磁場ベクトル $\vec{B}$ と微小線要素ベクトル $d\vec{s}$ のスカラー積をとり、それを加えながら閉じた経路を1周回るものである。スカラー積の性質から、一定の大きさの磁場に沿って線積分すれば、その値は［磁場の大きさ］×［経路の長さ］となる。経路がベクトルに垂直なときは線積分の値は ❷ ◻ である。（線積分については105ページ参照。）

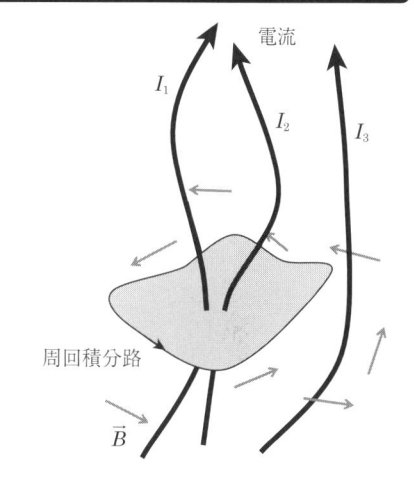

図11.1　アンペールの法則のイメージ図
図に示される周回積分路に囲まれる電流は I_1, I_2 のみなので、I_3 が作る磁場は積分値にまったく影響を与えない。

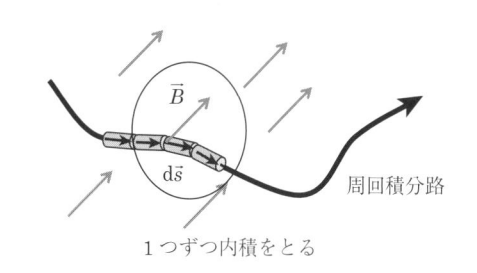

図11.2　磁場 $\vec{B}$ をある経路に沿って線積分する様子

要するに、**アンペールの法則は、どんな経路でもいいから1周回りながら磁場 $\vec{B}$ を足していくと、その経路に囲まれる電流 I に真空の透磁率 μ_0 をかけた値になる**という何とも不思議な法則である。電流は複数あってもいいし、電流密度で表される分布した電流でもよい。その場合、経路に囲まれる電流は面積分となり、

$$\oint_s \vec{B}\cdot d\vec{s} = \mu_0 \iint_A \vec{i}\cdot d\vec{A}$$

㉖ 同じ　㉗ 反対　㉘ 反対　㉙ $IBA\sin\theta$　㉚ 磁気モーメント

となる。経路に囲まれる電流が正味ゼロの場合，積分値がゼロになるということに注意しておこう。

⚠ アンペールの法則に「電流が時間変化しないこと」という条件がつくのはなぜかと思った諸君もいるかもしれない。この謎は「変位電流」を学ぶまでとっておこう（☞ 15.1 節）。

ビオ・サバールの法則も，アンペールの法則も，どちらも電流が作る磁場に関する法則であるが，

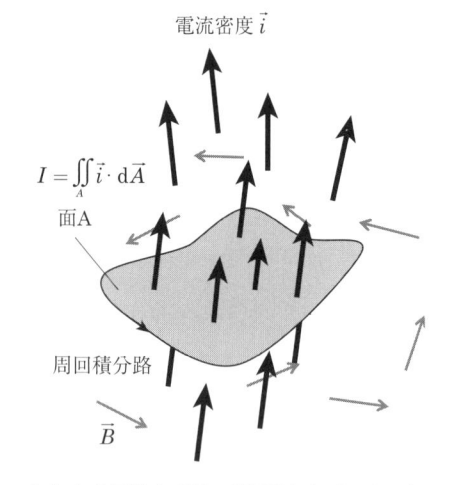

図 11.3 分布する電流に対して適用されるアンペールの法則
周回積分路をへりとする面 A の上で電流密度を面積分したものが電流 I となる。

両者はまったく別のもののように見える。しかし後に，ビオ・サバールの法則とアンペールの法則はどちらかが正しければもう一方も正しいことが必ずいえる等価なものであることが証明された。

アンドレ・マリ・アンペール
André Marie Ampère（1775〜1836）

フランスの物理学者。フランス革命の動乱により保守派であった父親が処刑される悲劇のなか，植物学や哲学の本と出会い学問に没頭，その後の彼の興味はもともと得意であった数学や科学，物理学へと及んでいく。1796 年にリヨンで数学教師になり，1802 年からはブールの学校で物理学と化学の教師を務める。その後，パリのエコール・ポリテクニク（理工科学校）を経て，1820 年パリ大学の天文学の助教授，1824 年に実験物理学の教授となる。

パリ大学に職を得た 1820 年に，エルステッドが電流の磁気作用を発見，そのニュースを聞いたアンペールは電流が流れている 2 本の導線の間に働く力の研究を開始し，1821 年に「アンペールの法則」を発見した。なお，電流の単位である「アンペア」はアンペールの名にちなんだものである。

📝基本 問題 11.1　　【アンペールの周回積分と単位】

$I = 1.0$ A の電流のまわりで磁場を周回積分した。その値を求めよ。また，結果の単位は何か。

解答

どんな経路でも積分値は $\oint_s \vec{B} \cdot d\vec{s} = \mu_0 I =$ ⓐ [＿＿＿] である。周回積分の結果の物理量は磁場 [ⓑ ＿＿＿] または [ⓒ ＿＿] に長さ [m] をかけたものに等しく，[ⓓ ＿＿＿] または

[ⓔ　　　] となる．一方，アンペールの法則の右辺側の単位で考えれば，周回積分の値は真空の透磁率 μ_0 の単位 [ⓕ　　　] に電流 [A] をかけて [ⓖ　　　] と書くこともできる．これらはすべて同じ単位であることが示せる．挑戦してみよう．

📝基本 問題 11.2　　【アンペールの法則】

図のように，無限に長い導線に電流が流れているとき，それぞれの円形ループ上に作られた磁場を大きい順に並べよ．ただし，電流はループの中心に充分近い位置にあるとする．

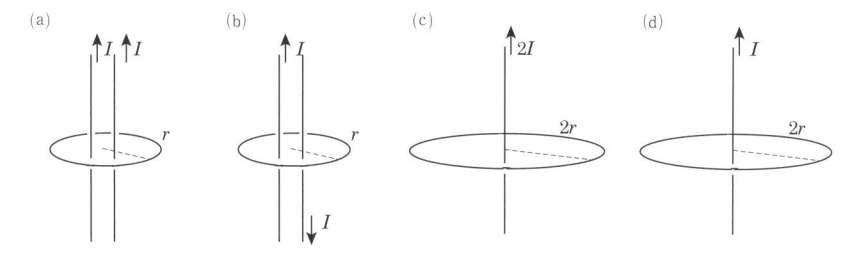

🍒類似 問題 11.3　　【アンペールの法則】

図のように3本の導線があり，それぞれには1 A（紙面の裏から表向き），2 A（紙面の裏から表向き），2 A（紙面の表から裏向き）の電流が流れている．周回積分 $\oint_s \vec{B}\cdot d\vec{s}$ の絶対値が大きい順に3つの周回積分路 a, b, c を並べよ．

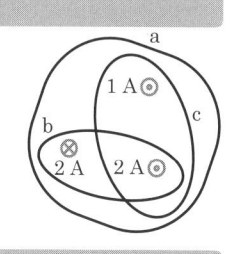

📝基本 問題 11.4　　【ソレノイドにおけるアンペールの法則】

図のように，電流ループがコイル状になったものを「ソレノイド」とよぶ．電流 I が流れる N 巻きのソレノイドがある．図に示された(1)，(2)のループに対してアンペールの周回積分を行った．その値を求めよ．

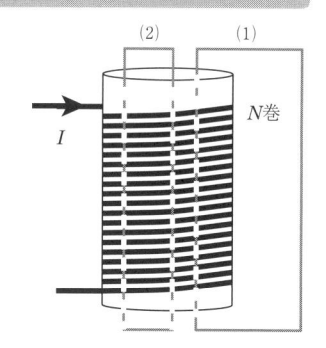

✏️発展 問題 11.5　　【トロイダルコイルにおけるアンペールの法則】

図のように，ソレノイドをドーナツ状に丸めたものを「トロイダルコイル」とよぶ．電流 I が流れる N 巻きのトロイダルコイルの中央を貫く経路でアンペールの周回積分を行った．その値を求めよ．

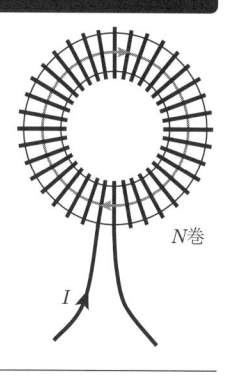

❶ アンペール　❷ ゼロ

周回積分路内の電流

電流の数え方について1つ注意しておこう。1本の電流がなんども積分路をくぐるような場合，数え方をどうするか。電流がつながっていても，独立していても，原則は変わらない。アンペールの周回積分路をへりとする，平らで薄い膜を考える。この膜を，電流が何回貫いているかのみを数えよう。ループが反時計回りのとき，下から上へ貫くときはプラス，逆はマイナスと考える。ある電流が，膜を通ってUターンするような場合は，プラスとマイナスの勘定が相殺する。この方法で確実に積分路をくぐる正味の電流を捕らえることができる。

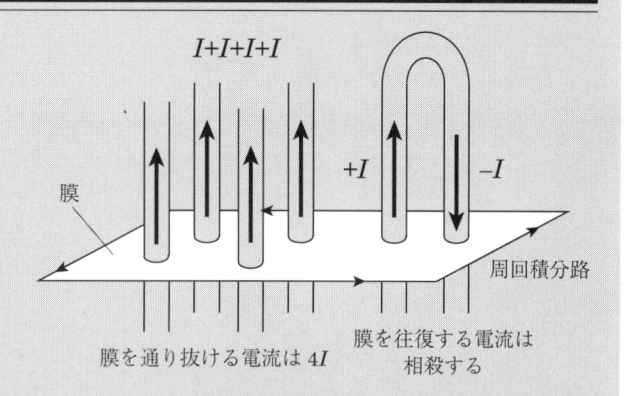

図11.4 アンペールの周回積分に囲まれる電流の数え方
ループが反時計回りのとき，下から上へ貫くときはプラス，逆はマイナスと考える。

11.2 アンペールの法則の証明 〔Standard〕

任意の電流でアンペールの法則とビオ・サバールの法則とが等価であることを証明するのは大変困難である。本節では無限に長い直線電流を例にとり，ビオ・サバールの法則で導いた磁場に対して，アンペールの法則がたしかに成り立っていることを証明しよう。

無限に長い直線電流 I とその電流を回る任意の周回積分路 s を考える（図11.5）。電流のまわりの磁場は，電流が進む方向に対して右回り（右ねじの方向）で，電流からの距離が r の位置での大きさは

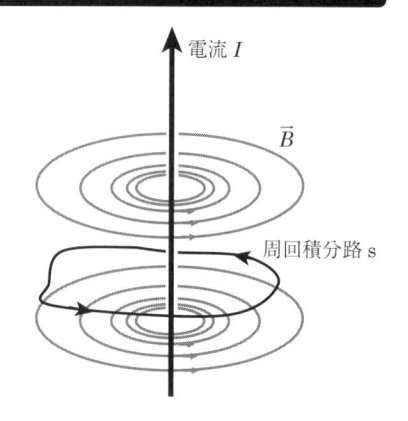

$$B = ③\boxed{}$$

図11.5 無限に長い直線電流
無限に長い直線電流 I のまわりでアンペールの周回積分を実行する。

である（☞10.3節）。ここで，周回積分路 s を細かく分け，①半径 r の円周に沿った経路，②半径 r の円周と垂直な経路に分解する。イメージは図11.6のようなものである。図では，周回積分路は1つの平面にあるように描かれているが，立体的な周回積分路でもこの分解は成立する。

積分値を $\oint_s \vec{B} \cdot \mathrm{d}\vec{s} = Y$ として，分解された経路に対して周回積分を実行する。r の円周に沿った経路 $\Delta s = r\Delta\theta$ に対してスカラー積 ΔY は

$$\Delta Y = B\Delta s = \left(\frac{\mu_0 I}{2\pi r}\right)(r\Delta\theta) = \text{④} \boxed{}$$

で，垂直な経路では $\Delta Y = $ ⑤ $\boxed{}$ となる。総和は ⑥ $\boxed{}$ から ⑦ $\boxed{}$ まですべての θ に対して行えばよいから，総和を積分に置き換えると

$$Y = \lim_{\Delta\theta\to 0}\sum \Delta\theta \frac{\mu_0 I}{2\pi} = \int_0^{2\pi} d\theta \frac{\mu_0 I}{2\pi} = \text{⑧}\boxed{}$$

となり，アンペールの法則が証明された。積分路が複数の電流ループを囲むときは，「重ね合わせの原理」で積分値が電流の和になる。

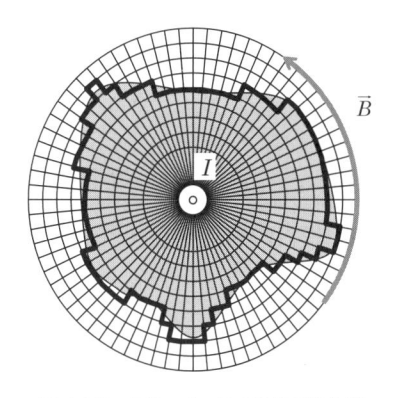

図 11.6 アンペールの周回積分路
アンペールの周回積分路（灰色）を，半径 r の円周に沿った経路と円周に垂直な経路に分解する。

ここで念のため，電流を囲まない周回積分路に対して積分値がゼロになることを示しておこう。図 11.7 を見てみよう。積分路が電流を囲まない場合，あらゆる θ に対して内積 ΔY は必ず左回り $(+\Delta\theta)$，右回り $(-\Delta\theta)$ のペアが存在し，$\Delta\theta\dfrac{\mu_0 I}{2\pi}$ が相殺するから積分値の合計はゼロとなる。

実は，どんな分布の電流も無限に長い直線電流の和で表されることが知られている。したがって，あらゆる場合にアンペールの法則が成立する。

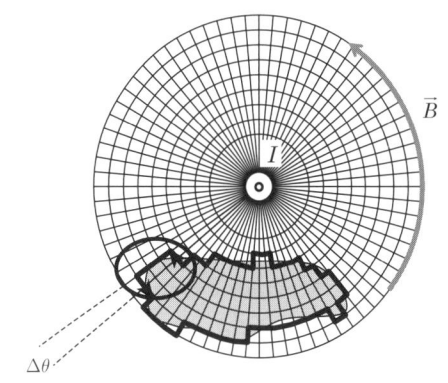

図 11.7 電流を囲まないアンペールの周回積分路
電流を囲まないアンペールの周回積分路（灰色）。あらゆる θ に対して，電流に対して左回り $(+\Delta\theta)$ と右回り $(-\Delta\theta)$ のペアが存在する。

アンペールの法則は，磁場のおよその分布がわかっているとき，その大きさを計算する強力な武器となる。次章では，いくつかの具体的な問題に取り組んでみることとする。

基本 問題 11.6　【無限直線電流によるアンペールの法則】

$I = 1.0$ A の電流が流れる無限に長い直線状の導線を中心とする，半径 $r = 0.20$ m の円を考える。以下の問いに答えよ。
(1) 円周上の磁場の大きさ B を求めよ。
(2) 円周上でアンペールの積分を実行し，積分値を求めよ。

発展 問題 11.7　【アンペールの法則】

図のように一定の磁場がかかる空間で，xy 平面の図のような経路で周回積分を行う。経路 a，b，c，d に沿った $\vec{B}$ の線積分値を計算せよ。また，経路に囲まれる電流の大きさ I を求めよ。

第 11 章●アンペールの法則

$$\vec{B} = (2\vec{i} + 2\vec{j})$$

発展 問題 11.8 【アンペールの法則】

図のように，磁場が x の関数で表されるような空間で，xy 平面の図のような経路で周回積分を行う．以下の問いに答えよ．

(1) 経路 a, b, c, d に沿った $\vec{B}$ の線積分値および周回積分値を計算せよ．

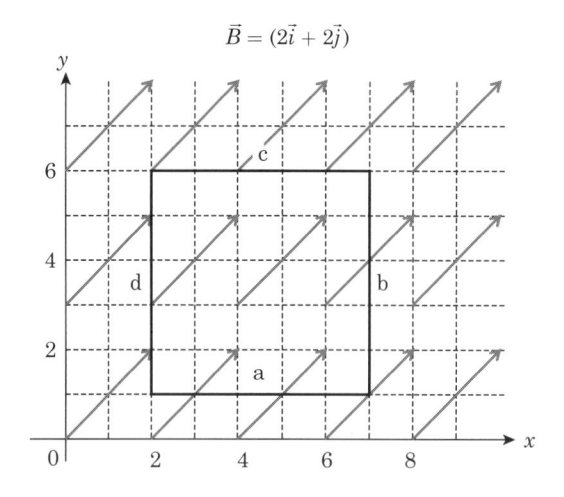

(2) 経路に囲まれる電流の大きさ I を有効数字 2 桁で求めよ．

(3) 同様の計算をさまざまな周回路で行い，系にはどのような分布の電流が流れていると推測されるか答えよ．

$$\vec{B} = -\frac{9}{2}\vec{j}\,(x<-9) \quad \vec{B} = \left(\frac{x}{2}\vec{j}\right)(-9 \leq x \leq 9) \quad \vec{B} = \frac{9}{2}\vec{j}\,(x>9)$$

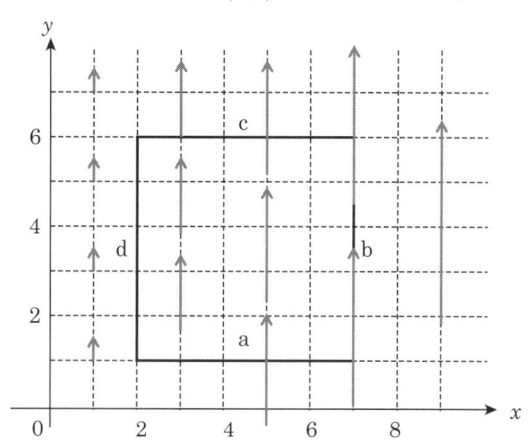

解答

問題 11.1 ⓐ $4\pi \times 10^{-7}$ ⓑⓒ Wb/m^2, T ⓓⓔ Wb/m, T·m ⓕ H/m
 ⓖ H·A/m

問題 11.2 (a), (c), (d), (b) の順

((a), (b) は，電流が中心に固まっていて半径 r 上の磁場はほぼ一定と近似してから計算する．積分路上の磁場はおよそ [真空の透磁率 μ_0] × [電流の総和] ÷ [積分路長] で与えられるから上述の順番となる．)

問題 11.3 c, a, b の順

問題 11.4 (1) $\oint_s \vec{B} \cdot d\vec{s} = \mu_0 \sum I = \mu_0 NI$

(2) $\oint_s \vec{B} \cdot d\vec{s} = 0$

問題 11.5 $\oint_s \vec{B} \cdot d\vec{s} = \mu_0 NI$

問題 11.6 (1) $B = \dfrac{\mu_0 I}{2\pi r} = 1.0 \times 10^{-6}$ T

(2) $\oint_s \vec{B}\cdot d\vec{s} = B\cdot 2\pi r = 1.3\times 10^{-6}$ T·m

問題 11.7 磁場は一様なので，積分値は［長さ］×［磁場ベクトル］·［進行方向の単位ベクトル］で計算できる。

経路 a：$\int_a \vec{B}\cdot d\vec{s} = 5\times \begin{pmatrix}2\\2\end{pmatrix}\cdot\begin{pmatrix}1\\0\end{pmatrix} = 10$ T·m

経路 b：$\int_b \vec{B}\cdot d\vec{s} = 5\times \begin{pmatrix}2\\2\end{pmatrix}\cdot\begin{pmatrix}0\\1\end{pmatrix} = 10$ T·m

経路 c：$\int_c \vec{B}\cdot d\vec{s} = 5\times \begin{pmatrix}2\\2\end{pmatrix}\cdot\begin{pmatrix}-1\\0\end{pmatrix} = -10$ T·m

経路 d：$\int_d \vec{B}\cdot d\vec{s} = 5\times \begin{pmatrix}2\\2\end{pmatrix}\cdot\begin{pmatrix}0\\-1\end{pmatrix} = -10$ T·m

$\oint_s \vec{B}\cdot d\vec{s} = 0$ より，$I=0$

問題 11.8 (1) 経路 a：$\int_a \vec{B}\cdot d\vec{s} = 0$，経路 b：$\int_b \vec{B}\cdot d\vec{s} = 5\times \begin{pmatrix}0\\7/2\end{pmatrix}\cdot\begin{pmatrix}0\\1\end{pmatrix} = \dfrac{35}{2}$ T·m,

経路 c：$\int_c \vec{B}\cdot d\vec{s} = 0$，経路 d：$\int_d \vec{B}\cdot d\vec{s} = 5\times \begin{pmatrix}0\\1\end{pmatrix}\cdot\begin{pmatrix}0\\-1\end{pmatrix} = -5$ T·m

周回積分値：$\dfrac{25}{2}$ T·m

(2) $I = \dfrac{1}{\mu_0}\oint_s \vec{B}\cdot d\vec{s} = \dfrac{25}{8\pi\times 10^{-7}} = 1.0\times 10^7$ A

(3) 積分路の形を変えず，場所を y 方向にずらしても積分値は常に同じ値となる。したがって，電流の分布は x のみの関数である。今度は，積分路を x 軸に沿って動かしてみる。積分路が $-9 \leq x \leq 9$ の範囲なら周回積分の値は変わらない（試してみよう）。したがって，$-9 \leq x \leq 9$ の範囲に定常な電流が流れているという推測が成り立つ。一方，$x < -9$ または $x > 9$ の領域で周回積分を行うと，あらゆる周回路で積分値はゼロとなる。これらの事実から，「定常な電流が $-9 \leq x \leq 9$ の範囲に存在する」と結論づけられる。電流の方向は右ねじの法則から，紙面の裏から表方向と推測される。

---

③ $\dfrac{\mu_0 I}{2\pi r}$　④ $\Delta\theta\dfrac{\mu_0 I}{2\pi}$　⑤ 0　⑥ 0　⑦ 2π　⑧ $\mu_0 I$

第12章 アンペールの法則の応用

キーワード 無限長直線電流が作る磁場，ソレノイドが作る磁場，分布する電流が作る磁場

12.1 アンペールの法則の意味 　Basic

第11章では，ビオ・サバールの法則とアンペールの法則が等価で成り立つことを証明した。では，なぜ同じ意味をもつ2つの法則を学ぶ必要があるのだろうか。静電場の問題において，ガウスの法則を学んだことを思い出そう。電荷の分布があらかじめわかっているとき，ある点における電場は❶[　　　]の法則を適用すれば必ず計算できるが，一般にはその計算は大変なものである。しかし，電荷分布に対称性がある場合には，❷[　　　]の法則を使った簡単な計算で電荷の作る電場を知ることができた。

磁場に関しても同じことがいえる。ある点における磁場は❸[　　　]の法則を適用すれば必ず計算できるが，多くの場合，その計算は電流素片が❹[　　　]量なので，クーロンの法則以上に難しい。ところが，❺[　　　]の法則を使えば，多くの実用的な問題において，磁場の大きさを簡単な計算で求めることができる。

第10章では積分を用いて，無限に長い直線電流が作る磁場を計算し，$B = \dfrac{\mu_0 I}{2\pi r}$という結果が得られた。ところが，対称性の議論を使い，「磁場は電流に垂直な面内のベクトルで，電流を右ねじの方向に回り，半径rのみの関数である」ことを知ってしまえば，磁場の大きさは次の3つのステップで計算できる。

① 対称性の議論と磁場の方向から，半径rの円周に沿って磁場を周回積分すると，$\oint \vec{B} \cdot d\vec{s} =$ [磁場の大きさB（定数）] × [円周の長さ❻[　　　]] となる。

② 周回積分路に囲まれる電流は$\sum I = I$である。

③ アンペールの法則：$\oint \vec{B} \cdot d\vec{s} = \mu_0 \sum I$から，❼[　　　] = ❽[　　　]であるから，変形すれば磁場の大きさは$B =$ ❾[　　　]とわかる。

本章では，この要領でアンペールの法則を使ったさまざまなケースにおける磁場の計算方法を学んでいこう。

基本 問題 12.1 【無限直線電流が作る磁場】

$I = 1.0$ A の電流が流れる無限に長い直線電流がある。以下の問いに答えよ。

(1) 直線電流から $r = 1.0$ m 離れた位置の磁場の大きさ B を求めよ。
(2) この位置に，磁場に垂直な $I' = 1.0$ A の直線電流を置く。電流が $ds = 1.0$ m あたりに磁場から受ける力の大きさ F を求めよ。
(3) この電流によって作られる磁場の大きさが $B' = 4.0 \times 10^{-8}$ T の場所は，直線電流から垂直方向にどれだけ離れているか。その距離 r' を求めよ。

基本 問題 12.2 【2本の無限直線電流が作る磁場】

2本の無限に長い直線電流が間隔 L で平行に並んでいる。電流は同じ向きで，大きさは I である。2本の電流の中間点を $x = 0$ として，図のように x 軸をとる。紙面の表から裏に向かう磁場を正にとるとき，以下の問いに答えよ。

(1) $x = \dfrac{L}{2}$ にある電流が x 軸上に作る磁場の大きさ B_+ を x の関数で表せ。
(2) $x = -\dfrac{L}{2}$ にある電流が x 軸上に作る磁場の大きさ B_- を x の関数で表せ。
(3) 2本の電流が x 軸上に作る磁場の大きさ B を x の関数で表せ。

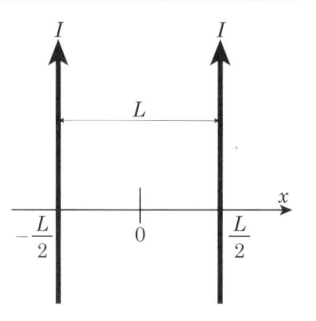

12.2　ソレノイドが作る磁場　Basic

図 12.1 のように，1本の導線を何周も巻いて筒状にしたものを❿□□□□□ または⓫□□□□□ といい，単にコイルとよばれることも多い。1巻きの導線ループにはその中をくぐるような磁場が発生するが，導線ループを重ねると個々のループが作る磁場が重なり合い，強い磁場を得ることができる。

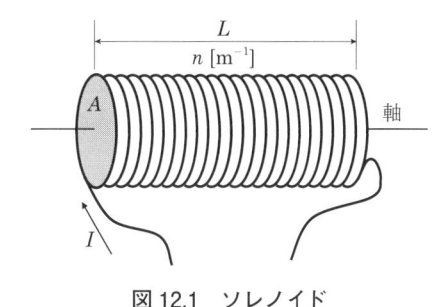

図 12.1 ソレノイド
1本の導線を何周も巻いて筒状にすることで，強い磁場を得ることができる。

ソレノイドの導線は充分密に巻いてあり，断面積 A に比べて長さ L が充分長いとしよう。対称性の議論から，ソレノイド内部の磁場はソレノイドの軸に沿った方向であることがわかる。ソレノイド内部を貫く磁束線は両端の開口から出てつながっているが，それらはソレノイドが長くなるにしたがい，ソレノイドから遠いところを通る。したがって，充分長いソレノイド外側の磁束は⓬□□□□□ と近似できる。

さて，ソレノイドを貫く図 12.2 のような周回積分路を考える。ソレノイド内部の磁場を $\vec{B}$，向きは軸に沿った方向であるから，アンペールの周回積分の値は $\oint \vec{B} \cdot d\vec{s} =$

⑬ □ となる。

電流については，コイルの巻き線密度（1 m あたりの巻き数）を n [m^{-1}] とすると，長さ l の長方形のループに囲まれる電流は⑭ □ となり，周回積分路をどのように平行移動しても一定である。したがって，ソレノイドには内部に一定の大きさの磁場が存在する。アンペールの法則：$\oint \vec{B} \cdot d\vec{s} = \mu_0 \sum I$ より，⑮ □ となり，よって，ソレノイド内部の磁場の大きさは $B =$ ⑯ □ となる。

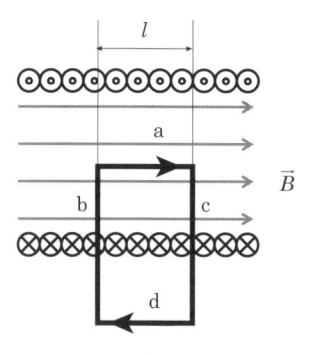

図12.2 ソレノイドをまたぐアンペールの周回積分路

経路 a は磁場に沿った積分（大きさは不明），経路 b, c は磁場に直交するため積分値はゼロ，経路 d には磁場が存在しない。

基本 問題 12.3 【ソレノイドが作る磁場】

(1) 10 cm あたり 100 回巻いてあるソレノイドに $I = 0.20$ A の電流を流す。内部にできる磁場の大きさ B を求めよ。

(2) 全長 20 cm で 50 回巻の 4 層のコイルからなるソレノイドがある。中心の磁場の大きさが $B = 5.0 \times 10^{-4}$ T であるとき，ソレノイドに流れている電流の大きさ I を求めよ。

基本 問題 12.4 【ソレノイドが作る磁場】

磁場の大きさが $B = 1.0$ T のソレノイドを作りたい。導線に流す電流を $I = 10$ A にするとき，コイルの巻き線密度 n を求めよ。（計算から，1.0 T の磁場を発するソレノイドを作ることが相当困難であることを感じとってほしい。）

発展 問題 12.5 【トロイダルコイルが作る磁場】

ソレノイドは，内部の磁場が一定であるためには充分長いという近似をおく必要があったが，トロイダルコイルは磁束がドーナツ状に閉じているので近似なしに磁場の大きさを計算できる。いま，トロイドの内半径が a，外半径が b のトロイダルコイルがある。全巻き数を N とし，コイルに電流 I が流れているとき，$a < r < b$ の範囲での磁場の大きさ B を r の関数で表せ。

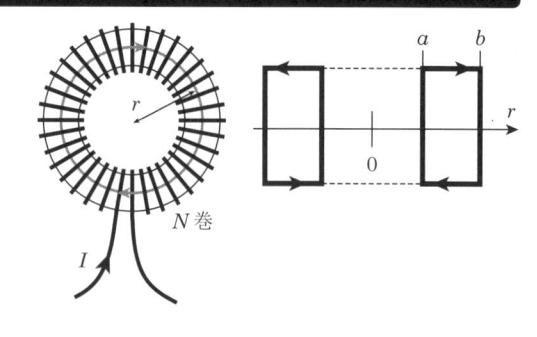

発展 問題 12.6 【二重ソレノイドが作る磁場】

図のような，二重になったソレノイドの磁場の大きさ B を求めよ。コイルに流れる電流は I で，どちらのコイルも巻き線密度を n とする。コイルの中心軸からの距離 r により以下のような場合分けをして示せ。

(1) $0 \leq r < a$ (2) $a < r < b$ (3) $b < r$

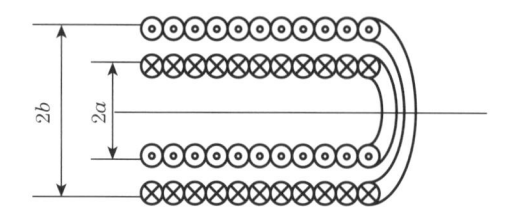

12.3 同軸円筒電流が作る磁場　Basic

図12.3のような無限に長い同軸状の円筒電流を考える。電流は壁面上を一様に流れ、内周と外周の電流値は同じ I としよう。対称性の議論から、磁場は電流を ⓱ ▢ の方向に回る方向で、軸から半径 r の位置ではどこでも ⓲ ▢ ということがわかる。

半径 r の円周に沿ってアンペールの周回積分を実行すると、積分の値は $\oint \vec{B} \cdot d\vec{s} =$ ⓳ ▢ である。周回内部に囲まれる電流の大きさは半径により以下のように異なる。

$0 < r < a$: 0
$a < r < b$: I
$b < r$ 　: 0

ここから、同軸円筒電流が作る磁場は半径 a から b の間にだけ存在することがわかり、その大きさは無限長直線電流が作る磁場と同様に $B =$ ⓴ ▢ である。

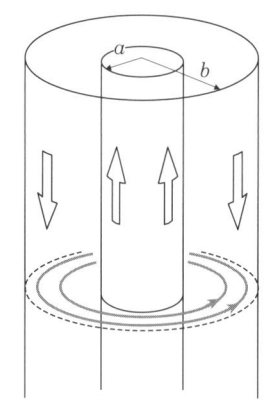

図12.3 同軸円筒電流とそのまわりの磁場
磁場は半径 a から b の間にだけ存在する。

このような構造をもつ導線は「同軸ケーブル」として実用化されている。同軸ケーブルの特徴は、電流が流れてもその外側に磁場を漏らさないことである（そのためこのような構造を「シールド線」とよぶこともある）。これは、流れる電流がケーブル外側の環境の影響をまったく受けないということを意味する。同軸ケーブルはノイズを嫌う用途、例えばオシロスコープなどの測定器、TVのアンテナ線などに使われている。

基本 問題 12.7 【同軸円筒電流が作る磁場】

内半径が $a = 0.10$ m、外半径が $b = 0.20$ m の同軸円筒電流がある。電流の大きさが $I = 1.0$ A のとき、この電流を回る磁束 Φ_m は長さ 1.0 m あたりどれほどか計算せよ。

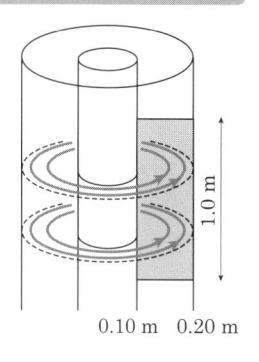

---

❶ クーロン　❷ ガウス　❸ ビオ・サバール　❹ ベクトル　❺ アンペール　⑥ $2\pi r$　⑦ $2\pi r B$
⑧ $\mu_0 I$　⑨ $\dfrac{\mu_0 I}{2\pi r}$　❿⓫ ソレノイド, ソレノイドコイル　⓬ ゼロ

12.4 分布する電流が作る磁場 **Standard**

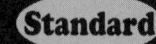

分布する電流が作る磁場の計算例を2つ示そう。

(1) 太さのある無限に長い直線電流

一様な電流密度 i で電流が流れる無限に長い半径 a の直線電流について考える。対称性の議論から，磁場の方向は細い導線の場合と同じであり，半径 r の周回積分路でアンペールの周回積分は $\oint \vec{B} \cdot d\vec{s} =$ ㉑ □ である。周回内部に囲まれる電流の大きさは，電流の内側 ($r \leq a$) では $\iint i dA =$ ㉒ □，外側 ($r > a$) では $\iint i dA =$ ㉓ □ である。よって，アンペールの法則より，

内側 ($r \leq a$) では $2\pi r B = \mu_0 \pi r^2 i$ より，$B =$ ㉔ □

外側 ($r > a$) では $2\pi r B = \mu_0 \pi a^2 i$ より，$B =$ ㉕ □

となる。これをグラフにすると図 12.4 のようになる。

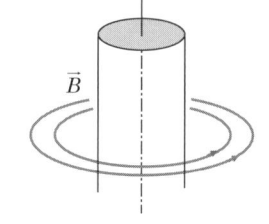

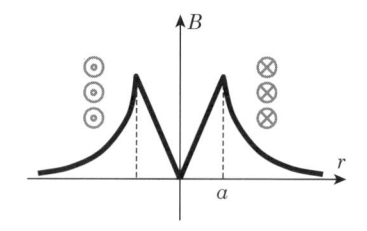

図 12.4 太さのある無限に長い直線電流が作る磁場
導線内では半径に比例する磁場が，外側では半径に反比例する磁場ができる。

(2) 厚みのある無限に広いシート状の電流

厚みのあるシート状に電流が流れている場合を考える。図 12.5 のように xy 平面上に広がる無限に広い厚さ $2d$ のシートがあるとする。電流密度は i で，電流は y 方向（紙面の表から裏の方向）に流れているとしよう。さて，シート状の電流を細い直線電流の重ね合わせとみれば，個々の電流は進行方向に ㉖ □ の方向の磁場を作っている。それを重ね合わせれば，シートの上，下の磁場の方向は図のように $\pm x$ の方向になる。シートが無限に広いことから，磁場の z 成分が ㉗ □ になることもわかる。アンペールの周回積分路を図 12.5 のように x 軸に対称な縦 $2z$，横 l の長方形にとる。線積分は長さ l の辺上だけ値をもつから，アンペールの周回積分は $\oint \vec{B} \cdot d\vec{s} =$ ㉘ □ である。一方，周回内部に囲まれる電流の大きさは，積分路が電流の中を通る場合 ($z \leq \pm d$) は $\iint i dA = 2lzi$，外を通る場合 ($z > \pm d$) は $\iint i dA = 2ldi$ である。よって，アンペールの法則より，

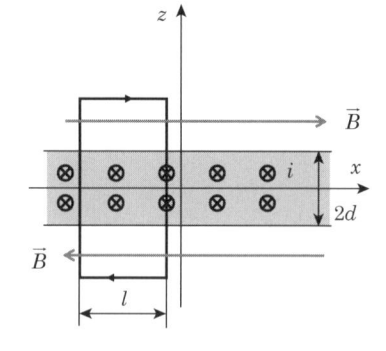

図 12.5 厚みのある無限に広いシート状の電流が作る磁場
磁場はシートの外側ではどこでも方向，強さともに一定である。

内側 ($z \leq \pm d$) では $2lB = \mu_0 2lzi$ より，$B =$ ㉙ ☐

外側 ($z > \pm d$) では $2lB = \mu_0 2ldi$ より，$B =$ ㉚ ☐

となる。無限に広い電流シートが作る磁場は，シートの外側ではどこでも方向，大きさともに㉛ ☐ であることがわかった。重ね合わせの原理を使えば，逆向きに進む2枚の電流シートがあるとき，磁場は電流に挟まれた空間の内側だけに存在することがわかる。

問題 12.8 【太さのある無限直線電流が作る磁場】

半径が $a = 0.020$ m の無限に長い導線がある。電流密度 $i = 5.0 \times 10^3$ A/m² で電流が流れているとき，以下の問いに答えよ。
(1) 導線中心軸から $r = 0.010$ m 離れた位置での磁場の大きさ B を求めよ。
(2) 導線中心軸から $r = 1.0$ m 離れた位置での磁場の大きさ B を求めよ。

問題 12.9 【太さのある無限直線電流が作る磁場】

図のように電流が分布した無限に長い直線電流を考える。ただし，電流密度は r の関数で，$i(r) = \dfrac{i_0}{r}$ のようになっているものとする。以下の問いに答えよ。
(1) 電流 I を r の関数で表せ。
(2) 磁場の大きさ B を求めよ。

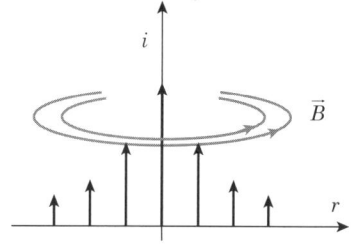

問題 12.10 【厚みのある無限シート状電流が作る磁場】

厚みが $2d = 2.0$ cm の無限に広いシートに電流密度 $i = 1.0 \times 10^4$ A/m² で一様な電流が流れている。このシートの中心軸から 10 cm 離れた位置での磁場の大きさ B を求めよ。

問題 12.11 【厚みのある無限シート状電流が作る磁場】

図 12.5 の厚みのあるシート状の電流が流れている場合に，電流密度が一様でなく，($z \leq \pm d$) の範囲で $i = kz^2$ と表されるとしよう。以下の問いに答えよ。
(1) $z \leq \pm d$ の場合に電流の大きさ I を z の関数で表せ。
(2) $z > \pm d$ の場合に電流の大きさ I を z の関数で表せ。
(3) $z \leq \pm d$ の場合に磁場の大きさ B を求めよ。
(4) $z > \pm d$ の場合に磁場の大きさ B を求めよ。

解答

問題 12.1 (1) $B = \dfrac{\mu_0 I}{2\pi r} = 2.0 \times 10^{-7}$ T

(2) $F = I'dsB = 2.0 \times 10^{-7}$ N

---

⑬ Bl　⑭ nlI　⑮ $Bl = \mu_0 nlI$　⑯ $\mu_0 nI$　⑰ 右ねじ　⑱ 一様　⑲ $2\pi rB$　⑳ $\dfrac{\mu_0 I}{2\pi r}$

(3) $r' = \dfrac{\mu_0 I}{2\pi B'} = 5.0 \text{ m}$

問題 12.2 (1) $B_+ = \dfrac{\mu_0 I}{2\pi\left(x - \dfrac{L}{2}\right)}$ (2) $B_- = \dfrac{\mu_0 I}{2\pi\left(x + \dfrac{L}{2}\right)}$

(3) $B = \dfrac{\mu_0 I}{2\pi}\left[\dfrac{1}{\left(x + \dfrac{L}{2}\right)} + \dfrac{1}{\left(x - \dfrac{L}{2}\right)}\right] = \dfrac{\mu_0 I}{\pi}\dfrac{x}{x^2 - \dfrac{L^2}{4}}$

問題 12.3 (1) 巻き線密度 $n = 1000 \text{ m}^{-1}$ になるため, $B = \mu_0 n I = 2.5 \times 10^{-4}$ T

(2) 巻き線密度 $n = 250 \text{ m}^{-1} \times 4$ 層となるため, $I = \dfrac{B}{\mu_0 n} = 0.40$ A

問題 12.4 $n = \dfrac{B}{\mu_0 I} = 8.0 \times 10^4 \text{ m}^{-1}$ (1 cm あたり 800 巻き。)

問題 12.5 アンペールの法則より $2\pi r B = \mu_0 N I$。よって, $B = \dfrac{\mu_0 N I}{2\pi r}$

問題 12.6 図のように, コイル中心軸から距離 r の位置を通る矩形の周回積分路を考える。磁場の線積分は内側の, 距離 r の辺でしか値をもたないから, $Bl = \mu_0 \sum I$ が成り立つ。

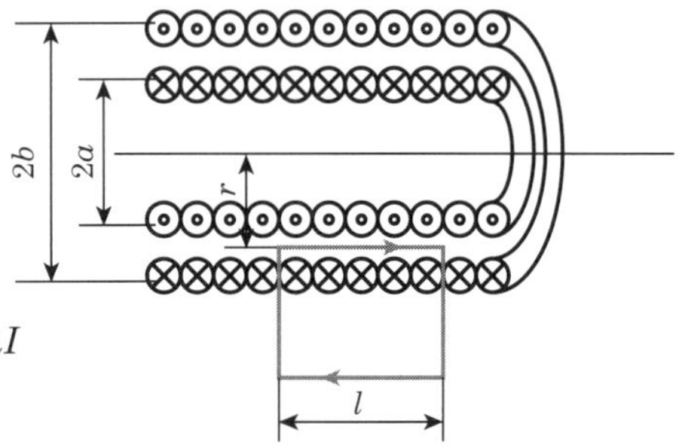

(1) $0 \le r < a$: $\sum I = 0$。ゆえに, $B = 0$

(2) $a < r < b$: $\sum I = nlI$。ゆえに, $B = \mu_0 n I$

(3) $b < r$: $\sum I = 0$。ゆえに, $B = 0$

以上の解析から, 磁場は同軸のソレノイドに挟まれた空間にのみ存在することがわかる。

問題 12.7 磁場に垂直な図のような矩形を通る磁束密度を積分する。

$$\Phi_m = \int_a^b \dfrac{\mu_0 I}{2\pi r}\,dr = \dfrac{\mu_0 I}{2\pi}\log\dfrac{b}{a} = 1.4 \times 10^{-7}\text{ Wb}$$

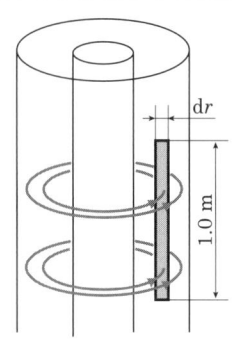

問題 12.8 (1) $B = \dfrac{\mu_0 r i}{2} = 3.1 \times 10^{-5}$ T

(2) $B = \dfrac{\mu_0 a^2 i}{2r} = 1.3 \times 10^{-6}$ T

問題 12.9 (1) $I = \displaystyle\int_0^r \dfrac{i_0}{r} \cdot 2\pi r\,dr = 2\pi i_0 r$

(2) アンペールの法則から, $2\pi r B = 2\pi \mu_0 i_0 r$ の関係が成り立つから, $B = \mu_0 i_0$ となる。磁場の大きさは半径によらず一定となる。

問題 12.10 $B = \mu_0 d i = 1.3 \times 10^{-4}$ T

問題 12.11 (1) $I = \displaystyle\iint i\,dA = l\int_{-z}^{z} k(z)^2\,dz = \dfrac{2}{3}kz^3 l$

(2) $I = \displaystyle\iint i\,dA = l\int_{-d}^{d} k(z)^2\,dz = \dfrac{2}{3}kd^3 l$

(3) $B = \dfrac{\mu_0 k z^3}{3}$

(4) $B = \dfrac{\mu_0 k d^3}{3}$

線積分

任意のベクトル場 $\vec{G}$ の中に任意の点 A, B を考え，ある経路を設定する。点 A から点 B まで，微小線要素ベクトル $\mathrm{d}\vec{s}$ とベクトル場 $\vec{G}$ のスカラー積をとり，それを加えながら進んでいく。合計が「点 A から点 B まで $\vec{G}$ を線積分した」値である。数式ではこれを $\int_{\mathrm{A}}^{\mathrm{B}} \vec{G} \cdot \mathrm{d}\vec{s}$ と書く。スカラー積の性質から，一定の大きさの $\vec{G}$ に沿って線積分すれば，その値は [$\vec{G}$ の絶対値] × [経路の長さ L] で，経路がベクトルに垂直なときは線積分の値はゼロである。積分路が $\vec{G}$ と反対方向なら線積分の値はマイナスとなる。一般には積分経路と $\vec{G}$ は任意の角度をとるので，ベクトル場が一定のとき線積分の値は

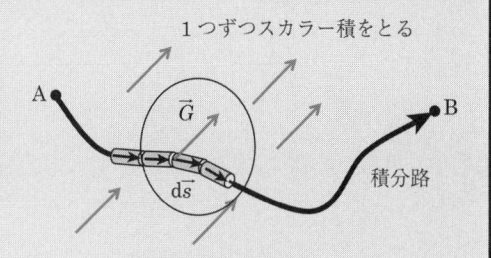

$$-GL \leq \int_{\mathrm{A}}^{\mathrm{B}} \vec{G} \cdot \mathrm{d}\vec{s} \leq GL$$

の範囲をとる。線積分の経路を閉じたループとしたものを特別に「周回積分」とよぼう。ループを s と名づけると，s に沿った周回積分を $\oint_s \vec{G} \cdot \mathrm{d}\vec{s}$ という記号で書く。

図 12.6 線積分
ベクトル場 $\vec{G}$ をある経路に沿って点 A から点 B まで線積分する様子。

ベクトル場として電場ベクトル $\vec{E}$ を考えると，**電場が時間的に変化しないときは，どんなループで電場を周回積分しても値はゼロである**。なぜなら，電場を線積分した値は「点 A と点 B の電位差」を与えるから（☞ 34 ページ），点 A から出発して点 A に戻る線積分は $V_\mathrm{A} - V_\mathrm{A} = 0$ となるためである。一方，**磁場ベクトル $\vec{B}$ を周回積分すると，それは必ずループに囲まれた電流に真空の透磁率 μ_0 をかけた値となる。**

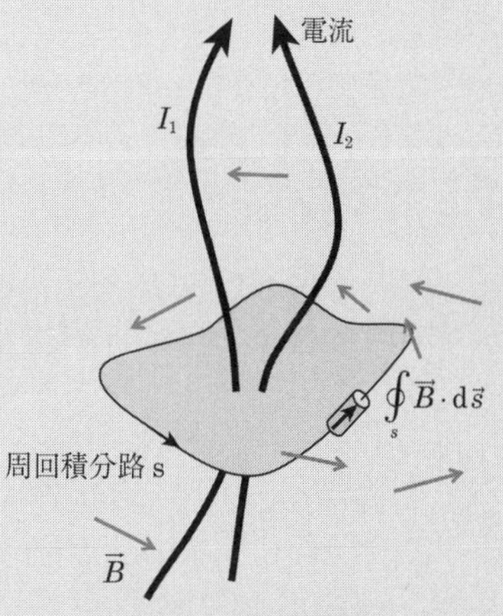

$$\oint_s \vec{B} \cdot \mathrm{d}\vec{s} = \mu_0 \sum I$$

図 12.7 周回積分
アンペールの法則のイメージ図。

これを「アンペールの法則」とよぶ（☞ 91 ページ）。ここから，電流が作る磁場にはポテンシャルが定義できないことがわかるだろう。

㉑ $2\pi r B$　㉒ $\pi r^2 i$　㉓ $\pi a^2 i$　㉔ $\dfrac{\mu_0 r i}{2}$　㉕ $\dfrac{\mu_0 a^2 i}{2r}$　㉖ 右ねじ　㉗ ゼロ　㉘ $2lB$　㉙ $\mu_0 z i$
㉚ $\mu_0 d i$　㉛ 一定

総合演習 II

復習 問題II.1 【抵抗率】 ☞ 問題8.9

抵抗率が $\rho = 1.0 \times 10^2\,\Omega\cdot\text{m}$ のセラミックを使って $R = 50\,\text{k}\Omega$ の抵抗素子を作りたい。断面積が $A = 3.0 \times 10^{-6}\,\text{m}^2$ と決まっているとき，抵抗素子の長さ L を求めよ。

復習 問題II.2 【ローレンツ力】 ☞ 問題9.3

速度 $v = 4.0 \times 10^6\,\text{m/s}$ で運動している陽子が磁場領域に入る。陽子の電荷を $q_\text{p} = 1.6 \times 10^{-19}\,\text{C}$ として，以下の問いに答えよ。

(1) $B = 2.0\,\text{T}$ の磁場内に垂直に入るとき，陽子に作用するローレンツ力の大きさ F を求めよ。
(2) $B = 2.0\,\text{T}$ の磁場に対して $\theta = 30°$ の角度をもって入る場合のローレンツ力の大きさ F を求めよ。
(3) ある磁場内に $\theta = 60°$ の角度をもって入ったとき，$F = 1.0 \times 10^{-12}\,\text{N}$ の力を受けた。磁場の大きさ B を求めよ。

復習 問題II.3 【サイクロトロン運動】 ☞ 問題9.7

質量 $m = 1.7 \times 10^{-27}\,\text{kg}$，電荷 $q_\text{p} = 1.6 \times 10^{-19}\,\text{C}$ の陽子が大きさ $B = 0.10\,\text{T}$ の磁場中でサイクロトロン運動をしている。円運動の半径を $r = 20\,\text{cm}$ とするとき，粒子の速さ v を求めよ。

復習 問題II.4 【無限直線電流が作る磁場】 ☞ 問題12.1

$I = 1.0\,\text{A}$ の電流が流れる無限に長い直線電流がある。以下の問いに答えよ。

(1) 直線電流から $r = 0.50\,\text{m}$ 離れた位置の磁場の大きさ B を求めよ。
(2) この位置に，磁場に垂直な $I = 1.0\,\text{A}$ の直線電流を置く。電流が $l = 1.0\,\text{m}$ あたりに磁場から受ける力の大きさ F を求めよ。
(3) この電流によって作られる磁場の大きさが $B = 4.0 \times 10^{-4}\,\text{T}$ の場所は直線電流から垂直方向にどれだけ離れているか。その距離 r を求めよ。

総合 問題II.5 【ホール効果】

半導体中で電荷を運ぶ役割を果たす荷電粒子をキャリアとよび，負の電荷のときは電子，正の電荷のときはホール（正孔）が担う。図のように，幅 a，高さ b の半導体に電流 I を左から右に流し，辺 a に平行な，手前から奥に向かう一様磁場 B 中に置いた。この半導体のキャリアはホールであり，ドリフト速度を v，電荷を q，キャリアの密度を n として，以下の問いに答えよ。

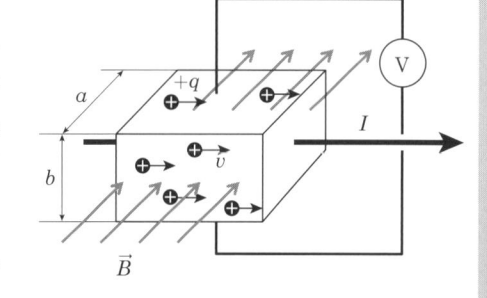

(1) ホールが受けるローレンツ力の大きさ F_B とその方向を求めよ。
(2) しばらく時間がたつとホールがローレンツ力により移動するため，半導体内に上下方向の電場が

生じる。電場の大きさが E のとき，ホールが電場から受けるクーロン力の大きさ F_E とその方向を求めよ。
(3) ホールのドリフト速度 v を，電流 I を用いて表せ。
(4) 最終的にローレンツ力とクーロン力がつり合い，ホールは半導体中を左から右へまっすぐに進む。このとき半導体の電場方向の両端に現れる電位差（ホール電圧）の大きさ V を，電流 I を用いて表せ。

問題 II.6 【らせん運動】

図のように，x 軸方向に大きさ $B = 0.20$ T の一様な磁場がある。この磁場内に $\theta = 45°$ の角度で質量 $m = 1.7 \times 10^{-27}$ kg，電荷 $q_p = 1.6 \times 10^{-19}$ C の陽子が速さ $v = 2.0 \times 10^6$ m/s で入射すると，図のようならせん運動をする。以下の問いに答えよ。

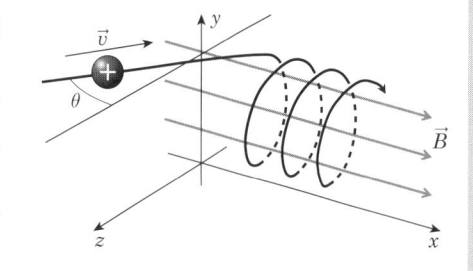

(1) 陽子の速さ v の，磁場に垂直な成分 v_x と平行な成分 v_y を求めよ。
(2) 陽子は磁場に垂直な方向にサイクロトロン運動をしている。このサイクロトロン運動の半径 r を求めよ。
(3) サイクロトロン運動の周期 T を求めよ。
(4) らせんを1周まわるごとに陽子が磁場の方向に進む距離 p を求めよ。

問題 II.7 【アンペールの法則】

図のように，2本の無限に長い直線電流 A，B が y 軸上に $r = 1.0$ m だけ離れて平行に並び，電流がそれぞれ $+z$ 軸方向に $I_A = 1.0$ A，$-z$ 方向に $I_B = 2.0$ A で流れている。以下の問いに答えよ。

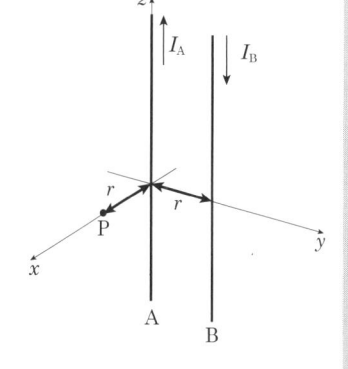

(1) 直線電流 A が単位長さあたりに直線電流 B から受ける力の大きさ F_{BA} およびその方向を求めよ。
(2) 原点から x 方向に $r = 1.0$ m だけ離れた点 P における磁場の大きさを (B_{Px}, B_{Py}) で表せ。

解答

問題 II.1　$R = \dfrac{\rho L}{A}$ より $L = R\dfrac{A}{\rho} = 1.5 \times 10^{-3}$ m（1.5 mm）

問題 II.2　(1) $F = q_p vB = 1.3 \times 10^{-12}$ N　　(2) $F = q_p vB \sin 30° = 6.4 \times 10^{-13}$ N

(3) $B = \dfrac{F}{q_p v \sin 60°} = 1.8$ T

問題 II.3　$v = \dfrac{q_p rB}{m} = 1.9 \times 10^6$ m/s

問題 II.4　(1) $B = \dfrac{\mu_0 I}{2\pi r} = 4.0 \times 10^{-7}$ T　　(2) $F = IlB = 4.0 \times 10^{-7}$ N

(3) $B = \dfrac{\mu_0 I}{2\pi r} = 4.0 \times 10^{-4}$ より，$r = \dfrac{\mu_0 I}{2\pi B} = 5.0 \times 10^{-4}$ m（0.50 mm）

問題 II.5　(1) $F_B = qvB$，上向き　　(2) $F_E = qE$，下向き　　(3) $v = \dfrac{I}{nqab}$

(4) $V = Eb$, ローレンツ力 F_B とクーロン力 F_E がつり合うので $E = vB$。

よって, $V = vBb = \dfrac{IB}{nqa}$

問題 II.6 (1) $v_x = v\cos\theta = 1.4 \times 10^6$ m/s, $v_y = v\sin\theta = 1.4 \times 10^6$ m/s

(2) 運動方程式 $m\dfrac{v_y^2}{r} = q_p v_y B$ より, $r = \dfrac{m}{q_p B} v_y = 7.4 \times 10^{-2}$ m

(3) $T = \dfrac{2\pi r}{v_y} = \dfrac{2\pi m}{q_p B} = 3.3 \times 10^{-7}$ s

(4) 磁場の方向へは速さ v_x の等速度運動なので, $p = v_x T = 0.46$ m

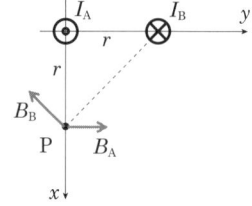

問題 II.7 (1) $F_{BA} = I_A \mathrm{d}s B_B \sin\theta = \dfrac{\mu_0 I_A I_B}{2\pi r} = 4.0 \times 10^{-7}$ N で $-y$ 方向

(2) 直線電流 A, B が点 P に作る磁場 B_A, B_B の足し合わせを考える。

$B_A = \dfrac{\mu_0 I_A}{2\pi r} = 2.0 \times 10^{-7}$ T, $B_B = \dfrac{\mu_0 I_B}{2\pi\sqrt{2}r} = 2.8 \times 10^{-7}$ T

$(B_{Px}, B_{Py}) = (-B_{Bx}, B_{Ay} - B_{By}) = \left(-\dfrac{B_B}{\sqrt{2}}, B_A - \dfrac{B_B}{\sqrt{2}}\right) = (-2.0 \times 10^{-7}, 0)$ T

第13章 電磁誘導

キーワード 電磁誘導，誘導起電力，レンツの法則，ファラデーの電磁誘導の法則

13.1 磁場中を動くコイル　Basic

1820年，エルステッドは電流が磁場を生み出すことを発見した（☞第10章）。それまで，電気学と磁気学は独立したものと考えられていたが，両者が関連することが明らかになった。何事も対称なのが自然の摂理だから，磁場から電流を生み出すことも可能だろう，と科学者達が考えたのも当然である。しかし，その試みはことごとく失敗した。結局，10年以上後の1831年，アメリカのヘンリーとイギリスのファラデーがほぼ同時に「磁石を使い電流を生み出す」ことに成功した。彼らは，電流を生み出すためには磁石または導線を動かす必要がある，ということに気づいたのだ。

本節では，磁場中をループコイルが動くとき，そこに電流が生じることを示そう。まず，図13.1のように一巻きのループコイルが紙面に垂直で一様な磁場中を左から右に運動する場合を考えよう。コイル中の電子は図のように上向きに❶□□□□□□を受ける。しかし，右から上に行こうとする電子と左から上に行こうとする電子が押し合い，力がつり合うため電子は動けず，電流は流れない。

次に，図13.2のようにループコイルが紙面に垂直で徐々に弱くなる磁場中を左から右に運動する場合を考えよう。

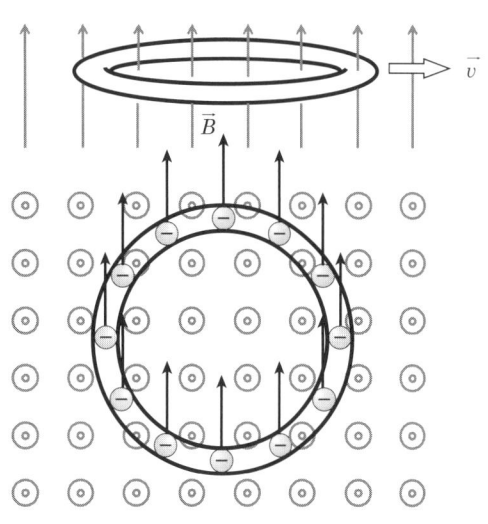

図13.1 紙面に垂直で均一な磁場中を動くループコイル
すべての電子がローレンツ力により上向きの力を受ける。

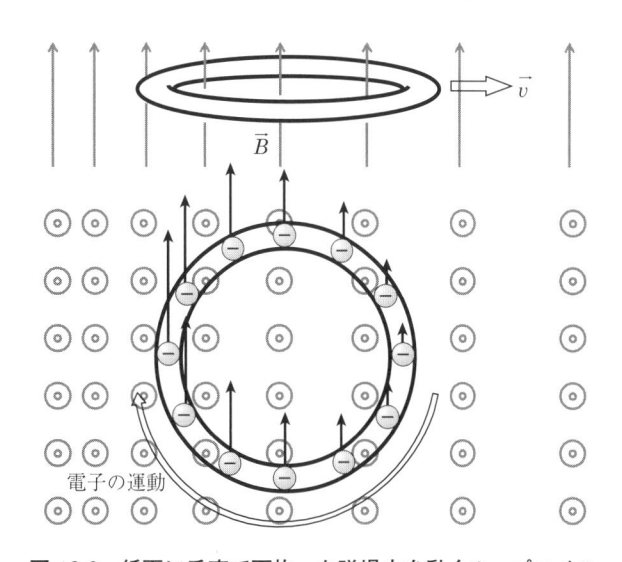

図13.2 紙面に垂直で不均一な磁場中を動くループコイル
すべての電子がローレンツ力により上向きの力を受けるがその大きさは場所により異なる。左側の電子がより強く力を受けるため，電子は全体として時計回りに回転をはじめる。

第13章●電磁誘導　109

コイル中の電子は❷[　　　　　]を受けるが，受ける力の大きさはコイルの左側の方が右側より❸[　　　]。その結果，コイル内の電子は正味で時計回りに動く力を受けるため，電流が流れる。

ここで大切なことは，**電流が流れるためにはコイルが不均一な磁場の中を運動する必要がある**ということである。言い換えると，コイルを貫く❹[　　　　]の大きさが時間的に変化するときに電流が流れる。この現象を❺[　　　　　]とよぶ。

さて，次に，動くコイルと同じスピードで動きながら，この現象を見てみよう。この立場から見るとコイルが静止していて磁束の源が遠ざかっているように見えるが，見方を変えただけなので電流は流れる。すなわち，コイルが静止していて磁石が遠ざかる場合でも電流は流れる。では，この場合は電子を駆動している力は何なのだろうか。

第8章で紹介した❻[　　　　]の法則：$\vec{i} = \sigma \vec{E}$ より，静止した導線に電流が流れているということは，そこに❼[　　　　]が存在しているということである。したがって，静止したループコイルが❽[　　　　]磁場中にあるとき，コイルに沿って❾[　　　　]が発生する。「屁理屈」と思う諸君もいるかもしれないが，これが現実である。したがって，観測される現象から「**静止したループコイルが変化する磁場中にあるとき，コイルに沿って電場が発生する**」ということを認めよう。

物理学には「相対性の原理」とよばれる信念がある。それは，「物理現象は誰の立場で見ても同じに見える」というものだ。たしかに，静止した人も，コイルとともに動く人も，電流が流れるという同じ現象を見る。しかし，その原因が異なっていてもよいのだろうか。この問題を深く考察したアルバート・アインシュタインは，1905年に「運動する物体の電気力学について」という控えめな題目の論文を発表した。これが，後に「特殊相対性理論」とよばれる，我々の住む世界の理解を根本から変えた新理論であった。つまり，電磁誘導の理由を知るためには特殊相対性理論を理解する必要がある。本書では，「そういうもの」と理解しておいて，観測される事実からスタートしよう。

基本 問題 13.1　【磁場中を動くコイル】

図は，真上から見たループコイルである。紙面を垂直に貫く磁束が，周辺から円の中に入ってくるように変化している。このとき流れる電流の方向を答えよ。

ヒント　磁束の上に乗って，コイルがそれぞれの場所でどちらに動いているように見えるかを考えると，コイル中の荷電粒子の動く方向がわかる。

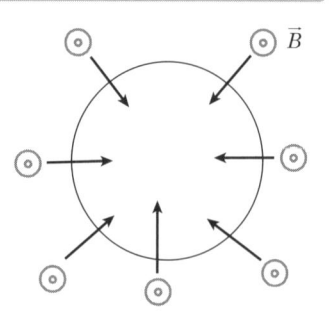

(注：矢印は磁束の動く方向で，磁場ベクトルではない)

13.2 誘導起電力　Basic

図 13.3 は一巻きの長方形のコイルであり，右半分と左半分がそれぞれ異なる磁場の中にある。磁場は紙面に垂直で，大きさは左側が B_1，右側が B_2 としよう。

コイルは右方に一定の速度 $\vec{v}$ で動いている。コイルの 4 辺を a, b, c, d とすると，辺 b と d の電子に働くローレンツ力は導線の方向に❿[　　]なので考えなくてもよい。辺 a，c の電子に働くローレンツ力はそれぞれ $\vec{F}_a =$ ⑪[　　], $\vec{F}_c =$ ⑫[　　] である。ところが，コイルとともに動く人からはこれが電場に見える。荷電粒子の受ける力と電場の関係は，電場を $\vec{E}_1$, $\vec{E}_2$ として，$\vec{F}_a =$ ⑬[　　], $\vec{F}_c =$ ⑭[　　] だから

辺 a：$\vec{v} \times \vec{B}_1 = \vec{E}_1 \rightarrow E_1 =$ ⑮[　　]

辺 c：$\vec{v} \times \vec{B}_2 = \vec{E}_2 \rightarrow E_2 =$ ⑯[　　]

の関係が成立する。つまり，辺 a，c には大きさ vB_1, vB_2 の一定の❼[　　]が存在する。この電場をコイルに沿って積分したものを⓲[　　]とよぶ。

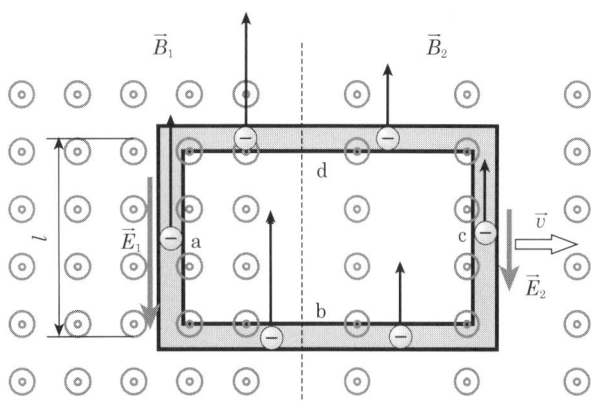

図 13.3　変化する磁場中を運動する長方形のコイル
コイルに乗った人には，右辺，左辺それぞれに大きさの異なる，ループに対して逆向きの電場が発生したように見える。

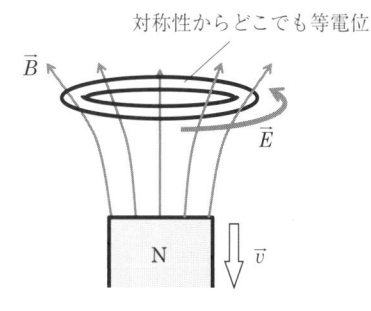

図 13.4　誘導起電力
誘導起電力が存在すると，第 5 章で習った電場とポテンシャルの関係：
$\Delta V = V_B - V_A = -\int_A^B \vec{E} \cdot d\vec{s}$ が成立しなくなる。

誘導起電力は [⑲　] の単位をもつが，ポテンシャルではないことに注意しなくてはならない。例えば，円形の導線が，軸対称で時間的に変化する磁場の中にあるとき，電磁誘導によってコイルに沿って⓴[　　]が発生する。しかし，対称性の議論からいって，「どこの電位が一番高いか」ということを決定できないことは明らかだろう。「起電力」は電荷を動かす原動力だが，その源は他の電荷のクーロン力ではない。身近なところでは，乾電池が起電力をもつ装置である（図 13.5）。正極と負極には 1.5 V の電位差があるが，乾電池の中では電子は㉑[　　]極から㉒[　　]極に，本来ならあり得ない向きに動いている。その原動力になっているのが化学エネルギーで，いま議論している誘導起電力は，外部の仕事（力学的エネルギー）が電荷を動かしているのである。

---

❶ ローレンツ力

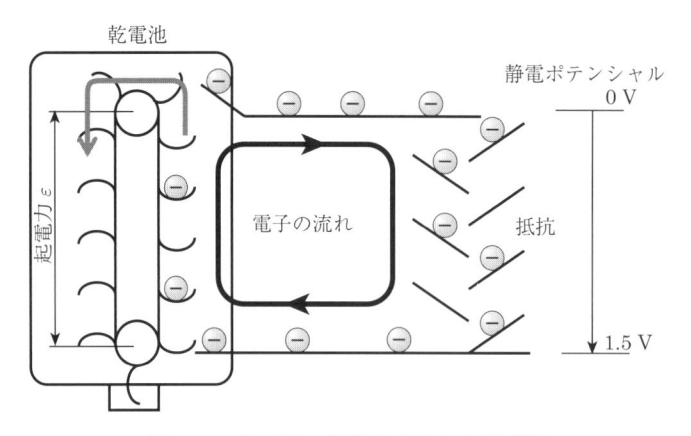

図 13.5 乾電池の起電力を表した模式図

電池の外では，電子はポテンシャルエネルギーの低い方（電位の高い方）に自然に流れるが，電池の中では化学エネルギーが電子を汲み上げる仕事をしている。電子は負電荷なので，エネルギーとポテンシャルが逆方向になることに注意しよう。

基本 問題 13.2 【誘導起電力】

図のように，一様な磁場 $B = 4.0 \times 10^{-3}$ T の中を長さ $L = 0.10$ m の導線が磁場に垂直に速さ $v = 2.0$ m/s で動いている。このときの誘導起電力 V を求めよ。

解答

図の磁石の極性より，磁場の方向は ⓐ ☐ から ⓑ ☐ 向きになる。このとき，導線内の電荷量 e の電子が受けるローレンツ力は向きが ⓒ ☐ から ⓓ ☐ の方向で，大きさは $F_B =$ ⓔ ☐ となる。

これにより，導線中の電子が移動し ⓕ ☐ から ⓖ ☐ の方向に電場 E が作られる。この電場によって電子が受けるクーロン力の大きさは $F_E =$ ⓗ ☐ となる。ローレンツ力とクーロン力がつり合うとき，$evB = eE$ すなわち $E =$ ⓘ ☐ となると電子の移動が止まる。このときの A，B 間の電位差は ⓙ ☐ なので，誘導起電力は $V =$ ⓚ ☐ と表される。数値を代入して，$V =$ ⓛ ☐ V となる。

発展 問題 13.3 【発電機】

図は，発電機の原理を表したものである。回転可能なコイルが一様な磁場 B の中にある。コイルを外力で回転させると，コイルに電場が生じ，回路につなぐと電流が流れる。コイルの半径を r，角速度を ω として，以下の問いに答えよ。

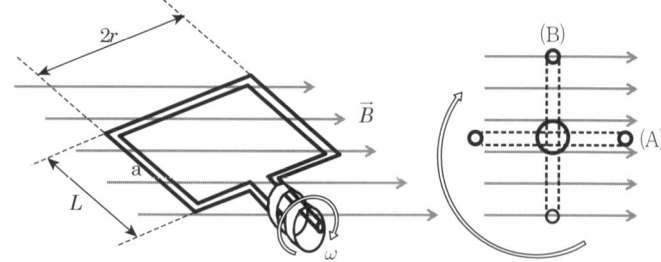

(1) コイルが図の(A)の位置にあるとき，コイルの辺 a に生じる誘導起電力 V を求めよ。
(2) コイルが図の(B)の位置にあるとき，コイルの辺 a に生じる誘導起電力 V を求めよ。
(3) (1)，(2)の結果から発生するのは交流の電圧であることがわかる。その周波数 f を求めよ。

13.3 ファラデーの電磁誘導の法則　Basic

ファラデーは，閉じたループの導線に発生する誘導起電力と内部を通過する磁束の時間変化率の間に以下の関係が成り立つことを発見した。これをファラデーの㉓[　　　]の法則という。

> **法則**　ファラデーの電磁誘導の法則
>
> 周回路に生じる誘導起電力 ε はその周回路を貫く磁束 Φ_m の時間変化率と以下の関係にある。
>
> $$\varepsilon = -\frac{d\Phi_m}{dt}$$

⚠ 符号のマイナスは，あとで説明するレンツの法則と関係する（☞次ページ）。また，なぜこれを「ファラデーの法則」と単純によばないかというと，電気化学の分野にも「ファラデーの法則」があり，それと区別するためである（☞コラム 115 ページ）。

ここで，周回路で生じる誘導起電力とは，任意の経路に沿って電場 $\vec{E}$ を周回積分したもの（$\varepsilon = \oint \vec{E} \cdot d\vec{s}$）である。ここで，周回積分路は導線に沿った経路に限らないことに注意すべきである。いままでは，誘導起電力は導線に電流が流れる，という現象から議論してきた。しかし，導線のかわりに1つの電子を置いたらどうなるだろうか。1つの電子を導体中の電子と区別する理由はないから，やはり電子は力を受けるだろう。すなわちそこには電場が存在する。したがって，「変化する磁場は何もない空間に電場を生む」のである。閉回路を貫く磁束を磁束密度で書き直せば，ファラデーの電磁誘導の法則は以下のようになる（図 13.6）。

$$\oint \vec{E} \cdot d\vec{s} = -\frac{d}{dt} \iint \vec{B} \cdot d\vec{A}$$

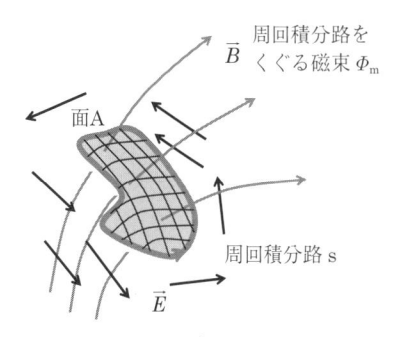

図 13.6　ファラデーの電磁誘導の法則
周回積分路に沿って $\vec{E}$ を積分したものは，その中をくぐる $\vec{B}$ の積分値の時間変化率に等しい。

図 13.3 の系でファラデーの電磁誘導の法則が成り立つことを確認しよう。図 13.3 の系における誘導起電力 ε は，左回りに積分すると

---

❷ ローレンツ力　❸ 強い　❹ 磁束　❺ 電磁誘導　❻ オーム　❼ 電場　❽ 変化する
❾ 電場　❿ 垂直　⑪ $-e\vec{v} \times \vec{B}_1$　⑫ $-e\vec{v} \times \vec{B}_2$　⑬ $-e\vec{E}_1$　⑭ $-e\vec{E}_2$　⑮ vB_1　⑯ vB_2
⑰ 電場　⑱ 誘導起電力　⑲ V　⑳ 電場　㉑ 正　㉒ 負

$$\varepsilon = \oint \vec{E} \cdot d\vec{s} = E_1 l - E_2 l = ㉔\boxed{}$$

となる。一方、コイルをくぐる磁束の時間変化率は、毎秒右側から取り込む磁束が $\Phi_{m2} = \iint \vec{B} \cdot d\vec{A} = vlB_2$ で、左側から逃がす磁束が $\Phi_{m1} = \iint \vec{B} \cdot d\vec{A} = ㉕\boxed{}$ なので、

$$\frac{d\Phi_m}{dt} = \Phi_{m2} - \Phi_{m1} = vlB_2 - vlB_1 = ㉖\boxed{}$$

となり、たしかに、ファラデーの電磁誘導の法則 $\varepsilon = -\dfrac{d\Phi_m}{dt}$ が成り立っている。

さて、ファラデーの電磁誘導の法則に関連して、

「電磁誘導で発生する誘導起電力」と「閉回路をくぐる磁束」の関係は、誘導起電力によって流れる電流が磁束の変化を妨げる方向である。

という重要な法則がある。これを ㉗ ☐ の法則という。

レンズの法則を具体例で見てみよう。図13.7のように、"コ"の字型の導体レールとその導体レールをまたぐ1本の導体棒があり、レールに垂直な磁場が図のように下から上の向きに存在するとしよう。導体棒を左から右に滑らしていくと、導体レールと導体棒でできた閉回路に囲まれる磁束の量は ㉘ ☐ する。このとき、レンズの法則から、電流の向きは磁束の変化を ㉙ ☐ 向き、すなわち ㉚ ☐ となる。このことは、棒の荷電粒子に働くローレンツ力から考えても確認できる。

誘導電流が作る磁場

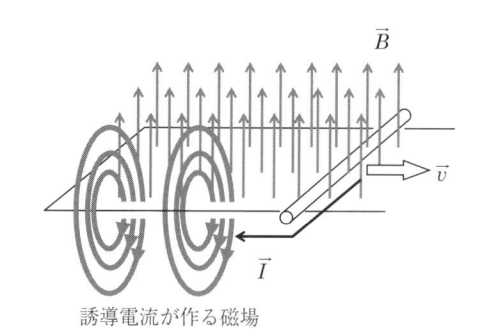

図13.7 "コ"の字型レールの上を滑る導体棒
時間とともにループが囲む磁束の量は増える。したがって、レンズの法則から誘導電流は磁束の増加を妨げるように流れなくてはならない。

ここで、誘導電流の方向がレンズの法則と逆ならエネルギー保存則に反することを示そう。図13.8のように、固定された磁石の近くでループ状の導体を動かすことを考える。導体を磁石に近づけるとループに ㉛ ☐ が流れ、㉜ ☐ が発生する。本来ならレンズの法則から磁場はコイルが磁石に近づくのを妨げるが、それが逆だとコイルは加速される。すなわち、磁場から運動エネルギーが取り出せた。帰りはループを切断すればコイルは抵抗なく元の位置に戻るから、これをくり返せばいくらでもエネルギーを取り出すことが可能で、これはエネルギー保存則に反する。物理の法則は、コイルが遠ざかれば磁石を吸引する誘導磁場が、コイルが近づけば磁石に反発する誘導磁場が発生することを要求しているのだ。ファラデーの電磁誘導の法則の負号は、この意味を込めてつけられているのである。

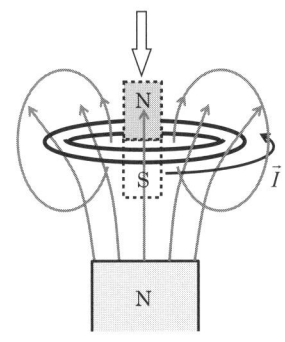

ループを押すと,磁石に引き寄せられる(磁石に仕事をさせる)　　ループを切断すれば,抵抗なく元の位置に戻せる

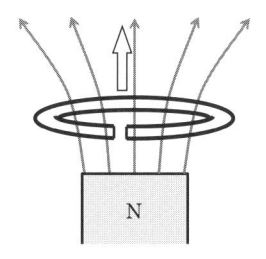

図 13.8　レンツの法則が逆なら永久機関が成立してしまうことを示す図
ループコイルを押したとき流れる誘導電流が,コイルを磁石に引き寄せる磁場を発生させるとしたらどうなるだろうか。

マイケル・ファラデー
Michael Faraday (1791〜1867)

　イギリスの物理学者・化学者。ロンドン近郊のニューイントン・バッツにある大変貧しい鍛冶屋(かじや)に生まれた。ファラデーは満足に学校へ通うことができなかったが12歳頃からはじめた製本屋の手伝いの中で、さまざまな書物を読み、自学自習し製本技術も習得した。その後、ファラデーは研究所で働きながら、さまざまな発見を成し遂げていく。中でも1831年の電磁誘導の発見は電磁気学の発展に大きく貢献した。

　ファラデーは今日使われている専門用語も多く創出している。電極(electrode, ギリシャ語の「電気の道」に由来),陽極(anode,「高い道」),陰極(cathode,「低い道」),電気分解(electrolysis,「電気によって解き放つこと」)は、ファラデーが名づけた専門用語である。また、ファラデーは自然界の本質を視覚的にとらえる天才でもあった。今日我々が使っている電気力線もファラデーの発明である。

　ファラデーの才能は化学分野でも発揮された。はじめて気体の液化に成功したのも(1823年)、ベンゼンを発見したのも(1825年)ファラデーであり、1833年には電気分解の法則も発見している。

　このように多くの業績をあげたファラデーへはさまざまな賞や地位が与えられようとしたが、彼はナイトの称号さえも辞退した。王立協会の会長就任を強く要望されたときも「自分は最後までただのマイケル・ファラデーでいなくてはいけないのだ」といって辞退したそうである。偉業を成し遂げた大科学者になってもなお、貧しいからこそ真理を純粋に探究し続けられた青年の頃の喜びと苦労を忘れてはいなかったのであろう。ファラデーの生家は経済面の苦しさはあっても、信仰深く心豊かで親子仲のよい家庭であったようだ。ファラデー自身が築いた家庭には子供はいなかったが、8歳年下の妻サラとの結婚生活を大変幸せに送ったそうである。

問題 13.4　【レンツの法則】

図のように磁場を変化させるとき，ループコイルに流れる電流の向きはa, bのどちらか。

(1) S極を近づけたとき　(2) NとS極の間に近づけたとき　(3) スイッチを入れた直後

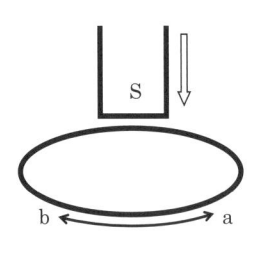

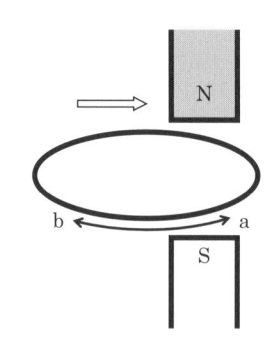

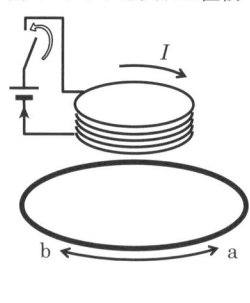

問題 13.5　【レンツの法則】

棒磁石の作る磁場を磁束線で表すと図のようになる。この棒磁石を，このままの姿勢を保ったままループコイルの中を一定の速さでくぐらせる。ループコイルに誘導される電流を時間の関数で表すグラフの概形を描け。ただし，図のaの方向を正の電流とする。

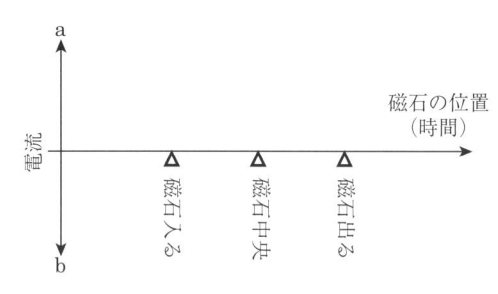

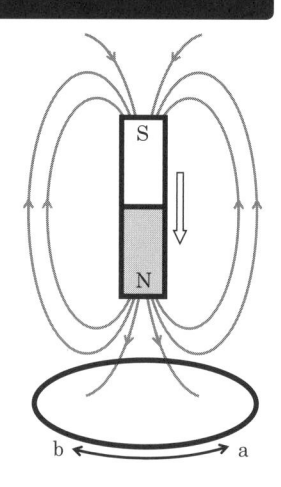

問題 13.6　【磁場中を動く導体の電磁誘導】

図 13.7 の系において，導体レールの間隔が $L = 50$ cm で導体棒が $v = 5.0$ m/s で右向きに動いている。磁場は導体レールの下から上向きで，均一に $B = 1.0$ T とする。このとき，ループに発生する誘導起電力の大きさ ε を求めよ。

問題 13.7　【磁場中を動く導体の電磁誘導】

図 13.7 の系において，導体棒が自由に動けるようにしておき，上向きの磁場を減らしていく。すると，導体棒は図の右方向に動き出した。この理由をレンツの法則から説明せよ。また，この現象を，誘導起電力により発生する電流の方向から説明せよ。

解答

レンツの法則から，誘導起電力は閉回路を貫く❶□□□の変化を❷□□□方向である。多くの場合，結果として電流が流れるが，コイルが自由に変形できるときはコイルの❸□□□を変えることでも磁束の変化を打ち消せる。問いの場合は，棒が図の右方向に動くことでループを囲む磁束の変化を打ち消そうとする。

同じ現象を誘導起電力により発生する電流の方向から考える。コイルを囲む磁束の変化を打ち消すためには ⓓ □ 回りの電流が流れればよい。棒の部分では ⓔ □ から ⓕ □ となるが，ローレンツ力の向きは $\vec{F} = I\mathrm{d}\vec{s} \times \vec{B}$ で棒を右向きに押す力となる。

基本 問題 13.8　【コイルの誘導起電力】

$N = 200$ 回巻きのコイルを貫く磁束 Φ_m が毎秒 3.0×10^{-3} Wb だけ変化する。コイルの両端に生じる誘導起電力の大きさ ε を求めよ。

基本 問題 13.9　【一巻きコイルの誘導起電力】

1辺 $L = 0.10$ m の正方形の一巻きコイルがある。このコイルに，時刻 t が 0 s から 5.0 s の間に，磁場の大きさ B が 0 T から 10 T まで直線的に増加する一様な磁場をコイル面と垂直に加えた。以下の問いに答えよ。
(1) $t = 5.0$ s でのコイル内部の磁束 Φ_m を求めよ。
(2) コイルに生じる誘導起電力の大きさ ε を求めよ。

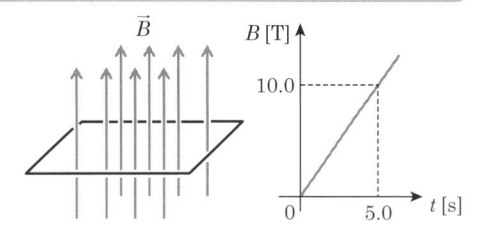

解答

問題 13.1　磁束を固定して導線が動いていると考えると，正の荷電粒子の動く方向が判定できる。この場合は時計回りで，電流もその方向となる。

問題 13.2　ⓐ 上　ⓑ 下　ⓒ B　ⓓ A　ⓔ evB　ⓕ B　ⓖ A　ⓗ eE　ⓘ vB　ⓙ EL　ⓚ vBL　ⓛ 8.0×10^{-4}

問題 13.3　(1) $V = vBL = r\omega BL$　(2) $V = 0$　(3) $f = \dfrac{\omega}{2\pi}$

問題 13.4　(1) b　(2) a　(3) a

問題 13.5　ループをくぐる磁力線は下向き→上向き→下向きの順に変化する。変化が一番激しいのはちょうど磁石が入る瞬間と出る瞬間のあたりで，対称性の議論から磁石の中央では磁場の変化はほとんどない。
以上より，レンツの法則と「誘導起電力は磁場の時間変化率に比例する」ことを考えれば，右のようなグラフが描ける。

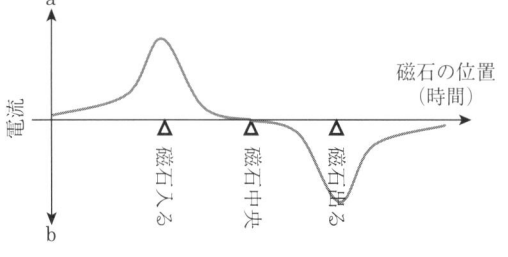

問題 13.6　$\varepsilon = LvB = 2.5$ V

問題 13.7　ⓐ 磁束　ⓑ 妨げる　ⓒ 面積　ⓓ 反時計　ⓔ 手前　ⓕ 奥

問題 13.8　$\varepsilon = N\dfrac{\mathrm{d}\Phi_\mathrm{m}}{\mathrm{d}t} = 0.60$ V

問題 13.9　(1) $\Phi_\mathrm{m} = BL^2 = 0.10$ Wb　(2) $\varepsilon = \dfrac{\mathrm{d}\Phi_\mathrm{m}}{\mathrm{d}t} = 2.0 \times 10^{-2}$ V

㉔ $vl(B_1 - B_2)$　㉕ vlB_1　㉖ $vl(B_2 - B_1)$　㉗ レンツ　㉘ 増加　㉙ 妨げる　㉚ 時計回り　㉛ 電流　㉜ 磁場

第14章 インダクタンスとエネルギー

キーワード インダクタンス，相互インダクタンス，磁場のエネルギー

14.1 ループ電流に蓄えられるエネルギー　Basic

第13章では，レンツの法則がエネルギー保存則で説明できることを述べた。磁場中でループコイルを動かすときには常に抵抗力が働くが，同時に，抵抗力に逆らう仕事が電流のエネルギーに変換される。つまり，電流はエネルギーを蓄えることができるのだ。本節では電流が磁気的エネルギーを蓄えることを証明し，「**インダクタンス**」という物理量を定義しよう。

電気抵抗がなく，時間変化しない電流 I（定常電流）の流れている長さ l で一巻きのループコイルを考えよう。いま，コイルを貫く磁束が Δt の間に $\Delta \Phi_\mathrm{m}$ だけ増加したとすると❶[　　　　]によって誘導起電力が発生し，電流は ΔI だけ増す（図 14.1）。❷[　　　　　　]定理から誘導起電力がした仕事が新たに蓄えられるエネルギーに等しく，それは増加した電流に蓄えられていると考えられる。

ファラデーの❸[　　　]の法則から，ループをくぐる磁束の時間変化率とループ一周の誘導起電力の大きさ ε の関係は

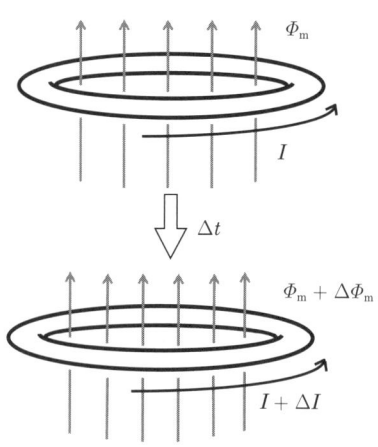

$$\varepsilon = \text{④}\boxed{}$$

図 14.1 ループ電流に蓄えられるエネルギー
一巻きのループコイルをくぐる磁束が Δt 間に $\Delta \Phi_\mathrm{m}$ だけ増加すると，電流は ΔI だけ増加する。

である。導線に沿った電場の大きさ E は誘導起電力 ε をループの長さ l で割って，$E = \varepsilon/l$ と表せる。

一方，電流を速さ v で動く正電荷 q をもつ荷電粒子の集団と考えると，荷電粒子の速さ，電荷と電流素片の大きさ Idl の関係は $qv = Idl$ である（☞10.2 節）。荷電粒子は電場から力を受け，その結果速さが v から $v + \Delta v$ に変化する（つまり電流が増加する）。Δt が小さいとき，その間の速度変化は小さいので，電場が荷電粒子を押す仕事 ΔW，すなわち ［力 qE］×［移動した距離 $v\Delta t$］は，

$$\Delta W = \text{⑤}\boxed{}$$

となる（図 14.2）。これをループに沿って一周積分すれば，電場が Δt の間にした仕事が得られる。

$$\Delta W = \oint EIdl\Delta t = \text{⑥}\boxed{} = \varepsilon I\Delta t$$

ジュール熱は発生しないから，仕事・エネルギー定理より，この仕事は電流（または磁気）のエネルギー ΔU_m として❼$\boxed{}$に蓄えられたと考えられる。$\Delta U_\mathrm{m} = -\Delta W$ と $\varepsilon\Delta t = \text{⑧}\boxed{}$ の関係を用いれば，

$$\Delta U_\mathrm{m} = -\Delta W = -\varepsilon I\Delta t = \text{⑨}\boxed{}$$

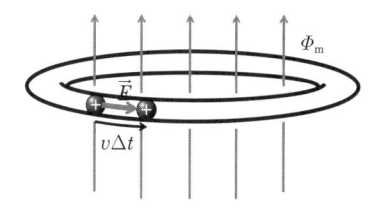

図 14.2 ループ内の電場がする仕事
電場に沿って荷電粒子が動くことで電場が仕事をする。

となり，増加したエネルギーは $\Delta\Phi_\mathrm{m}I$ と表せることがわかる。

ここで，重ね合わせの原理から，コイルの内部を貫く磁束はコイルに流れる電流に❿$\boxed{}$することに注意しよう。すなわち，比例定数を L として，

$$\Phi_\mathrm{m} = LI$$

と書ける。この比例定数 L をコイルの⓫$\boxed{}$という。インダクタンスの単位は [H]（ヘンリー）であり，[H] = [⑫$\boxed{}$] である。インダクタンス L を使い ΔU_m を書き直すと

$$\Delta U_\mathrm{m} = I(L\Delta I)$$

となる。電流をゼロから I になるまで増加させたとき，コイルに蓄えられる全エネルギーを得るには ΔU_m を足し合わせればよい。ΔI を無限に小さくすると総和が積分になり，$dU_\mathrm{m} = I(LdI)$ であるから，

$$U_\mathrm{m} = \int_0^I LIdI = \text{⑬}\boxed{}$$

を得る。これが，電流に蓄えられるエネルギーの公式である。

さて，ここでコンデンサーに蓄えられる電荷と静電ポテンシャルエネルギーの比例定数が電気容量 C と定義され，蓄えられるエネルギーが $U_\mathrm{e} = \dfrac{1}{2}CV^2$ であることを思い出そう（☞ 7.4 節）。コンデンサーに蓄えられるのが電荷のポテンシャルエネルギーなのに対して，ループコイルに蓄えられるエネルギーは⓮$\boxed{}$が担う。いわば，荷電粒子の「運動エネルギー」のようなものと考えてよいだろう（実際に蓄えられるエネルギーは荷電粒子の運動エネルギーではないことは念を押しておく）。すると，運動エネルギーとの類推から，インダクタンスは，電流が流れる素子の「質量」に相当する量ということになる。

第 14 章●インダクタンスとエネルギー　119

この類推で考えると，電気容量 C はコンデンサーの「ばね定数」ということになる。このように力学系と電磁気系には 1：1 で対応する概念があり，コイル，抵抗，コンデンサーを組み合わせて力学系のおもり，摩擦抵抗，ばねを模擬することが可能である。これを「アナログシミュレーター」とよび，計算機の登場前は広く使われていた。

ところで，インダクタンスの単位を [Wb/A] = [H] に定めると，第 10 章で紹介した真空の透磁率 μ_0 の単位が [H/m] と書けることを示そう。10.3 節で求めたように無限長直線電流が作る磁場は $B = \dfrac{\mu_0 I}{2\pi r}$ であるから，変形すれば，

$$\mu_0 = {}^{⑮}\boxed{}$$

を得る。B の単位は [Wb/m^2] であるから，B/I の単位は [Wb/m^2·A] = [H/m^2] で，μ_0 の単位は [H/m] となる。

問題 14.1 【コイルに蓄えられるエネルギー】

インダクタンスが $L = 1.0$ H のコイルに $I = 2.0$ A の電流が流れている。蓄えられているエネルギー U_m を求めよ。

問題 14.2 【コイルに蓄えられるエネルギー】

インダクタンスが $L = 4.0$ H のコイルの電流 I が 1.0 A から 4.0 A に増加した。蓄えられているエネルギーの増加量 ΔU_m を求めよ。

問題 14.3 【ループコイルのインダクタンス】

あるループコイルに $I = 1.0$ A の電流を流したところ，ループコイルを貫く磁束は $\Phi_\mathrm{m} = 3.5$ Wb であった。以下の問いに答えよ。
(1) ループコイルのインダクタンス L を求めよ。
(2) 電流を $I = 3.0$ A に増加したとき，ループを貫く磁束 Φ_m' を求めよ。

問題 14.4 【コイルに蓄えられるエネルギー】

$U_\mathrm{m} = \dfrac{1}{2} L I^2$ を変形し，コイルに蓄えられるエネルギー U_m を以下のそれぞれの量で表せ。
(1) Φ_m と I のみ　(2) Φ_m と L のみ

問題 14.5 【インダクタンスと誘導起電力】

インダクタンスが $L = 2.0$ H のコイルの電流が $\Delta t = 0.20$ 秒間に一定の割合で $\Delta I = 0.80$ A 減少した。コイルに発生する誘導起電力の大きさ ε を求めよ。

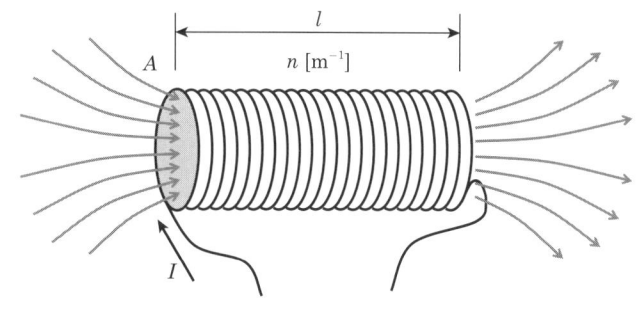

14.2 ソレノイドのインダクタンス Basic

コンデンサーの電気容量を大きくするには，極板面積を⓰_____，間隔を⓱_____すればよかった。インダクタンスの性質を利用した回路素子を⓲_____とよぶが，インダクターのインダクタンスを大きくするためにはどうすればよいだろうか。インダクタンスは電流とその電流が囲む磁束の比率だから，1本の電流が何回も磁束を巻くようにループすればインダクタンスが大きくなる。すなわち⓳_____が最も合理的なインダクターの形である（図14.3）。

図14.3 市販のインダクター
典型的な回路素子のインダクターである。たしかにソレノイドになっている。

それでは，ソレノイドのインダクタンスを計算してみよう。コイルの断面積を A，長さを l，単位長さあたり巻き数を n とする（図14.4）。インダクターが充分長いという近似において，ソレノイドの磁場の向きは⓴_____方向でかつ大きさは㉑_____と仮定でき，大きさは第12章で計算したように $\Phi_\mathrm{m}/A = B = \mu_0 nI$ である（☞12.2節）。インダクタンスの定義より，電流は磁束を㉒_____回囲むから，以下を得る。

図14.4 ソレノイドのインダクタンス

$$L = nl\frac{\Phi_\mathrm{m}}{I} = nl\frac{\mu_0 nIA}{I} = ㉓\boxed{}$$

問題 14.6 【ソレノイドのインダクタンス】

長さ $l = 0.10$ m，断面積 $A = 1.0 \times 10^{-4}$ m^2 で巻き数が $N = 100$ 巻きのソレノイドがある。このソレノイドのインダクタンス L を求めよ。

問題 14.7 【ソレノイドのインダクタンス】

長さ $l = 1.0$ cm，半径 $r = 5.0$ mm の円形断面をもったソレノイドを作る。インダクタンスを $L = 100$ mH と決めたとき，コイルは何回巻けばよいか。その巻き数 N を求めよ。

---

❶ 電磁誘導 ❷ 仕事・エネルギー ❸ 電磁誘導 ④ $-\dfrac{\Delta\Phi_\mathrm{m}}{\Delta t}$ ⑤ $qEv\Delta t$ ⑥ $EIl\Delta t$
❼ コイル ⑧ $-\Delta\Phi_\mathrm{m}$ ⑨ $\Delta\Phi_\mathrm{m}I$ ⑩ 比例 ⑪ インダクタンス ⑫ Wb/A ⑬ $\dfrac{1}{2}LI^2$
⓮ 電流

発展 問題 14.8 【トロイダルコイルのインダクタンス】

トロイダルコイルのインダクタンスについて考えよう。第12章で述べたように,トロイダルコイル内部の磁場は r の関数で表される。全巻き数 N, 内半径 a, 外半径 b, 高さ H のトロイダルコイルに電流 I が流れているとき,トロイダルコイル内部の磁場 B は $B = \dfrac{\mu_0 NI}{2\pi r}$ と r の関数で表される。以下の問いに答えよ。

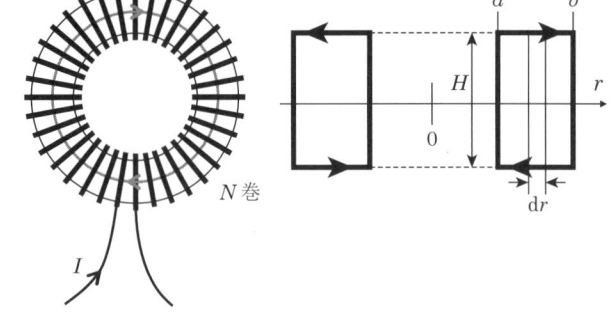

(1) トロイダルコイル内部の高さ H, 幅 dr の微小面積を貫く磁束 $d\Phi_m$ を求めよ。
(2) $d\Phi_m$ を積分してトロイダルコイルの断面を貫く全磁束 Φ_m を求めよ。
(3) トロイダルコイルのインダクタンス L を求めよ。

14.3 相互インダクタンス Basic

2つのインダクターを互いの磁場が影響を及ぼし合うように設置し,コイル1には電源を,コイル2には負荷抵抗をつなぐ。コイル1に流れる電流を変化させると,コイル2を貫く ❷□□□ が時間変化して,コイル2に ❷□□□ を与えることができる(図14.5)。第18章で詳しく述べるが,これが変圧器の原理である。インダクターはこのような目的で使われることが多いため,コイル1に流れる電流と,コイル1が作る磁場のうちコイル2を貫く磁束の比率を ❷□□□ M と定義する。M の単位はもちろんインダクタンスの単位 [H] である。相互インダクタンスはコイル2の立場から考えても同じ値をとることが知られている。すなわち,

$$M = \frac{\text{コイル2を貫く磁束 [Wb]}}{\text{コイル1の電流 [A]}} = \frac{\text{コイル1を貫く磁束 [Wb]}}{\text{コイル2の電流 [A]}}$$

である。

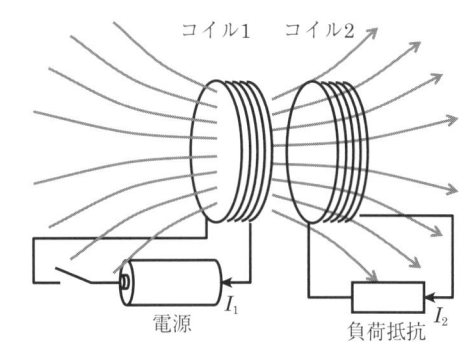

図14.5 相互誘導
2つのコイルを隣接して設置する。コイル1に電源をつなぎ,電流を変化させるとコイル2にも電流が流れる。

2つのインダクターがあり,相互インダクタンスが存在するとき,インダクターに蓄えられるエネルギーは単純に $\dfrac{1}{2}L_1 I_1^2 + \dfrac{1}{2}L_2 I_2^2$ の和とならないことに注意が必要である。なぜなら,磁束が2つのコイルを貫いていることにより,電流 I_1 によってエネルギーはインダクター1だけでなく,インダクター2にも蓄えられるからである。2つのイン

ダクター L_1 と L_2 があり，相互インダクタンスが M であるとき，蓄えられるエネルギーを求めよう．コイル1に蓄えられるエネルギーは，磁束 Φ_{m1} を用いて

$$U_{m1} = \frac{1}{2}\Phi_{m1}I_1$$

の形に書ける．ここで，コイル1を貫く磁束 Φ_{m1} は I_1 が作る磁束 Φ_{m11} と I_2 が作る磁束 Φ_{m21} を合計したものであるから，

$$U_{m1} = \frac{1}{2}(\Phi_{m11} + \Phi_{m21})I_1$$

となる．ここで，図14.6のように Φ_{m11}, Φ_{m21} をインダクタンスを使い書き直すと，

$$U_{m1} = \frac{1}{2}(L_1 I_1^2 + M I_1 I_2)$$

となる．コイル2に蓄えられたエネルギー U_{m2} も同様に計算できるから，全エネルギーは

$$U_m = U_{m1} + U_{m2} = ㉗\boxed{}$$

となり，相互インダクタンスの分だけ蓄えられるエネルギーが増える．

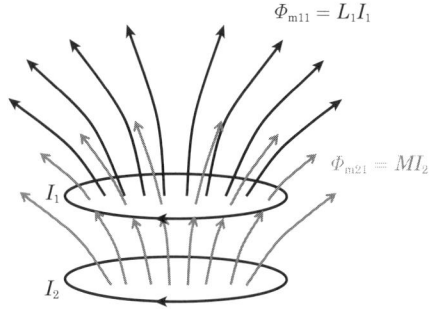

図14.6 コイル1を貫く2つの磁束
Φ_{m11} は I_1 が作る磁束で Φ_{m21} は I_2 が作る磁束．

相互キャパシタンス

コイルの「相互インダクタンス」に対して，なぜコンデンサーに「相互キャパシタンス」という概念がないのかというと，これはコンデンサーとインダクターが，それぞれどこにエネルギーを蓄えているかの違いによる．第7章では，最後に「電場が空間にエネルギーを保持している」ことを示した．実は，磁場も同様に空間にエネルギーを保持しているのである．コンデンサーは2枚の極板の間にだけ電場が存在するので，2つのコンデンサーを近づけてもエネルギー蓄積量は変わらない．しかし，インダクターは周囲の空間を使ってエネルギーを蓄えるので，近くに別のインダクターがくるとエネルギー貯蔵効率が上がるということになる．電気力線が外にはみ出すコンデンサーを考えることもでき，このときは「相互キャパシタンス」という概念が登場する．

問題 14.9 【相互インダクタンス】

$L = 1.0$ mH のインダクターが2つ直列に接続されている．相互インダクタンスは $M = 0.10$ mH である．インダクターに $I = 1.0$ A の電流を流したとき，蓄えられるエネルギー U_m を求めよ．

---

⑮ $\dfrac{2\pi r B}{I}$ ⑯ 広く   ⑰ 狭く   ⑱ インダクター   ⑲ ソレノイド   ⑳ 軸   ㉑ 均一   ㉒ nl
㉓ $\mu_0 n^2 l A$

発展 問題 14.10 【相互インダクタンス】

図 14.5 の系において，コイル 1 のインダクタンスが $L_1 = 10$ mH，コイル 2 のインダクタンスが $L_2 = 10$ mH，相互インダクタンスが $M = 1.0$ mH である．以下の問いに答えよ．

(1) コイル 1 に $I_1(t) = 1.0 \cos t$ の電流を与えた．コイル 1 を貫く全磁束 Φ_m を時間の関数で表せ．
(2) コイル 1 が作る磁束のうち，コイル 2 を貫く全磁束 Φ_{m12} を時間の関数で表せ．
(3) コイル 2 に現れる誘導起電力 ε を時間の関数で表せ．

発展 問題 14.11 【二重ソレノイドの相互インダクタンス】

図のように，長さ l で同じ方向に巻かれた 2 つのソレノイドが同軸に配置されている．どちらも半径に対して長さが充分大きく，無限に長いソレノイドの近似が使えるものとする．内側のソレノイド a は半径 a，巻き線密度 n_a で，外側のソレノイド b は半径 b，巻き線密度 n_b である．以下の問いに答えよ．

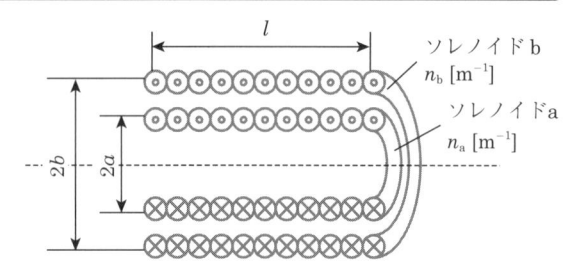

(1) ソレノイド a, b のインダクタンス L_a, L_b をそれぞれ求めよ．
(2) 「ソレノイド a が，ソレノイド b の内部に作る磁束 Φ_{mab}」という観点から相互インダクタンス M_{ab} を求めよ．
(3) 「ソレノイド b が，ソレノイド a の内部に作る磁束 Φ_{mba}」という観点から相互インダクタンス M_{ba} を求めよ．また，M_{ab} と M_{ba} は一致するか？

14.4 磁場のエネルギー　Standard

電場のある空間にはエネルギーが蓄えられていた（☞第 7 章）．電場と磁場の対称性から，磁場のある空間にもエネルギーが蓄えられているのではないだろうか．ソレノイドに蓄えられるエネルギーを解析して，磁場のエネルギーについて考えよう．

図 14.7 のように，断面積 A, 長さ l, 巻き線密度 n のソレノイドがあり，電流 I が流れているとする．蓄えられるエネルギーは，ソレノイドのインダクタンス $L = \mu_0 n^2 l A$ を用いて

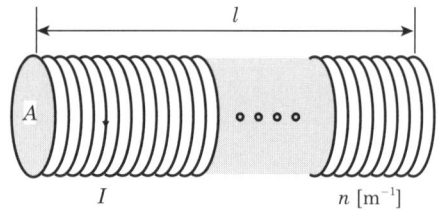

$$U_m = \frac{1}{2}LI^2 = ㉘ \boxed{}$$

図 14.7　ソレノイド内部の空間と磁場のエネルギー

となり，ソレノイドの磁場 $B = \mu_0 n I$ を組み合わせると，

$$U_m = \frac{B^2}{2\mu_0}(Al)$$

となる．これは単位体積あたりのエネルギー㉙□と磁場が存在する体積㉚□の積の形に書けることがわかる．つまり，充分長いソレノイドの場合はその面積，長さによらず，単位体積あたりに蓄えられていると考えられるエネルギーは常に $\dfrac{B^2}{2\mu_0}$ と表される．この結果は，磁場の存在するどんな空間についてもいえることが示されている．

磁場のエネルギーとは一体どんなイメージだろうか．我々は最初，磁場を「電流素片が互いに及ぼし合う力」を表すベクトルとして定義したが，発想を転換して，個々の電流素片が自らのまわりに「磁場」というばねのようなものをまとっていると考えよう．ちょうど，第6章で電荷が「電場」というばねをまとっていると考えたのと同じである．電場と違い磁場は伸びたり，縮んだりするだけではなく，ねじりの力も発生する複雑なものである．それでも，電場のエネルギーの類推で磁場のエネルギーを考えることができるのではないだろうか．

問題 14.12 【磁場のエネルギー】

均一な $B = 1.0$ T の磁場がある空間には 1.0 m³ あたりどれほどのエネルギー U_m が蓄えられているか．

問題 14.13 【ソレノイドの磁場のエネルギー】

半径 $r = 3.0$ mm，長さ $l = 10$ cm，巻き線密度 $n = 1000$ m⁻¹ のソレノイドがある．このソレノイドに $I = 1.0$ A の電流を流した．蓄えられる磁場のエネルギー U_m の大きさを求めよ．

解答

問題 14.1 $U_\mathrm{m} = \dfrac{1}{2} L I^2 = 2.0$ J

問題 14.2 $\Delta U_\mathrm{m} = \dfrac{1}{2} L (I_2^{\,2} - I_1^{\,2}) = 30$ J

問題 14.3 (1) $L = \dfrac{\Phi_\mathrm{m}}{I} = 3.5$ H

(2) $\Phi_\mathrm{m}' = LI = 3.5 \times 3 = 11$ Wb

問題 14.4 (1) $U_\mathrm{m} = \dfrac{1}{2} \Phi_\mathrm{m} I$ (2) $U_\mathrm{m} = \dfrac{1}{2} \dfrac{\Phi_\mathrm{m}^2}{L}$

（注）コンデンサーのエネルギーの公式，$U_\mathrm{m} = \dfrac{1}{2} C V^2 = \dfrac{1}{2} Q V = \dfrac{1}{2} \dfrac{Q^2}{C}$ との類似に注意しよう．

問題 14.5 $\varepsilon = \left|\dfrac{\Delta \Phi_\mathrm{m}}{\Delta t}\right| = L \left|\dfrac{\Delta I}{\Delta t}\right| = 8.0$ V

問題 14.6 $L = \mu_0 \left(\dfrac{N}{l}\right)^2 l A = 1.3 \times 10^{-5}$ H

㉔ 磁束　㉕ 誘導起電力　㉖ 相互インダクタンス　㉗ $\dfrac{1}{2}(L_1 I_1^2 + L_2 I_2^2 + 2 M I_1 I_2)$

問題 14.7 $N = l\sqrt{\dfrac{L}{\mu_0 l\pi r^2}} = 3.2\times 10^3$ 回

（注）実際にはこんなに多く導線を巻くことはできない．市販のソレノイドは，芯に透磁率の大きい材料を使い，巻き数を減らしている（☞18.2節）．

問題 14.8 (1) $d\Phi_\mathrm{m} = \dfrac{\mu_0 NI}{2\pi r} H dr$

(2) $\Phi_\mathrm{m} = \displaystyle\int_a^b \dfrac{\mu_0 NI}{2\pi r} H dr = \dfrac{\mu_0 NIH}{2\pi}\log\dfrac{b}{a}$

(3) $L = \dfrac{N\Phi_\mathrm{m}}{I} = \dfrac{\mu_0 N^2 H}{2\pi}\log\dfrac{b}{a}$

（注）電流が磁束を N 回囲んでいることを忘れずに．

問題 14.9 $U_\mathrm{m} = (L+M)I^2 = 1.1\times 10^{-3}$ J

問題 14.10 (1) $\Phi_\mathrm{m} = L_1 I_1 = 1.0\times 10^{-2}\cos t$ (2) $\Phi_{\mathrm{m}12} = MI_1 = 1.0\times 10^{-3}\cos t$

(3) $\varepsilon = -\dfrac{d}{dt}\Phi_{\mathrm{m}12} = 1.0\times 10^{-3}\sin t$

問題 14.11 (1) $L_\mathrm{a} = \mu_0 n_\mathrm{a}^2 l\pi a^2$, $L_\mathrm{b} = \mu_0 n_\mathrm{b}^2 l\pi b^2$

(2) ソレノイド a が作る磁束は $\Phi_\mathrm{ma} = \mu_0 n_\mathrm{a} I_\mathrm{a}\cdot \pi a^2$．これがすべてソレノイド b を貫く．電流は磁束を $n_\mathrm{b}l$ 回回るから，$M_\mathrm{ab} = \dfrac{n_\mathrm{b}l\Phi_\mathrm{ma}}{I_\mathrm{a}} = \mu_0 n_\mathrm{a} n_\mathrm{b} l\pi a^2$．

(3) ソレノイド b が作る磁束密度は $B_\mathrm{b} = \mu_0 n_\mathrm{b} I_\mathrm{b}$．このうち，ソレノイド a 内部を貫く磁束はソレノイド a の断面積をかけて $\Phi_\mathrm{mba} = \mu_0 n_\mathrm{b} I_\mathrm{b}\cdot \pi a^2$．相互インダクタンスは(2)と同様に計算して $M_\mathrm{ba} = \dfrac{n_\mathrm{a} l\Phi_\mathrm{mba}}{I_\mathrm{b}} = \mu_0 n_\mathrm{a} n_\mathrm{b} l\pi a^2$．両者は一致する．あらゆる場合に $M_\mathrm{ab} = M_\mathrm{ba}$ が成立する．

問題 14.12 $U_\mathrm{m} = \dfrac{B^2}{2\mu_0} = 4.0\times 10^5$ J/m^3

問題 14.13 $U_\mathrm{m} = \dfrac{B^2}{2\mu_0}\pi r^2 l = \dfrac{\mu_0 n^2 I^2 \pi r^2 l}{2} = 1.8\times 10^{-6}$ J

（別解） $U_\mathrm{m} = \dfrac{1}{2}LI^2 = \dfrac{1}{2}\mu_0 n^2 \pi r^2 l I^2 = 1.8\times 10^{-6}$ J

（ソレノイドのインダクタンス L を計算し求めても同じ結果が得られる．）

第15章 変位電流とマクスウェルの方程式

キーワード 変位電流，アンペール・マクスウェルの法則，磁場のガウスの法則，マクスウェルの方程式

15.1 変位電流とアンペール・マクスウェルの法則 Standard

前の章で，アンペールの法則は定常電流の系でしか成立しないと述べたが理由は説明しなかった（☞第11章）。本節ではまずこれを証明し，マクスウェルが発見した変位電流の概念と，拡張されたアンペールの法則について述べよう。

図15.1はコンデンサーを電源につないだ様子を示している。仮に電流が時間的に変化しないとしても，極板に蓄積される電荷が刻々と増えているから系は定常状態ではない。アンペールの法則は言葉で表せば「任意の閉回路に沿って磁場 $\vec{B}$ を線積分したものは，その経路をへりとする面を通り抜ける電流に μ_0 をかけたものに等しい」で，数式では

$$\oint_s \vec{B}\cdot d\vec{s} = \mu_0 \iint \vec{i}\cdot d\vec{A}$$

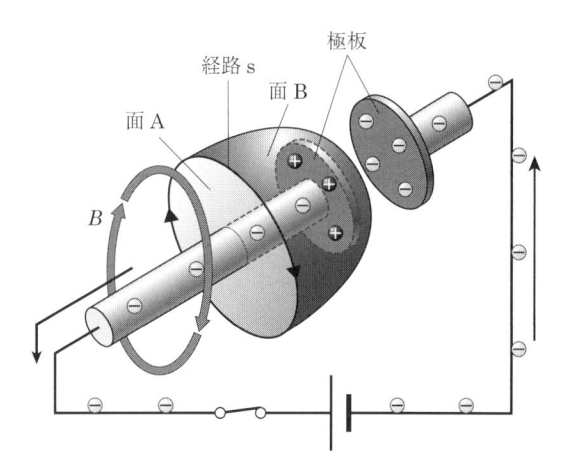

図15.1　非定常状態とアンペールの法則
電源にコンデンサーをつなぎ，アンペールの法則を適用する。経路 s に対し，それをへりとする2つの面 A, B を考える。

と表される。ここで，「経路をへりとする面」は1つとは限らないことに注意しよう。いま，経路 s をへりとする面を2つ（面A, B）考える。アンペールの法則はどちらの面に対しても等しく成立するはずである。しかし，面① □ は電流 I が貫いているのに対して，面② □ を貫く電流は存在しない。つまり，この系ではアンペールの法則が成立しない。

第3章で学んだガウスの法則は，電束 Φ_e が ❸ □ と同じ次元の物理量であることを示している。これを時間微分すると ❹ □ と同じ次元になる。マクスウェルはこの系をじっくりと観察し，「コンデンサーの極板の間に何かが流れている」という洞察を得た。たしかに，コンデンサーをブラックボックスで囲んでしまえば，電子は右から左によどみなく流れている．極板間の空間にも何かが流れていると考えるのは天才

㉘ $\dfrac{1}{2}\mu_0 n^2 l A I^2$　㉙ $\dfrac{B^2}{2\mu_0}$　㉚ Al

的な発想ではあるが理にかなったものであろう。マクスウェルは，面 B を貫く
❺□ を時間微分すると，ちょうど面 A を貫く❻□ に等しくなることを見
抜いたのである。

> 次元とは，単位とほとんど同じ意味の言葉であるが，一見異なる量が実は同じ意味を
> つかどうかを判断するというようなときに使う。例えば [N/C] が [V/m] と同じ意味であ
> ることを示したが（☞ 33 ページ），これは「[N/C] と [V/m] は同じ次元をもつ」という。

図 15.1 をもう少しわかりやすく描いたものが図 15.2 である。面 A は電流を貫く平面，面 B はコンデンサー側面を回り込み，極板を平行に横切る面とする。

いま，極板に溜まっている電荷量を Q とする。電荷 Q から発する電気力線はすべて面 B を通るとしていいから，面 B をガウス面としてガウスの法則を適用すれば

$$\Phi_e(\text{面 B}) = \varepsilon_0 \iint \vec{E} \cdot d\vec{A} = \text{⑦}\boxed{}$$

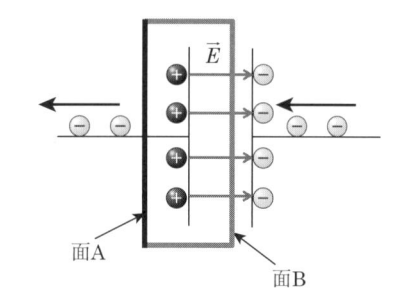

図 15.2 図 15.1 の系を側面から見たもの
面 A は平面，面 B は電気力線が垂直に貫くようにとった。

である。両辺を時間微分し，左辺を電束の時間微分として表せば，

$$\frac{d\Phi_e(\text{面 B})}{dt} = \frac{dQ}{dt}$$

となる。右辺 dQ/dt はコンデンサーに溜まる電荷量の増加率を表す。極板に溜まる電荷量は左から流れ込む電流によって供給されるから，これは流れ込む電流に等しい。たしかに，面 B を貫く電束の時間変化は面 A を貫く電流に等しいことが示された。マクスウェルは，このように電束の時間変化が電流と同じ意味をもつことを示し，これを
❽□ （電束電流ともいう）と名づけた。

定義　変位電流

変位電流 I_d は，ある面を貫く電束を Φ_e とすれば，以下のように表される。

$$I_d = \varepsilon_0 \frac{d}{dt} \iint \vec{E} \cdot d\vec{A} = \frac{d\Phi_e}{dt}$$

アンペールの法則はこの変位電流を加えれば時間変化する場合を含むどんな場合にも成り立つ。この拡張されたアンペールの法則を❾□ の法則とよぶ。

> **法則** アンペール・マクスウェルの法則
>
> 閉回路を貫く全電流を I，閉回路を貫く全変位電流を I_d とすれば，アンペール・マクスウェルの法則は以下のようになる。
>
> $$\oint \vec{B} \cdot \mathrm{d}\vec{s} = \mu_0(I + I_\mathrm{d})$$

問題 15.1 【アンペール・マクスウェルの法則】

物理の公式は，両辺のすべての項が同じ次元をもった物理量でなくてはいけない。上の議論から電束を時間微分すれば電流になることが明らかになった。電束は $\Phi_\mathrm{e} = \varepsilon_0 E A$ と表される。ここで，真空の誘電率 ε_0 [F/m]，電場 E [V/m]，面積 A [m²] である。これを時間 [s] で割ったものが電流の次元 [A] と等しくなることを示せ。

問題 15.2 【円平行板コンデンサーの磁場】

アンペール・マクスウェルの法則によれば，電束密度が時間変化すればそこには磁場が現れる。図のように無限に長い直線電流に接続された半径 a の円形極板からなる平行板コンデンサーがある。ここに定常電流 I が流れ込むとき，コンデンサーの中心から半径 r の位置の磁場の大きさ B を求めよ。ただし，以下のことを仮定する。
① 極板間の電場は均一で，極板に直交している。
② 系の対称性から磁場は周方向で中心から r における磁場の大きさは一定である。

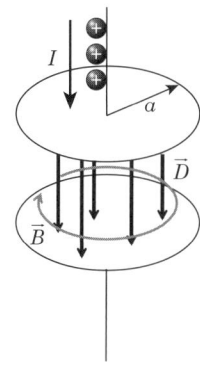

解答

極板間の変位電流は I に等しく，極板面積は ⓐ □ だから，変位電流密度は $i_\mathrm{d} =$ ⓑ □ である。よって，半径 r 内の変位電流は $I_\mathrm{d} =$ ⓒ □ と表される。半径 r の円周に沿ってアンペール・マクスウェルの法則を適用する。$\oint \vec{B} \cdot \mathrm{d}\vec{s} = 2\pi r B = \mu_0 I_\mathrm{d} =$ ⓓ □ であるから，整理して $B =$ ⓔ □ となる。

問題 15.3 【平行板コンデンサーの磁場】

半径 $a = 2.0$ cm の円形極板からなる平行板コンデンサーがあり，$I = 2.0$ A の定常電流で充電している。以下の問いに答えよ。
(1) 極板間で中心から半径 $r = 1.0$ cm の位置の変位電流 I_d を求めよ。
(2) 極板間で中心から半径 $r = 1.0$ cm の位置の磁場の大きさ B を求めよ。

---

① A ② B ❸ 電荷 ❹ 電流

発展 問題 15.4 【アンペール・マクスウェルの法則の証明】

アンペール・マクスウェルの法則が成り立っていることを平行板コンデンサーで確かめる。図 15.2 の系で，コンデンサーの面積が $A = 0.20 \text{ m}^2$，極板間の距離が $d = 1.0 \times 10^{-4}$ m として，ここに $I = 2.0$ A の定常電流が流れているとする。以下の問いに答えよ。

(1) $t = 0$ で極板に電荷はないものとする。その後のコンデンサー極板の電荷密度 $Q(t)$ を時間の関数で表せ。
(2) 極板間の電場 $E(t)$ を時間の関数で表せ。
(3) (2)で求めた電場を面積分して，面 B を貫く電束 Φ_e を求めよ。
(4) 面 B を貫く電束の時間微分が面 A を貫く電流と等しいことを示せ。

15.2 磁場のガウスの法則 Basic

ここまで，我々はほぼ電磁気学の発見の歴史に沿って話を進めてきた。そして，所々で電場がしたがう法則と磁場がしたがう法則に「対称性」と「関連性」があることに気づいた。我々はなぜ電荷が存在するのか，なぜ電荷同士が及ぼす力がクーロンの法則にしたがうのか，これは説明できないので認めるというところから出発した。そして，ガウスの法則：

$$\varepsilon_0 \oiint \vec{E} \cdot d\vec{A} = Q$$

はそこから自動的に導かれる定理であった。では，磁場 $\vec{B}$ に対してガウスの法則を適用したらどうなるのだろうか。電場と磁場の対称性から，以下のような関係が成り立つことが推測される。

$$\oiint \vec{B} \cdot d\vec{A} = Q_m$$

ここで，Q_m は電荷に対応する❿ □ という物理量で，電気力線が電荷から発するように⓫ □ を発するはずで，単位はもちろん [⓬ □] である。

> 上式に「μ_0」がつかないのは，我々が単位系をそう選んだからである。我々が使っている MKSA 単位系は，電磁気学の唯一の単位系ではない。むしろ，数ある物理分野の中でも単位系がもっとも複雑なのが電磁気学といってもよい。

ところが，この磁荷なるもの（たぶん，素粒子だろう）は現在に至るまで発見されていない。一方，電流が作る磁場に対しては常に

$$\oiint \vec{B} \cdot d\vec{A} = 0$$

が成り立つことを指摘しておこう。これは，電流が作る磁束が同心円状に電流を回ってつながっているためで，電流が作る磁束には始点も，終点もないからである。始点も終

点もない磁束線を閉曲面で積分すれば，面の外から入ってきた磁束線は必ず面の外へ出ていくので，積分は常に❸□となる。現代では最小の磁石が原子であること，そしてそれがループ電流であることもわかっている。ループ電流の作る磁場は3次元的には図15.3のようなものだから，やはりこれもすべてつながっていて端点がない。

したがって，我々は今のところ，すべての磁場は❹□が起源で，それゆえあらゆる場合に上の関係式が成立する，と結論づけてよいだろう。

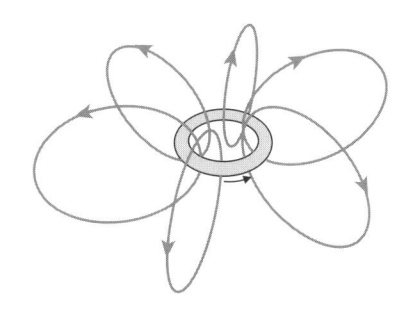

図15.3 ループ電流のまわりの磁場を立体的に表したもの
ループ電流の作る磁場は，すべてつながっていて端点がない。

問題 15.5 【磁場のガウスの法則】

図のような立方体の領域を考える。底面から入る磁束が $\Phi_m = 1.0$ Wb だったとき，残りの5面から飛び出す磁束の総量 Φ_m' を求めよ。

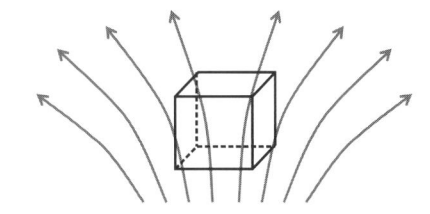

問題 15.6 【磁場のガウスの法則】

図のように一様磁場 $\vec{B} = (2\vec{i} + 3\vec{j} + 4\vec{k})$ [T] 内に1辺 $L = 0.50$ m の立方体が，原点Oに頂点が，x, y 軸に2辺が接した状態で置いてある。以下の問いに答えよ。
(1) 面Aを通過する磁束 Φ_{mA} を求めよ。
(2) 立方体の6面を通過する磁束の総量 Φ_m を求めよ。

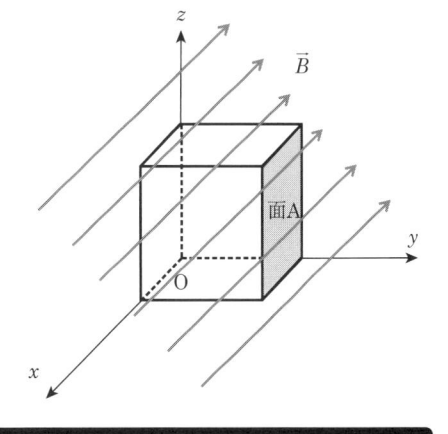

問題 15.7 【磁場のガウスの法則の証明】

本書の説明では，磁場を閉曲面で積分すると，必ずゼロになることが定量的に示されていない。以下の考察から，「磁荷が存在しなければ，必ず $\oiint_A \vec{B} \cdot d\vec{A} = 0$」であることを証明せよ。

① 閉曲面Aと，その周囲を回る経路Cを考える。
② 閉曲面Aを，経路Cで分断して曲面A1と曲面A2に分ける。
③ 経路Cに沿った起電力と，経路Cをへりとする面を貫く磁束の関係を数式で表す。

---

❺ 電束　❻ 電流　⑦ Q　❽ 変位電流　❾ アンペール・マクスウェル

④ 経路 C をへりとする面は無数に考えられるが，特に，曲面 A1 と A2 を考える。ここで，「曲面 A1 を貫く磁束の変化率と曲面 A2 を貫く磁束の変化率は符号が反対で等しい大きさ」であることと，「無限の過去にはこの場所には磁束がなかったはずである」という事実から，$\oiint_A \vec{B} \cdot d\vec{A} = 0$ を示せ。

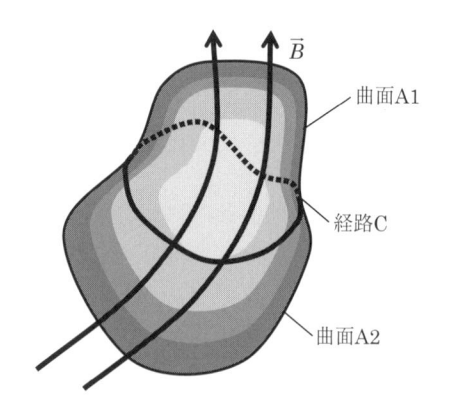

15.3 マクスウェルの方程式 Standard

変位電流を発見したマクスウェルは，今までに発見されてきた電磁気学の諸法則は電場と磁場に対して対称な 4 つの方程式にまとめられることに気づいた。

> **法則** マクスウェルの方程式
>
> ・ガウスの法則（☞第 3 章）
>
> （⑮ [____] が電場を発するということ）
>
> $$\oiint \vec{E} \cdot d\vec{A} = \frac{Q}{\varepsilon_0} \tag{M.1}$$
>
> ・磁場のガウスの法則（☞第 15 章）
>
> （⑯ [____] を発する粒子がないということ）
>
> $$\oiint \vec{B} \cdot d\vec{A} = 0 \tag{M.2}$$
>
> ・ファラデーの電磁誘導の法則（☞第 13 章）
>
> （電場が磁場の ⑰ [____] から生まれるということ）
>
> $$\oint \vec{E} \cdot d\vec{s} = -\frac{d}{dt} \iint \vec{B} \cdot d\vec{A} \tag{M.3}$$
>
> ・アンペール・マクスウェルの法則（☞第 15 章）
>
> （磁場が電荷の ⑱ [____] と電場の ⑲ [____] のどちらからも生まれるということ）
>
> $$\oint \vec{B} \cdot d\vec{s} = \mu_0 I + \varepsilon_0 \mu_0 \frac{d}{dt} \iint \vec{E} \cdot d\vec{A} \tag{M.4}$$

これら 4 つの方程式はいずれもここまでに登場したものである。しかし，電磁気学におけるあらゆる現象が 4 つの方程式で記述できることを示したのはマクスウェルが

はじめてであり，この功績をたたえてこれら4つの方程式を
⑳ □ とよぶ。

> マクスウェルが示したものはもっと複雑なものであったが，後年ヘヴィサイドやヘルツらにより4つの式にまとめられた。

神様は対称な世界が好き？

マクスウェルの方程式を見て気がつくのは，「電場に関する2つの方程式 (M.1), (M.3)」と「磁場に関する2つの方程式 (M.2), (M.4)」の美しい対称性である。統計物理の始祖ボルツマンはマクスウェルの方程式を見て，「神の創った芸術品である」といったそうである。もっとも，磁場には電荷に相当する磁荷がないため方程式は完全に対称ではない。20世紀の物理学者ディラックは，「神がこのような非対称を好むわけがない」と磁荷の存在を予言した（S極またはN極のみをもつ磁石ということで「単極磁荷」または「モノポール」とよばれることが多い）。磁荷はまだ見つかっていないが，ないという証明はされていないので，見つかれば人類史上の大事件となる。現在も，素粒子検出器を使って，遠い宇宙から磁荷が降ってこないか観測する実験が行われている。

現代の豊かな生活はエレクトロニクスと通信の恩恵によるところが大きい。そして，それらの基礎は今までに紹介した偉大な物理学者たち，そして最後にそれをまとめたマクスウェルによって築かれたのである。この体系を科学者は古典電磁気学と名づけている。諸君は古典電磁気学の美しさを堪能することができただろうか。

基本 問題 15.8 【マクスウェルの方程式】

電荷の存在しない，真空中で成り立つマクスウェルの方程式を示せ。

発展 問題 15.9 【マクスウェルの方程式】

x方向を向いた電場がzの関数で$E_x(z) = E_0 \cos kz$ という分布をしている。このとき，y方向を向いた磁場が生成されることを以下の手順で示せ。まず，図のようにx方向に1，z方向にΔzの領域を考える。$E(0)$はE_0であることは自明だが，$E(\Delta z)$は$E_x(\Delta z) = = E_0 + \dfrac{d}{dz}(E_x)\Delta z$の近似を使い，さらに，$\sin\theta \approx \theta$の近似を用いよ。

(1) 図の周回路で$E_x(z)$を周回積分せよ。
(2) マクスウェルの方程式を使い，積分路をへりとする面の磁束増加率 $\dfrac{d\Phi_m}{dt}$を求めよ。
(3) 領域内の磁束密度は一定と考え，磁束密度の変化率$\dfrac{dB}{dt}$を求めよ。ここで，磁束は面を垂直に貫いていると仮定せよ。

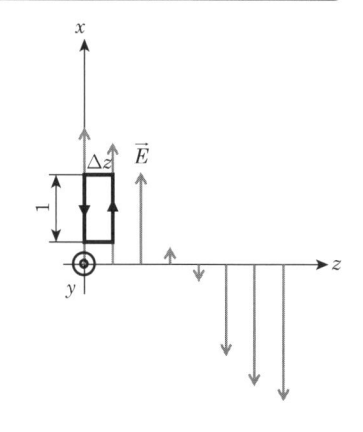

---

⑩ 磁荷　⑪ 磁束線　⑫ Wb　⑬ ゼロ　⑭ 電流

(4) $t=0$ で磁束が存在しなかったと考え，1秒後の磁束密度を求めよ。その間，電場は変化しないものとする。

ジェームズ・クラーク・マクスウェル
James Clerk Maxwell（1831～1879）

イギリスの物理学者。天才少年マクスウェルは，10歳のときからエジンバラ・アカデミーの会合に出席，わずか14歳で卵形曲線の作図法に関する幾何学の論文を発表した。16歳でエジンバラ大学に入学，1850年からはケンブリッジ大学で学び，1856-60年にはアバディーン大学，1860-65年にはロンドンのキングズカレッジで教授を務めた。1865年，病気のため一度は大学の職を失うが，1874年にケンブリッジ大学実験物理学教授としてアカデミックなポストに返り咲く。その後はキャベンディッシュ研究所の設立に関わり，のちにその所長となった。

1859年には気体分子の速度分布則（有名な「マクスウェルの速度分布則」）を理論的に導き，気体の粘性率から気体分子の平均自由行路を算出するなど，気体論の発展に大きな貢献をした。ちなみに，土星の環が連続した固体ではありえないことを理論的に示したのも彼である（1857年）。この教科書で学んだ電磁気学のマクスウェル方程式も，その名が冠されていることからわかる通り，マクスウェルの代表的業績の1つである（1864年）。

熱統計力学，天文学，電磁気学など多くの分野に足跡を残した巨人は，1879年に48歳という若さで亡くなった。天才マクスウェルがもう少しこの世で過ごしていたならば，次はどんな発見をしていたのだろうか？

マクスウェルの方程式（微分形）

本書ではマクスウェルの方程式を積分形で（ベクトル解析を用いずに）示したが，多くの教科書では微分形で示されているので，その対応関係を紹介しておく。

$$\oiint \vec{E} \cdot d\vec{A} = \frac{Q}{\varepsilon_0} \qquad \leftrightarrow \qquad \vec{\nabla} \cdot \vec{E} = \frac{\rho}{\varepsilon_0} \quad (\text{div}\,\vec{E} = \frac{\rho}{\varepsilon_0})$$

$$\oiint \vec{B} \cdot d\vec{A} = 0 \qquad \leftrightarrow \qquad \vec{\nabla} \cdot \vec{B} = 0 \quad (\text{div}\,\vec{B} = 0)$$

$$\oint \vec{E} \cdot d\vec{s} = -\frac{d}{dt}\iint \vec{B} \cdot d\vec{A} \qquad \leftrightarrow \qquad \vec{\nabla} \times \vec{E} = -\frac{\partial \vec{B}}{\partial t} \quad (\text{rot}\,\vec{E} = -\frac{\partial \vec{B}}{\partial t})$$

$$\oint \vec{B} \cdot d\vec{s} = \mu_0 I + \varepsilon_0 \mu_0 \frac{d}{dt}\iint \vec{E} \cdot d\vec{A} \qquad \leftrightarrow \qquad \vec{\nabla} \times \vec{B} = \mu_0 \vec{i} + \varepsilon_0 \mu_0 \frac{\partial \vec{E}}{\partial t} \quad (\text{rot}\,\vec{B} = \mu_0 \vec{i} + \varepsilon_0 \mu_0 \frac{\partial \vec{E}}{\partial t})$$

ここで，ベクトル解析に出てくる記号（演算）について簡単にふれておこう。第5章で紹介したように，ナブラベクトル $\vec{\nabla} = \vec{i}\frac{\partial}{\partial x} + \vec{j}\frac{\partial}{\partial y} + \vec{k}\frac{\partial}{\partial z}$ とスカラー量（スカラー関数）V との積 $\vec{\nabla}V$ を V の勾配（スカラー勾配）といい，grad V（gradient・グラディエント）と書く。すなわち

$$\vec{\nabla}V = \left(\vec{i}\frac{\partial}{\partial x} + \vec{j}\frac{\partial}{\partial y} + \vec{k}\frac{\partial}{\partial z}\right)V = \frac{\partial V}{\partial x}\vec{i} + \frac{\partial V}{\partial y}\vec{j} + \frac{\partial V}{\partial z}\vec{k} = \text{grad}\,V$$

であり，結果はベクトル量となる。

さらに，ナブラベクトル $\vec{\nabla}$ とベクトル量（ベクトル関数）$\vec{A}$ とのスカラー積 $\vec{\nabla} \cdot \vec{A}$ を $\vec{A}$ の発散といい，div $\vec{A}$（divergence・ダイバージェンス）と書く。すなわち

$$\vec{\nabla}\cdot\vec{A} = \left(\vec{i}\frac{\partial}{\partial x} + \vec{j}\frac{\partial}{\partial y} + \vec{k}\frac{\partial}{\partial z}\right)\cdot\left(A_x\vec{i} + A_y\vec{j} + A_z\vec{k}\right) = \frac{\partial A_x}{\partial x} + \frac{\partial A_y}{\partial y} + \frac{\partial A_z}{\partial z} = \mathrm{div}\,\vec{A}$$

であり，結果はスカラー量となる。

また，ナブラベクトル $\vec{\nabla}$ とベクトル量（ベクトル関数）$\vec{A}$ とのベクトル積 $\vec{\nabla}\times\vec{A}$ を $\vec{A}$ の回転といい，$\mathrm{rot}\,\vec{A}$（rotation・ローテーション）と書く。すなわち

$$\vec{\nabla}\times\vec{A} = \left(\vec{i}\frac{\partial}{\partial x} + \vec{j}\frac{\partial}{\partial y} + \vec{k}\frac{\partial}{\partial z}\right)\times\left(A_x\vec{i} + A_y\vec{j} + A_z\vec{k}\right)$$

$$= \left(\frac{\partial A_z}{\partial y} - \frac{\partial A_y}{\partial z}\right)\vec{i} + \left(\frac{\partial A_x}{\partial z} - \frac{\partial A_z}{\partial x}\right)\vec{j} + \left(\frac{\partial A_y}{\partial x} - \frac{\partial A_x}{\partial y}\right)\vec{k} = \mathrm{rot}\,\vec{A}$$

であり，結果はベクトル量となる。

解答

問題 15.1　$\dfrac{\varepsilon_0 EA}{t} = \dfrac{[\mathrm{F/m}][\mathrm{V/m}][\mathrm{m}^2]}{[\mathrm{s}]} = \dfrac{[\mathrm{F}][\mathrm{V}]}{[\mathrm{s}]} = \dfrac{[\mathrm{C}]}{[\mathrm{s}]} = [\mathrm{A}]$

問題 15.2　ⓐ πa^2　ⓑ $\dfrac{I}{\pi a^2}$　ⓒ $\dfrac{r^2}{a^2}I$　ⓓ $\mu_0\dfrac{r^2}{a^2}I$　ⓔ $\dfrac{\mu_0 rI}{2\pi a^2}$

問題 15.3　(1) $I_\mathrm{d} = \dfrac{r^2}{a^2}I = 0.50\,\mathrm{A}$

(2) $\oint \vec{B}\cdot\mathrm{d}\vec{s} = \mu_0 I_\mathrm{d}$ より，$B = \dfrac{\mu_0 I_\mathrm{d}}{2\pi r} = 1.0\times 10^{-5}\,\mathrm{T}$

問題 15.4　(1) $Q(t) = It = 2.0t$

(2) $E(t) = \dfrac{Q}{\varepsilon_0 A} = 1.1\times 10^{12}\,t$

(3) $\varPhi_\mathrm{e} = \varepsilon_0 EA = 2.0t$

(4) $\dfrac{\mathrm{d}\varPhi_\mathrm{e}}{\mathrm{d}t} = 2.0\,\mathrm{A}$　よって電流と等しい。

問題 15.5　$\varPhi_\mathrm{m}' = \varPhi_\mathrm{m} = 1.0\,\mathrm{Wb}$（入る磁束は他の面から出る磁束に等しい。）

問題 15.6　(1) $\varPhi_\mathrm{mA} = \vec{B}\cdot\vec{A} = (2.0\vec{i} + 3.0\vec{j} + 4.0\vec{k})\cdot(L^2\vec{j}) = 0.75\,\mathrm{T}$

(2) 磁場のガウスの法則より，$\varPhi_\mathrm{m} = 0\,\mathrm{T}$

問題 15.7　経路 C に沿った起電力は，周回積分 $\oint_C \vec{E}\cdot\mathrm{d}\vec{s}$ と書ける。これは，ファラデーの電磁誘導の法則より，$\oint_C \vec{E}\cdot\mathrm{d}\vec{s} = -\dfrac{\mathrm{d}}{\mathrm{d}t}\iint \vec{B}\cdot\mathrm{d}\vec{A}$ の関係にある。ここで，$\vec{B}$ の面積分は経路 C をへりとする任意の曲面で実行できることに注意しよう。閉曲面 A を曲面 A1，A2 に分けると，曲面 A1，A2 はどちらも経路 C をへりとする面となる。面を貫く磁束線は，曲面 A1 は「中から外」，曲面 A2 は「外から中」の方向なので，右辺の磁束変化率の符号がそれぞれ逆向きとなることに注意すると，以下のように書ける。

曲面 A1：$\oint_C \vec{E}\cdot\mathrm{d}\vec{s} = -\dfrac{\mathrm{d}}{\mathrm{d}t}\iint_{A1} \vec{B}\cdot\mathrm{d}\vec{A}$　　曲面 A2：$\oint_C \vec{E}\cdot\mathrm{d}\vec{s} = \dfrac{\mathrm{d}}{\mathrm{d}t}\iint_{A2} \vec{B}\cdot\mathrm{d}\vec{A}$

⓯ 電荷　⓰ 磁場　⓱ 時間変化　⓲ 流れ　⓳ 時間変化　⓴ マクスウェルの方程式

したがって $-\dfrac{\mathrm{d}}{\mathrm{d}t}\iint_{A1}\vec{B}\cdot\mathrm{d}\vec{A} = \dfrac{\mathrm{d}}{\mathrm{d}t}\iint_{A2}\vec{B}\cdot\mathrm{d}\vec{A}$ が成り立ち，移項すれば曲面 A1, A2 の足し合わせになるので $\dfrac{\mathrm{d}}{\mathrm{d}t}\oiint_{A}\vec{B}\cdot\mathrm{d}\vec{A} = 0$ を得る。無限の過去にはこの場所には磁束はなく，その後の時間変化が常にゼロなら，$\oiint_{A}\vec{B}\cdot\mathrm{d}\vec{A} = 0$ である。[証明おわり]

問題 15.8 式（M.1）～（M.4）から電荷と電流に関係のある項を除く。結果は以下のようになる。

$$\oiint \vec{E}\cdot\mathrm{d}\vec{A} = 0 \qquad\qquad \oiint \vec{B}\cdot\mathrm{d}\vec{A} = 0$$

$$\oint \vec{E}\cdot\mathrm{d}\vec{s} = -\frac{\mathrm{d}}{\mathrm{d}t}\iint \vec{B}\cdot\mathrm{d}\vec{A} \qquad\qquad \oint \vec{B}\cdot\mathrm{d}\vec{s} = \varepsilon_0\mu_0\frac{\mathrm{d}}{\mathrm{d}t}\iint \vec{E}\cdot\mathrm{d}\vec{A}$$

問題 15.9

(1) $\oint \vec{E}\cdot\mathrm{d}\vec{s} = E_0 + \dfrac{\mathrm{d}}{\mathrm{d}z}\{E_0\cos kz\}\Delta z - E_0 = -kE_0\sin(k\Delta z)\Delta z = -E_0(k\Delta z)^2$

(2) $\oint \vec{E}\cdot\mathrm{d}\vec{s} = -\dfrac{\mathrm{d}}{\mathrm{d}t}\iint \vec{B}\cdot\mathrm{d}\vec{A} = -\dfrac{\mathrm{d}\varPhi_\mathrm{m}}{\mathrm{d}t}$ の関係があるから，$\dfrac{\mathrm{d}\varPhi_\mathrm{m}}{\mathrm{d}t} = E_0(k\Delta z)^2$

(3) 仮定から，磁束密度は［磁束］÷［面積］だから，$\dfrac{\mathrm{d}B}{\mathrm{d}t} = E_0 k^2\Delta z$

(4) $\dfrac{\mathrm{d}B}{\mathrm{d}t} = E_0 k^2\Delta z$ は毎秒の変化率を表す。1秒後の磁束密度は $E_0 k^2\Delta z$

第16章 電磁波

キーワード 電磁波, 波動方程式, 平面波, 光

16.1 電磁波とは何か　Basic

　光が, 最も古い物理学の研究対象の1つであることは疑いもないだろう。しかし, その正体はマクスウェル方程式の登場まで不明のままだった。光がとてつもなく速く進む「何か」であることは観測すればすぐわかる。注意深い実験により, その速さは現在の単位でおよそ① _____ m/s（30万 km/s）で, 干渉や回折など波に特有の性質を示すことは知られていた。

　1864年, マクスウェルは自ら発表した方程式を変形すると, 「波動解」が現れることに気づき, その波動を❷ _____ と名づけた。電磁波の伝搬速度 c は方程式の定数から導くことができ,

$$c = \frac{1}{\sqrt{\varepsilon_0 \mu_0}}$$

である。真空の誘電率 ε_0, 真空の透磁率 μ_0 の値を代入すると, それは当時知られていた❸ _____ に一致した。これが偶然であるはずがない。光の正体が実は❹ _____ であるというのは, 物理学史上最大の発見の1つともいわれている。

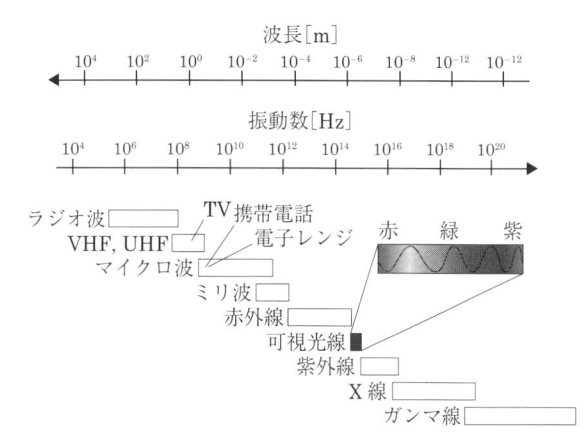

図 16.1　電磁波の波長, 振動数とそのよび方
境界線は厳格に決まっているわけではないので目安である。

　電磁波はその波長の違いによってさまざまな名前でよばれている。図 16.1 は電磁波の振動数, 波長とそれにつけられた名前の一覧である。電磁波はその電場, 磁場で分子や原子に働きかけ, さまざまな作用を引き起こす。例えば, 遠く離れた導体の電子を振動させれば無線通信が可能だし, 水分子を振るわせて温度を上げることもできる（電子レンジの原理）。しかし, すべての電磁波は電磁気学の立場では同じ現象で, 違いは唯一, その波長だけであることに注意しよう。

　では, 電磁波は一体どんな物理現象なのだろうか。第13章では変化する磁場が❺ _____ を生むこと, 第15章では変化する電場が❻ _____ を生むことを学んだ。これらを組み合わせてみよう。いま, 空間中に図 16.2 のような電場があったとする。

電場のリングをぐるりと周回積分すると有限の値になるから、リングをくぐる❼□□□が図のように成長することがわかる。では、磁場が充分成長したところでこれをぐるりと周回積分してみよう。すると、リングをくぐる❽□□□が成長することがわかるだろう。つまり、図 16.2 のような電場分布があると、電場が磁場を作り、磁場が電場を作るサイクルがくり返し行われることになる。これが電磁波の正体である。

図 16.3 は z 方向に進む電磁波の、z 軸上のある瞬間の電場、磁場の分布をグラフに表したものである。電場と磁場は互いに❾□□□し、z 軸に沿って正弦波状に分布している。そして、次の瞬間には電場、磁場の分布がパターンを保ったまま z 軸方向に移動している。これが、電磁波が伝搬するイメージである。

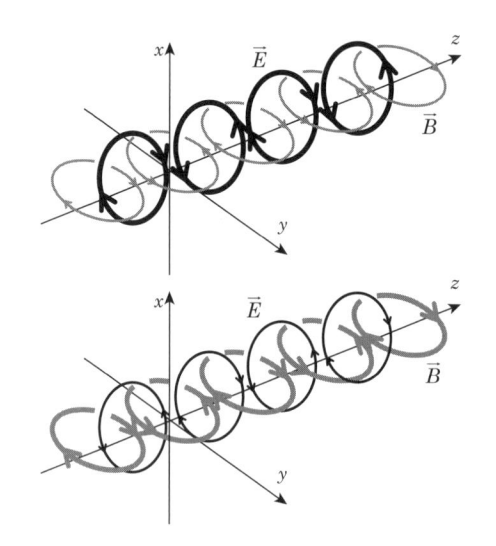

図 16.2 変化する電場が磁場を作り、変化する磁場が電場を作る様子を模式的に示したもの

電場によって作られた磁場が作る電場は、最初の電場と逆向きであることに注意する。つまり、この系は本質的に振動する要素をもっている。

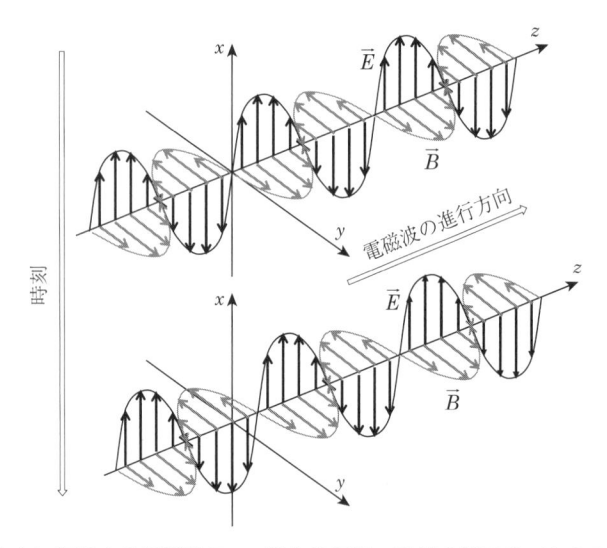

図 16.3 z 方向に伝搬する電磁波の、z 軸上の電場、磁場の様子をベクトルで表したもの
時刻が進むにつれ、全体のパターンが形を変えずに z 軸に沿って移動する。

導入 問題 16.1　【電磁波の速度】

真空の誘電率は $\varepsilon_0 = 8.85 \times 10^{-12}$ F/m、真空の透磁率は $\mu_0 = 4\pi \times 10^{-7}$ H/m である。これらの値を使い、電磁波が伝わる速度 c を求めよ。

導入 問題 16.2　【電磁波の波長と周波数の関係】

電磁波の振動数 f、波長 λ および光速度 c の関係は $c = f\lambda$ である。光速度を $c = 3.00 \times 10^8$ m/s と

して，以下の問いに答えよ．
(1) 振動数が $f = 594$ kHz（NHK東京放送局ラジオ第一放送）の電波の波長 λ を求めよ．
(2) 肉眼で赤に見える光は波長およそ $\lambda = 630$ nm である．この光の振動数 f を求めよ．
(3) 波長がおよそ $\lambda = 100$ pm の X 線の振動数 f および周期 T を求めよ．

16.2 波動方程式の導出 Standard

前章で紹介したマクスウェルの方程式から電磁波の存在を予言しよう．ここでは，話を簡単にするため以下の条件をおく．

① 系は真空とする．したがって電荷も電流も考えない．
② 電場 E に対応する量として，「磁場の強さ H」$= \dfrac{B}{\mu_0}$ を使う．H の物理的意味は第18章で詳しく述べる（☞第18章）．
③ 電場は x 軸に沿った成分のみが存在する．
④ 電場は xy 平面のあらゆる場所で同じ値をとるが，z の異なる面では異なる値をとる．

> E に対応する量として H を使うのは，電磁波を導く方程式が E と B でなく E と H について対称になるためで，工学分野では一般的な考え方である．

まず，条件①，②よりマクスウェルの方程式の式（M.3），（M.4）（☞第15章）は以下の2式に変換できる．

$$\oint \vec{E} \cdot d\vec{s} = -\mu_0 \frac{d}{dt} \iint \vec{H} \cdot d\vec{A} \tag{M.3$'$}$$

$$\oint \vec{H} \cdot d\vec{s} = \varepsilon_0 \frac{d}{dt} \iint \vec{E} \cdot d\vec{A} \tag{M.4$'$}$$

次に，条件③，④から式（M.3$'$）が「電場の空間変化率と磁場の時間変化率の関係」に書き直せることを示そう．ある瞬間の電場ベクトルを z 軸に沿って見ると，例えば図16.4のようになっている．ここで，図のように，高さ1で z 方向の幅が dz となるような周回積分路で周回積分を行えば，式（M.3$'$）の左辺は

$$\oint \vec{E} \cdot d\vec{s} = E(z + dz) - E(z) \tag{M.3$'$L}$$

となる．ここで，周回積分は座標軸の方向に沿って右ねじの方向と約束しよう．一方，dz を充分小さくとれば，この枠内

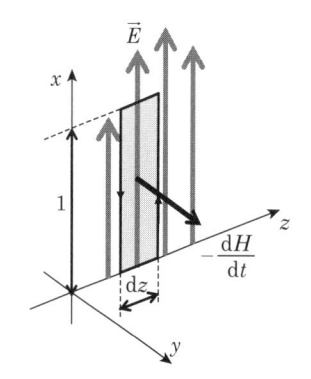

図16.4 空間変化する電場
z の関数で変化する，x 方向を向いた電場を高さ1，幅 dz の長方形の領域で周回積分する．

---

❶ 3×10^8 ❷ 電磁波 ❸ 光の速さ ❹ 電磁波 ❺ 電場 ❻ 磁場

の磁場は一定と見なせるので，式（M.3'）の右辺は

$$-\mu_0 \frac{d}{dt}\iint \vec{H}\cdot d\vec{A} = -\mu_0 \frac{dH}{dt}\iint dA = -\mu_0 \frac{dH}{dt}dz \qquad (\text{M.3'R})$$

となる。ここで，磁場の強さ H は対称性の議論から⑩[ ]成分をもつことはない。また，電場が xy 平面内で一様な値をもてば，式（M.3'）の積分を xy 平面で行い，磁場の強さ H に⑪[ ]成分がないこともまた示される。したがって，条件③，④を満たす電磁場は，電場が x 方向なら磁場は y 方向であることがわかった。

式（M.3'L）と式（M.3'R）を結び，dz を移項すると，

$$\frac{E(z+dz)-E(z)}{dz} = -\mu_0 \frac{dH}{dt}$$

を得るが，左辺は電場の z 方向の微分の定義になっているから書き直すと，

$$\frac{dE}{dz} = -\mu_0 \frac{dH}{dt} \qquad (\text{M.3''})$$

を得る。この式は，電場 E に d/dz の空間的変化があるとき，そこに磁場の強さ H が現れるということを意味している。図 16.5 を参考に同様の計算を式（M.4'）について行えば，

$$\frac{dH}{dz} = -\varepsilon_0 \frac{dE}{dt} \qquad (\text{M.4''})$$

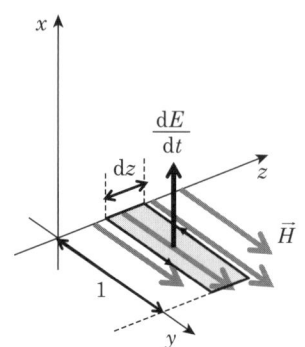

図 16.5 空間変化する磁場
z の関数で変化する，y 方向を向いた磁場を高さ 1，幅 dz の長方形の領域で周回積分する。

を得る。このとき，磁場を座標軸に対して右ねじの向きに線積分すると，微分に負号をつけた形になることに注意しよう。

式（M.3''）の両辺を z で微分して，右辺に式（M.4''）を代入する。

$$\frac{d^2 E}{dz^2} = \frac{d}{dz}\left(-\mu_0 \frac{dH}{dt}\right) = -\mu_0 \frac{d}{dt}\left(\frac{dH}{dz}\right) = -\mu_0 \frac{d}{dt}\left(-\varepsilon_0 \frac{dE}{dt}\right) = ⑫[\quad]$$

ここで，時間微分 d/dt と空間微分 d/dz は順番を入れ換えることができるという規則を使った。この形の微分方程式は，一般に❸[ ]方程式とよばれ，空間を進む波動を解にもつことが知られている。磁場の強さ H についても同様の計算を行い，

$$\frac{d^2 H}{dz^2} = \varepsilon_0 \mu_0 \frac{d^2 H}{dt^2}$$

を得る。まとめると，我々は電荷と電流を含まない形の❹[ ]の方程式から，以下の電場と磁場に関する波動方程式を得た。

> **定理** マクスウェルの波動方程式
>
> 電荷のない空間（真空）で，電場が x 方向を向き，xy 平面内で一様だが z に依存すると仮定すると，y 方向を向いた磁場が発生することが示される。電場，磁場は以下の波動方程式にしたがう。
>
> $$\frac{\partial^2 E}{\partial z^2} = \varepsilon_0 \mu_0 \frac{\partial^2 E}{\partial t^2} \quad (\text{EM.1})$$
>
> $$\frac{\partial^2 H}{\partial z^2} = \varepsilon_0 \mu_0 \frac{\partial^2 H}{\partial t^2} \quad (\text{EM.2})$$
>
> ここで，電場と磁場は時間・空間の関数なので，微分記号は偏微分記号「∂」で置き換えた。

問題 16.3 【マクスウェルの波動方程式】

図 16.4 の面積分を xy 平面で実施し，「H に z 成分は存在しない」ことを証明したい。以下の空欄を埋めよ。

式（M.3'）ⓐ□ の左辺の周回積分を xy 面内の縦 Δx，横 Δy の長方形の領域で行うことを考える。電場の大きさを E_0 としよう。電場は x 成分しかもたず，かつ大きさが ❺□ だから積分は $\oint \vec{E} \cdot d\vec{s} =$ ⓒ□ $= 0$ である。したがって，式の右辺，すなわち ⓓ□ もゼロでなくてはいけない。

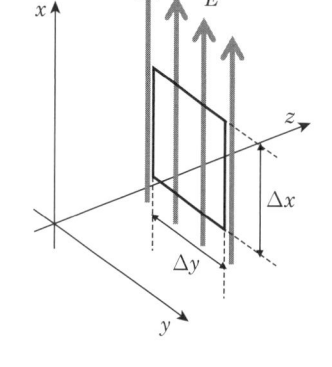

面を貫く H ベクトルは z 成分をもつから，H の z 成分は ⓔ□ しないことが示された。無限の過去にはここには磁場は存在しなかったはずだから，H の z 成分は恒等的にゼロである。

16.3 平面波解 _{Standard}

次に，マクスウェルの波動方程式（EM.1）を解くことを試みよう。解として以下の仮定をおく。

① 電場は x 成分のみが存在し，xy 平面のあらゆる場所で同じ値をとる。
② 電場は z 軸に沿って正弦波状に変化する。
③ 電場をある 1 点で観測するとそれは正弦波状に振動する。

---

❼ 磁場　❽ 電場　❾ 直交

これらの条件を満たす関数として,
$$E(z,t) = E_0 \cos(\omega t - kz) \tag{EM.3}$$
という関数を考える。ここで, E_0 は電場の大きさを表す定数, ω と k は任意の定数である。この関数は時刻を 0 に固定すれば $E(z, 0) = $ ⑮ [____], 場所を $z = 0$ に固定して観察すれば, 電場の時間変化は $E(0, t) = $ ⑯ [____] となり, 上の条件を満たしている。

ある関数が微分方程式の解になっているかどうかは, その関数を微分方程式に代入すればすぐに調べられる。式 (EM.1) に式 (EM.3) を代入すると,
$$\frac{\partial^2}{\partial z^2}[E_0 \cos(\omega t - kz)] = \varepsilon_0 \mu_0 \frac{\partial^2}{\partial t^2}[E_0 \cos(\omega t - kz)]$$

⑰ [____] $\cos(\omega t - kz) = $ ⑱ [____] $\cos(\omega t - kz)$

両辺を $E_0 \cos(\omega t - kz)$ で割れば,
$$k^2 = \varepsilon_0 \mu_0 \omega^2 \tag{EM.4}$$
の関係が得られる。ω と k は任意の定数だから, ω と k が式 (EM.4) の関係を満たせば, 式 (EM.3) は波動方程式の解であるということを示している。これは, 最も基本的な電磁波の形であり, ⑲ [____] とよばれている。こうして, 我々はマクスウェルの方程式から出発して平面波解を導出するところまでたどりついた。

次に, 平面波の磁場(磁場の強さ H)について考えよう。電場と磁場の関係は, 式 (M.3″) により決められているから, 式 (EM.3) を代入すると,
$$\frac{\partial}{\partial z}[E_0 \cos(\omega t - kz)] = -\mu_0 \frac{\partial}{\partial t} H(z,t)$$
$$\frac{\partial}{\partial t} H(z,t) = \text{⑳ [\_\_\_\_]}$$
両辺を t で積分して,
$$H(z,t) = -\frac{k}{\mu_0} E_0 \int \sin(\omega t - kz) dt = \text{㉑ [\_\_\_\_]} + C$$
を得る。ここでは, 振動する電場に伴う磁場のみに興味があるので, 積分定数 C は無視する。コサイン (cos) の前の定数を
$$\frac{kE_0}{\omega \mu_0} = H_0 \tag{EM.5}$$
と書き直せば, 平面波の完全な形は以下の式で表される。

定理 平面波

以下の電磁場分布はマクスウェルの方程式の解である。電場が x 方向，磁場が y 方向に振動する平面波の時間，空間分布を表している。

$$E(z,t) = E_0 \cos(\omega t - kz) \quad \text{(EM.3)}$$

$$H(z,t) = H_0 \cos(\omega t - kz) \quad \text{(EM.6)}$$

図 16.6 は平面波が伝播する様子をいくつかの時刻，いくつかの平面における電場と磁場の分布として示したものである。ある時刻における電場，磁場は z 軸に沿って正弦

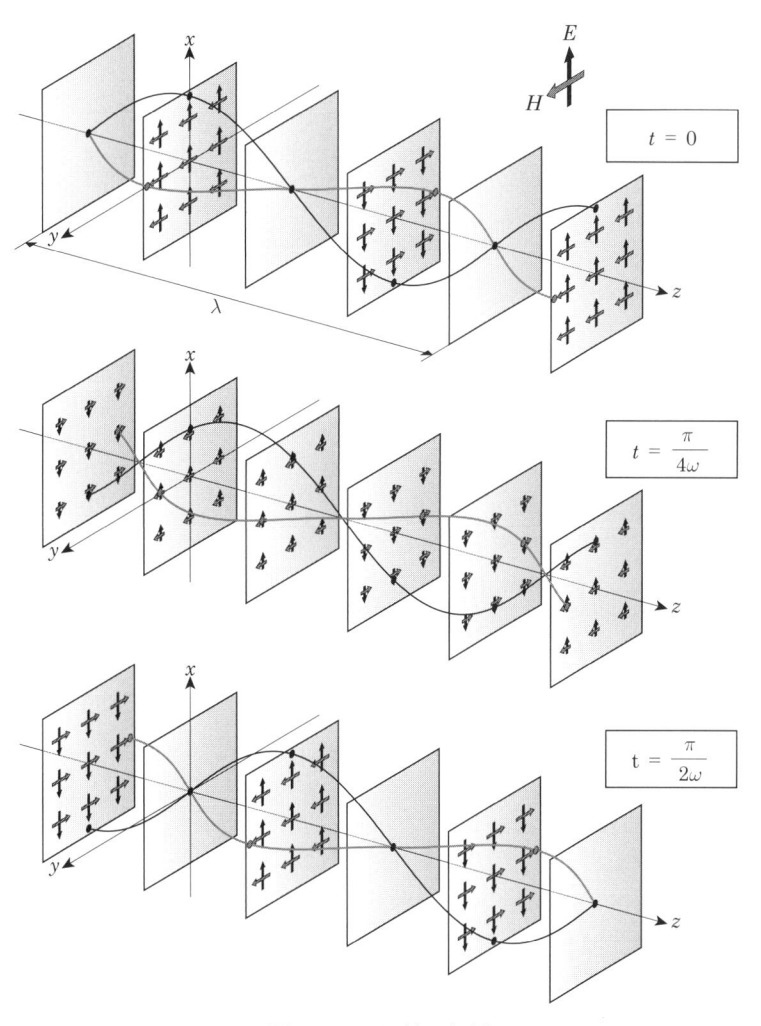

図 16.6 平面波の伝播
平面波が z 軸に沿って伝搬する様子を模式的に示したもの。

⑩ x　⑪ z　⑫ $\varepsilon_0 \mu_0 \dfrac{\mathrm{d}^2 E}{\mathrm{d}t^2}$　⑬ 波動　⑭ マクスウェル

関数状の分布をしている。電場と磁場は必ず直交しており、大きさは常に比例している。そして、ある場所で電場、磁場に注目すると、それらは同じ位相で単振動していることがわかる。

式（EM.3）の ω, k と電磁波の「波長」「振動数」の関係を導出しておこう。時刻 0 において、電磁波は $E(z) = E_0 \cos(-kz)$ という空間分布をもっている。1 周期の長さ（波長）λ は、三角関数の中身の位相が 2π 進むことに相当するから、$k\lambda = 2\pi$ の関係がある。ここで、$k =$ ㉒ [m^{-1}] は ㉓ とよばれる物理量で、空間的な振動の細かさを表す定数である。一方、$z = 0$ における振動は $E(t) = E_0 \cos(\omega t)$ と表され、角振動数 ω は毎秒の振動数 f に 2π をかけた量 $\omega =$ ㉔ [Hz] である。

導入 問題 16.4 【平面波】

図は $+z$ 方向に進んでいる平面波のある瞬間の電場 $\vec{E}$ を表している。このときの磁場の強さ $\vec{H}$ の方向を考える。以下の空欄を埋めよ。

電場 $\vec{E}$ と磁場の強さ $\vec{H}$ は互いに ⓐ し、さらに進行方向 $+z$ に対し ⓑ になる。また、$\vec{E}$ が座標軸に対してプラスの大きさをもつ場所では、$\vec{H}$ は座標軸に対して ⓒ の大きさをもつ。このことから、ベクトル積 ⓓ × ⓔ は電磁波の進む方向をもつベクトルである。

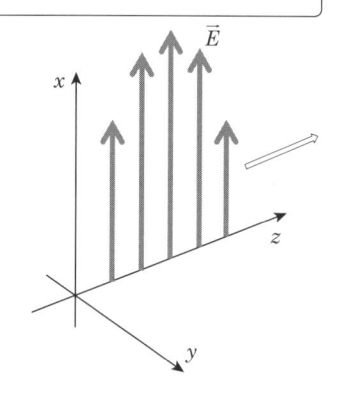

基本 問題 16.5 【平面波解】

教科書によっては、平面波の解を $E(z, t) = E_0 \cos(kz - \omega t)$ と表記している。これは式（EM.3）とまったく同じ電磁波を表していることを示せ。

基本 問題 16.6 【平面波解】

マクスウェルの方程式の平面波解である式（EM.3），（EM.6）において以下の問いに答えよ。
(1) 角振動数 ω と振動数 f の関係を求めよ。
(2) 波数 k と波長 λ の関係を示せ。また、これを「角振動数」と「振動周期」の関係に例えて説明せよ。
(3) ω, k, c の関係を式に表せ。

16.4 電磁波の性質 Standard

本節では、電磁波におけるいくつかの重要な性質を導く。はじめに、電場 E と磁場の強さ H の比率である。式（EM.5）に式（EM.4）を代入し整理すると、

$$\frac{E}{H} = \sqrt{\frac{\mu_0}{\varepsilon_0}}$$

を得る。すなわち，電磁波の E と H の大きさは独立ではなく，伝搬している空間の性質，真空の誘電率と透磁率で決まる比率に固定される。この比率を㉕ [　　　] という。特性インピーダンスの単位は [Ω] であり，真空の特性インピーダンスを計算すると約 377 Ω となる。

図 16.6 より，時刻が進むにつれ電場，磁場はその空間分布を変えずにある速度で進んでいるが，これが電磁波の進む速さである。式（EM.3）から，電磁波の進む速さを求めよう。いま，$\omega t - kz = 0$，つまり電場が E_0 であるような点について考えると，その速さは $\omega \Delta t - k \Delta z = 0$ の関係を満たすので，この点は

$$v = \frac{\Delta z}{\Delta t} = \frac{\omega}{k} = \text{㉖ [　　　]}$$

の速さで動く。ここで，我々はこの速さを特別に「真空の光速度」として定数 c で表そう。c は真空の誘電率，透磁率で決まるため，電磁波の波長によらない。

定理　電磁波の進む速さ

電磁波が真空中を進む速さは c で表され，真空の誘電率 ε_0，透磁率 μ_0 と

$$c = \frac{1}{\sqrt{\varepsilon_0 \mu_0}}$$

の関係にある。そして，その値は正確に 299792458 m/s である。

現代では光速度は計測値ではなく 1 m が「真空中を電磁波が 1/299792458 s に進む長さ」と定義されている。これは c が真空の誘電率，透磁率のみで決まるため，「いつ」「だれが」「どこで」測定しても大きさが変わらない，という抜群の普遍性と不変性から長さの定義に選ばれたものである。

さて，太陽からの熱と光，すなわち電磁波は地球上の気象や生命活動のエネルギー源になっている。つまり，電

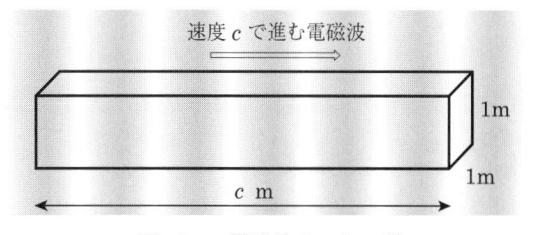

図 16.7　電磁波のエネルギー
電磁波の伝播する空間から 1 [m] × 1 [m] × c [m] の立方体を切り出し，内部に含まれる電磁エネルギーを計算する。

---

⑮ $E_0 \cos(-kz)$　⑯ $E_0 \cos(\omega t)$　⑰ $(-k)^2 E_0$　⑱ $\omega^2 \varepsilon_0 \mu_0 E_0$　⑲ 平面波　⑳ $-\frac{k}{\mu_0} E_0 \sin(\omega t - kz)$
㉑ $\frac{k}{\omega \mu_0} E_0 \cos(\omega t - kz)$

第 16 章●電磁波　145

磁波はその進行方向に沿ってエネルギーを運んでいる。

ここで，第 7 章で学んだ「電場は単位体積あたり $\dfrac{\varepsilon_0 E^2}{2}$ のエネルギーをもつ」という事実と，第 14 章で学んだ「磁場は単位体積あたり $\dfrac{B^2}{2\mu_0} = \dfrac{\mu_0 H^2}{2}$ のエネルギーをもつ」という事実を思い出そう。電磁波は光速で進む電場と磁場の波動だから，これらは電場，磁場のエネルギーを光速で輸送しているとも解釈できるのである。

平面波が伝搬している空間から長さ c [m]，縦横 1 m の直方体を抜き出してその中に含まれるエネルギーを計算してみよう。計算を簡単にするために，$\cos^2(kz)$ を充分な周期を含む距離 L の区間で積分すると，その値は $L/2$ となるという近似を用いる（図 16.8）。すると，電場エネルギー W_e は

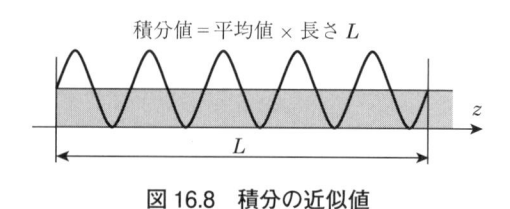

$$W_\mathrm{e} = \int_0^c \frac{\varepsilon_0 E_0{}^2 \cos^2(-kz)}{2} \mathrm{d}z = {}^{㉗}\boxed{}$$

積分値 = 平均値 × 長さ L

図 16.8　積分の近似値
積分値は平均値 × 長さ（積分区間）で近似できる。

で，磁場エネルギー W_m は

$$W_\mathrm{m} = \int_0^c \frac{\mu_0 H_0{}^2 \cos^2(-kz)}{2} \mathrm{d}z = {}^{㉘}\boxed{}$$

となる。電場と磁場の比が $\dfrac{E}{H} = \sqrt{\dfrac{\mu_0}{\varepsilon_0}}$ で表されることを考えると，磁場エネルギーは変形して

$$W_\mathrm{m} = \frac{\varepsilon_0 E_0{}^2 c}{4}$$

となり，電場エネルギーとまったく同じ大きさになる。この塊は速度 c で進んでいるわけだから，面積 1 m² の平面を毎秒通り抜ける電磁波のエネルギー，すなわち電磁波のパワーは以下のようになる。

定理　電磁波のパワー

電場が最大 E_0 の平面波が単位面積あたり運ぶパワー I は

$$I = \frac{\varepsilon_0 E_0{}^2 c}{2}$$

で与えられ，電場と磁場がそれぞれちょうど半分ずつのパワーを運んでいる。

基本 問題 16.7 【電場と磁場の関係】
電場 E_0 が 1.0 V/m であるような電磁波がある。この電磁波の磁場振動の磁場の強さ H_0 および磁場 B_0 を求めよ。磁場の強さの単位は [A/m] である（☞第 18 章）。

基本 問題 16.8 【特性インピーダンスの次元】
特性インピーダンスの次元が [Ω] であることを示せ。

基本 問題 16.9 【電磁波の速度の次元】
$\dfrac{1}{\sqrt{\varepsilon_0 \mu_0}}$ が速度の次元をもつことを示せ。

基本 問題 16.10 【電磁波のパワー密度】
パワー密度が $I = 1.0$ W/m^2 で波長が $\lambda = 1.0$ μm の平面電磁波が伝搬している。電場 E_0 の大きさを求めよ。

基本 問題 16.11 【アンテナの長さ】
電波を受信する際に用いる「半波長アンテナ」は、受信したい電波の波長のおよそ半分の長さをもつ。周波数（振動数）が $f = 80$ MHz の電波（FM 放送）を受信するためにはどれほどの長さが必要か。アンテナの長さ l を求めよ。

発展 問題 16.12 【電磁波のエネルギー】
エネルギー保存則を考えると、出力 P [W] のアンテナから等方的に放射された電磁波が半径 a [m] の半球でもつ強度は $I = \dfrac{P}{2\pi a^2}$ と考えてよい。一方、一般的な TV のアンテナで良好な受信が可能な電場強度はおよそ 100 mV/m であるという。では、東京タワーから発信された出力 $P = 50$ kW の TV 電波は半径何 km まで受信可能だろうか。その半径 a を求めよ。

解答

問題 16.1 $\quad c = \sqrt{\dfrac{1}{\varepsilon_0 \mu_0}} = 3.00 \times 10^8$ m/s

問題 16.2 (1) $\lambda = \dfrac{c}{f} = 505$ m　　(2) $f = \dfrac{c}{\lambda} = 4.76 \times 10^{14}$ Hz

(3) $f = \dfrac{c}{\lambda} = 3.00 \times 10^{18}$ Hz, $T = \dfrac{1}{f} = 3.33 \times 10^{-19}$ s

問題 16.3 ⓐ $\oint \vec{E} \cdot d\vec{s} = -\mu_0 \dfrac{d}{dt} \iint \vec{H} \cdot d\vec{A}$　　ⓑ 一定　　ⓒ $E_0 \Delta x - E_0 \Delta x$

ⓓ $-\mu_0 \dfrac{d}{dt} \iint \vec{H} \cdot d\vec{A}$　　ⓔ 時間変化

問題 16.4 ⓐ 直交　　ⓑ 垂直　　ⓒ プラス　　ⓓ $\vec{E}$　　ⓔ $\vec{H}$

問題 16.5 $(kz - \omega t) = -(\omega t - kz)$ で、コサインは $\cos \theta = \cos(-\theta)$ となる関数である。したがって、

㉒ $\dfrac{2\pi}{\lambda}$　　㉓ 波数　　㉔ $2\pi f$　　㉕ 特性インピーダンス　　㉖ $\dfrac{1}{\sqrt{\varepsilon_0 \mu_0}}$

ω, t, k, z がどんな値をとっても，$\cos(kz-\omega t)=\cos(\omega t-kz)$ であり，両者は等価なものである。

問題 16.6 (1) $\omega = 2\pi f$

(2) $k=\dfrac{2\pi}{\lambda}$。角振動数は「1秒間あたり位相が進む量」であるが，波数は「1 m あたり位相が進む量」という意味をもつ。

(3) $\omega = ck$。進行波の波長 λ と振動数 f，速度 c の関係：$c=f\lambda$ と $f=\dfrac{\omega}{2\pi}$，$\lambda=\dfrac{2\pi}{k}$ の関係を使って求める。

問題 16.7 $H_0=E_0\sqrt{\dfrac{\varepsilon_0}{\mu_0}}=2.7\times 10^{-3}$ A/m ($=2.65\times 10^{-3}$ A/m)，$B_0=\mu_0 H_0=3.3\times 10^{-9}$ T

問題 16.8 ε_0 の次元は [F/m]，μ_0 の次元は [H/m] である。平行板コンデンサーの電気容量とエネルギーの公式から，$U_\mathrm{e}=\dfrac{1}{2}\left(\dfrac{\varepsilon_0 A}{d}\right)V^2$（$A$ は面積，d は長さ，V は電圧）。よって，ε_0 の次元は $\dfrac{[\mathrm{J}]}{[\mathrm{V}]^2[\mathrm{m}]}$ とも書ける。一方，ソレノイドのインダクタンスとエネルギーの公式から，$U_\mathrm{m}=\dfrac{1}{2}(\mu_0 n^2 LA)I^2$（$A$ は面積，L は長さ，I は電流，n は巻き線密度 [m^{-1}]）。よって，μ_0 の次元は $\dfrac{[\mathrm{J}]}{[\mathrm{A}]^2[\mathrm{m}]}$ とも書ける。したがって $\sqrt{\dfrac{\mu_0}{\varepsilon_0}}$ の次元は $\dfrac{[\mathrm{V}]}{[\mathrm{A}]}$，すなわち [Ω] に等しい。

問題 16.9 問題 16.8 の途中までの結果を使う。$\dfrac{1}{\sqrt{\varepsilon_0\mu_0}}$ の次元を計算すると $\dfrac{[\mathrm{V}][\mathrm{A}][\mathrm{m}]}{[\mathrm{J}]}$ である。ここで，[V][A] が [W] であること（☞第 8 章）と，[J] が [W][s] であることを使えば，結局 $\dfrac{[\mathrm{m}]}{[\mathrm{s}]}$ が残る。

問題 16.10 $E_0=\sqrt{\dfrac{2I}{\varepsilon_0 c}}=27$ V/m

問題 16.11 $l=\dfrac{\lambda}{2}=\dfrac{c}{2f}=1.9$ m

問題 16.12 $\dfrac{\varepsilon_0 E_0{}^2 c}{2}=\dfrac{P}{2\pi a^2}$ より，$a=\sqrt{\dfrac{P}{\pi\varepsilon_0 E_0{}^2 c}}=2.4\times 10^4$ m $=24$ km

（TV は 24 km くらいの距離まで受信可能である。）

㉗ $\dfrac{\varepsilon_0 E_0{}^2 c}{4}$　㉘ $\dfrac{\mu_0 H_0{}^2 c}{4}$

総合演習 III

復習 問題III.1 【レンツの法則】 ☞ 問題 13.4

図のように磁場を変化させるとき，ループコイルに流れる電流の向きはどちらか。

(1) N 極を遠ざけたとき
(2) N と S 極の間から遠ざけたとき
(3) スイッチを切った直後

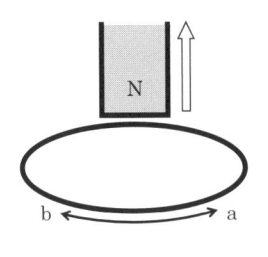

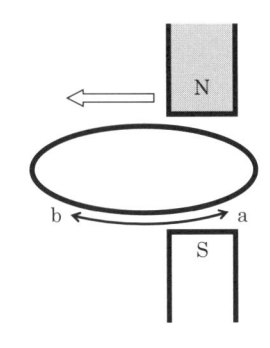

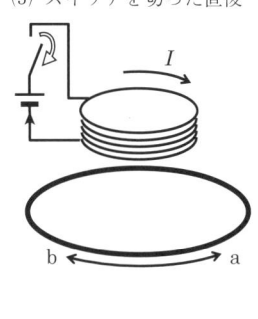

復習 問題III.2 【コイルの誘導起電力】 ☞ 問題 13.8

$N = 300$ 回巻きのコイルを貫く磁束 Φ_m が毎秒 3.0×10^{-3} Wb だけ変化する。コイルの両端に生じる誘導起電力の大きさ ε を求めよ。

復習 問題III.3 【ソレノイドのインダクタンス】 ☞ 問題 14.6

長さ $l = 0.10$ m，断面積 $A = 1.0 \times 10^{-4}$ m^2 で巻き数が $N = 200$ 巻きのソレノイドがある。このソレノイドのインダクタンス L を求めよ。

復習 問題III.4 【電磁波の波長と周波数の関係】 ☞ 問題 16.2

電磁波の振動数 f，波長 λ および光速度 c の関係は $c = f\lambda$ である。光速度を $c = 3.00 \times 10^8$ m/s として，以下の問いに答えよ。

(1) 電子レンジのマイクロ波は振動数が $f = 2.45$ GHz である。波長 λ を計算せよ。
(2) 肉眼で紫に見える光の波長は約 $\lambda = 400$ nm である。この光の振動数 f を計算せよ。
(3) 地上と潜水艦の間の通信には ELF（Extremely Low Frequency）とよばれる特殊な電波を使う。典型的な波長は 3900 km である。波の 4 周期で 1 文字を送れると仮定して，毎秒何文字の通信ができるか計算せよ。

総合 問題III.5 【ファラデーの電磁誘導の法則】

図のように，磁場の大きさが $B = 2.0$ T の鉛直上向きの一様な磁場内に長さ $l = 1.0$ m の間隔で置かれたレールがあり，抵抗 $R = 0.10$ Ω の抵抗がつながれている。このレールに垂直に置いた導体棒に質量 m のおもりをつけて手を放すと，レールは $v = 1.0$ m/s をたもって右方向に動いた。以下の問

いに答えよ。ただし，重力加速度の大きさを $g = 9.8 \text{ m/s}^2$ とする。
(1) 導体棒に生じる起電力の大きさ V を求めよ。
(2) 回路に流れる電流の大きさ I を求めよ。また電流が流れる方向は a, b のどちらか。
(3) 導体棒が受ける力の大きさ F を求めよ。
(4) おもりの質量 m を求めよ。

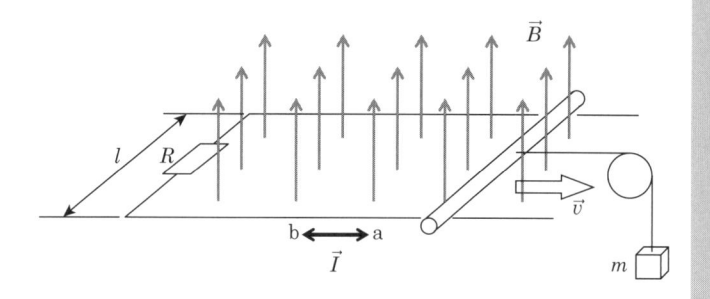

総合 問題III.6 【同軸ケーブルに蓄えられるエネルギー】

図のような同軸ケーブルがあり，半径 a と b の薄い円筒にはそれぞれ電流 I が図の矢印の向きに流れている。以下の問いに答えよ。
(1) このケーブルの，単位長さあたりのインダクタンス L を求めよ。
(2) 単位長さあたりに蓄えられるエネルギー U_m を求めよ。
(3) 磁場エネルギー密度 $u_m = \dfrac{B^2}{2\mu_0}$ を積分して単位長さあたりの同軸ケーブルに蓄えられるエネルギー U_m' を求め，U_m と一致するか確かめよ。

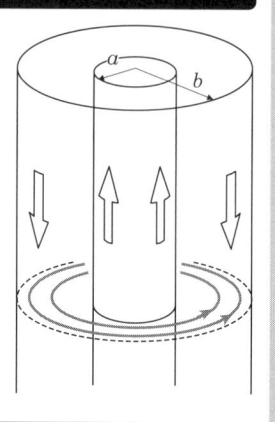

総合 問題III.7 【電磁波のパワーと電場・磁場】

波長 $\lambda = 1.0 \, \mu\text{m}$，パワーが $P = 1.0 \text{ kW}$ のレーザービームがある。ビームを平面波と考え，光速度を $c = 3.0 \times 10^8 \text{ m/s}$ として以下の問いに答えよ。
(1) ビームは半径 $r = 4.0 \text{ mm}$ の円形であった。断面内のパワー分布は一定として，単位面積あたりのパワー $I \, [\text{W/m}^2]$ を求めよ。
(2) 電場の大きさ E_0 を求めよ。
(3) 磁場の大きさ B_0 を求めよ。
(4) 長さ $l = 100 \text{ m}$ のビームに含まれる電磁波のエネルギー W を求めよ。

解答

問題III.1 (1) b (2) b (3) b

問題III.2 $\varepsilon = N\dfrac{d\Phi_m}{dt} = 300 \times 3.0 \times 10^{-3} = 0.90 \text{ V}$

問題III.3 巻き線密度 $n = \dfrac{N}{l}$ より，$L = \mu_0 \left(\dfrac{N}{l}\right)^2 lA = 5.0 \times 10^{-5} \text{ H}$

問題III.4 (1) $\lambda = \dfrac{c}{f} = 0.122 \text{ m}$ (2) $f = \dfrac{c}{\lambda} = 7.50 \times 10^{14} \text{ Hz}$

(3) $f = \dfrac{c}{\lambda} = 76.9 \text{ Hz}$　$76.9 \div 4 = 19$，毎秒 19 文字の通信ができる。

問題III.5 (1) $V = \dfrac{d\Phi_m}{dt} = 2.0 \text{ V}$ (2) $I = \dfrac{V}{R} = 20 \text{ A}$，b 方向 (3) $F = IlB = 40 \text{ N}$

(4) $m = \dfrac{F}{g} = 4.1 \text{ kg}$

問題III.6 (1) 磁場は半径 a と b の間にのみ存在する。同軸ケーブル断面を貫く全磁束は

$$\Phi_\text{m} = \int_a^b \dfrac{\mu_0 I}{2\pi r} dr = \dfrac{\mu_0 I}{2\pi} \log \dfrac{b}{a}, \quad \text{よって } L = \dfrac{\Phi_\text{m}}{I} = \dfrac{\mu_0}{2\pi} \log \dfrac{b}{a}$$

(2) $U_\text{m} = \dfrac{1}{2} L I^2 = \dfrac{\mu_0 I^2}{4\pi} \log \dfrac{b}{a}$

(3) $u_\text{m} = \dfrac{B^2}{2\mu_0} = \dfrac{1}{2\mu_0} \left(\dfrac{\mu_0 I}{2\pi r} \right)^2$ を内半径 a，外半径 b，高さ 1 m のドーナツ状の空間で積分する。微小体積 dV は半径 r，厚さ dr，高さ 1 m の薄いリングとすると $dV = 2\pi r dr$ と表せるので

$$U_\text{m}' = \dfrac{1}{2\mu_0} \int_a^b \left(\dfrac{\mu_0 I}{2\pi r} \right)^2 2\pi r dr = \dfrac{\mu_0 I^2}{4\pi} \log \dfrac{b}{a} = U_\text{m}$$

したがって，蓄えられるエネルギーは(2)と一致する。

問題III.7 (1) $I = \dfrac{P}{\pi r^2} = 2.0 \times 10^7 \text{ W/m}^2$

(2) $I = \dfrac{\varepsilon_0 E_0^2 c}{2}$ を変形して，$E_0 = \sqrt{\dfrac{2I}{\varepsilon_0 c}} = 1.2 \times 10^5 \text{ V/m}$

(3) $\dfrac{E_0}{H_0} = \sqrt{\dfrac{\mu_0}{\varepsilon_0}}$，$\dfrac{E_0}{B_0} = \sqrt{\dfrac{1}{\varepsilon_0 \mu_0}} = c$ なので，$B_0 = \dfrac{E_0}{c} = 4.0 \times 10^{-4} \text{ T}$

(4) $W = P \dfrac{l}{c} = 3.3 \times 10^{-4} \text{ J}$

第17章 物質と電磁気学(1) 誘電体

キーワード 誘電体，誘電率

17.1 誘電体とは何か　Basic

第1章で説明したように，物質は電流が流れる性質から大きく❶[　　　]と❷[　　　]に分かれる。

絶縁体は電場をかけたときのふるまいの特徴から，❸[　　　]ともよばれる。誘電体の原子は自由な電荷を提供することはないため❹[　　　]が流れることはない。

しかし，誘電体の原子に外部から電場がかかると，原子を回る電子が引っ張られ，バランスが崩れる。すると，原子はプラスとマイナスの部分に分裂する。これを❺[　　　]という。分極した原子は，プラスとマイナスの電荷が接近したペアである❻[　　　]でモデル化できる（図17.1）。今後は，分極した原子を双極子で表すことにする。

誘電体に電場をかけると，誘電体を構成する個々の原子が分極する。すると結果として，誘電体は図17.2のように両端にプラスとマイナスの電荷がにじみ出ることになる。

分極にもいくつか種類があり，水のような分子は電場がかからないときも全体としてプラスとマイナスの部分に分裂していて，これを**永久分極**という。電場がかかっていないときは分子の向

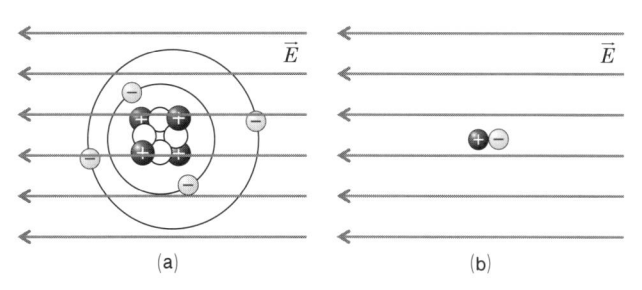

図17.1 双極子モデル
(a) 誘電体の原子に電場がかかると分極が起こる。
(b) 誘電体の分極は「双極子」でモデル化できる。

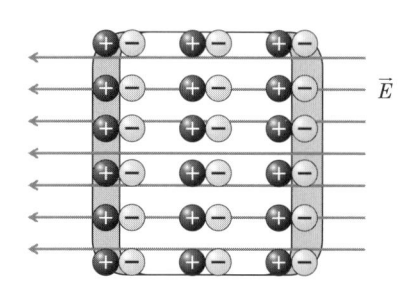

図17.2 誘電体の分極
分極した誘電体は両端に正・負の電荷が現れる。

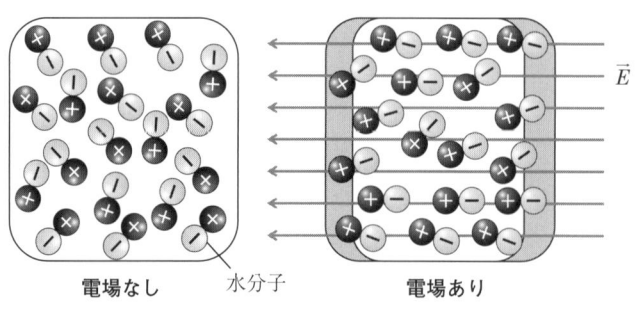

図17.3 配向分極
水のような永久分極のある液体分子は回転することによって分極する。

きがランダムなので全体として分極の効果が現れることはないが，電場をかけると分子が回転して，誘電体全体では図17.2と同様の効果が観測される（図17.3）。ここで，誘電体と導体の違いをまとめておこう。表17.1を見てほしい。

表17.1 導体と誘電体の違い

	導体	誘電体
構造	原子からできていて，原子は正電荷の原子核と負電荷の電子からなる。	
電子	自由に動ける。	正電荷の近くで動けるが，隣の原子までは移動できない。
電場がかかると	電子がどこまでも移動する。移動は導体内部の電場がゼロになると止まる。	電荷はわずかに移動する。結果として，誘電体の一番端に正電荷，負電荷がにじみ出す。

誘電体が分極する，という性質は，誘電体に囲まれた電荷にある影響を及ぼす。図17.4は，誘電体に囲まれた正電荷の様子を示している。電場は正電荷から等方的に発しているが，誘電体の分極によって生まれた負電荷が正電荷のすぐ近くににじみ出しているため，正電荷から発する電気力線が一部そこで終端する。その結果，外から見ると誘電体に埋め込まれた電荷からは真空より少ない電場が発しているように見える。

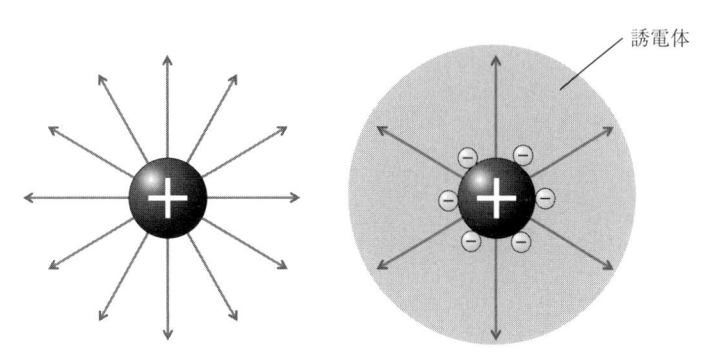

図17.4 誘電体に囲まれた電荷
正電荷と，そこから発する電気力線の様子（左）。電荷が誘電体に囲まれると，分極電荷により一部の電気力線が吸収されてしまう（右）。

一方，ガウスの法則は「閉曲面を貫く電束を面積分すると，面の内部にある電荷に一致する」という法則である。この法則が，誘電体に囲まれた電荷にも通用できるように拡張したい。そこで，以下のような考え方を導入する。

① 電束は，qの電荷からqだけ発するベクトル量で，ガウスの法則を常に満足する。

② 電束密度$\vec{D}$は，単位面積を通過する電束の密度で[C/m^2]という次元のベクトル量である。

③ 電場$\vec{E}$と電束密度$\vec{D}$は，真空中では$\vec{D} = \varepsilon_0 \vec{E}$という関係で結ばれる。

④ 誘電体が存在する空間は，空間の誘電率がε_0より大きな値をとる，と考える。この場合，電荷から発する電束の量は変わらないが電場が小さくなる。関係式は$\vec{D} = \varepsilon \vec{E}$である。

⑤ εを物質の❼ [____] ，$\varepsilon_r = \varepsilon/\varepsilon_0$を物質の❽ [____] と名づける。

この考え方を使うと，分極電荷の存在を意識することなく，自由な電荷の分布のみからガウスの法則を考えることができ，誘電体を含んだ電磁気学の見通しがよくなる。代表的な物質の比誘電率 ε_r を表 17.2 にまとめた。

表 17.2 代表的な誘電体の比誘電率

物質名	比誘電率	物質名	比誘電率
空気（乾）	1.000536	水	80.4
ダイヤモンド	5.68	変圧器油	2.2
ソーダガラス	7.5	シリコン油	2.2
ゴム（ネオプレン）	5.7〜6.5	チタン酸ストロンチウム	332
クラフト紙	2.9	チタン酸バリウム	2900

基本 問題 17.1　【電束密度のガウスの法則】

電荷 $Q = 1.0\ \mathrm{C}$ から距離 $r = 1.0\ \mathrm{m}$ にある球殻を考える。以下の問いに答えよ。

(1) 電荷と球殻を満たす空間が真空の場合，球殻を貫く電束密度の大きさ D を求めよ。
(2) 空間が比誘電率 $\varepsilon_r = 2.0$ の誘電体で満たされているとき，球殻を貫く電束密度の大きさ D を求めよ。
(3) (1), (2)の場合における，球殻面上の電場の大きさ E をそれぞれ求めよ。

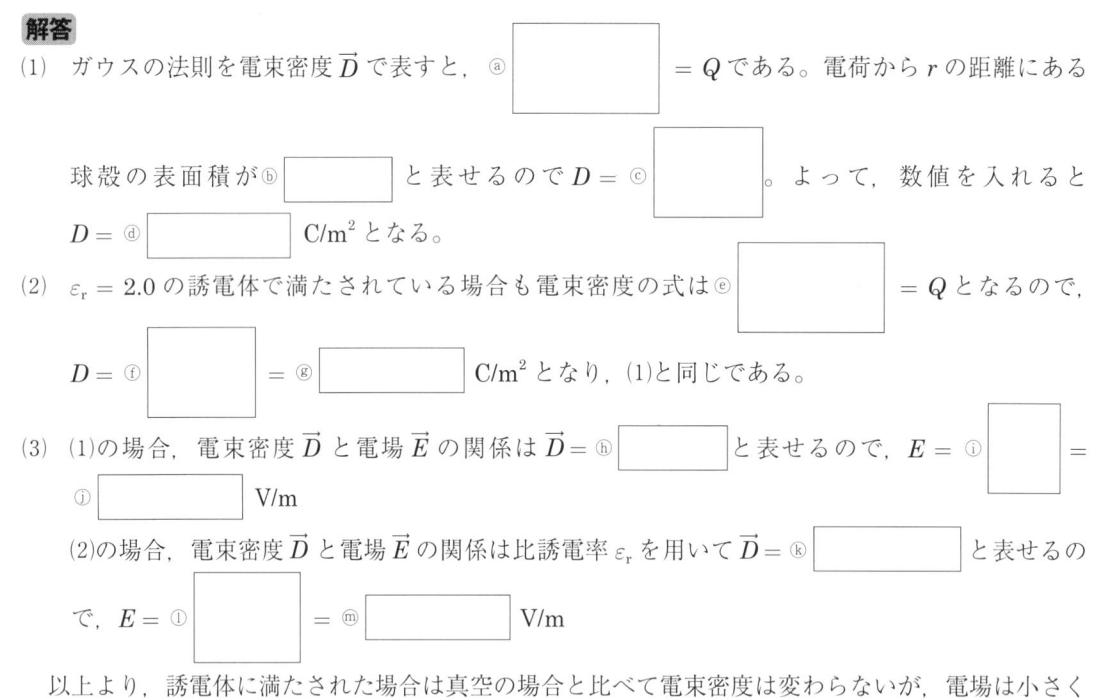

解答

(1) ガウスの法則を電束密度 $\vec{D}$ で表すと，ⓐ□ $= Q$ である。電荷から r の距離にある球殻の表面積がⓑ□ と表せるので $D = $ ⓒ□。よって，数値を入れると $D = $ ⓓ□ $\mathrm{C/m^2}$ となる。

(2) $\varepsilon_r = 2.0$ の誘電体で満たされている場合も電束密度の式はⓔ□ $= Q$ となるので，$D = $ ⓕ□ $=$ ⓖ□ $\mathrm{C/m^2}$ となり，(1)と同じである。

(3) (1)の場合，電束密度 $\vec{D}$ と電場 $\vec{E}$ の関係は $\vec{D} = $ ⓗ□ と表せるので，$E = $ ⓘ□ $=$ ⓙ□ $\mathrm{V/m}$

(2)の場合，電束密度 $\vec{D}$ と電場 $\vec{E}$ の関係は比誘電率 ε_r を用いて $\vec{D} = $ ⓚ□ と表せるので，$E = $ ⓛ□ $=$ ⓜ□ $\mathrm{V/m}$

以上より，誘電体に満たされた場合は真空の場合と比べて電束密度は変わらないが，電場は小さくなっていることがわかる。

発展 問題 17.2　【電束密度のガウスの法則】

図 17.4 のように球状の電荷が球状の誘電体に囲まれている。誘導体の外側，半径 r の球面をガウス面にとれば，

$$\varepsilon_0 4\pi r^2 E = Q$$
$$E = \frac{Q}{4\pi\varepsilon_0 r^2}$$

となり，電気力線は誘電体がない場合と同じでなくてはならないはずである。では，分極電荷に吸収されてしまった電気力線はどこから生じるのだろうか。

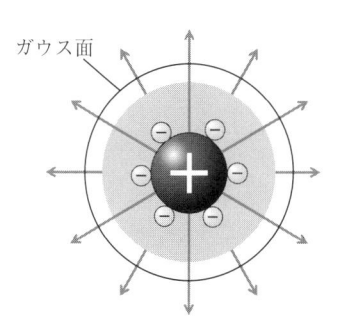

17.2 誘電体を挟んだコンデンサー Basic

物質を含む電磁気学を容易に理解する例として，誘電体を挟んだコンデンサーについて考えよう。極板面積 A，極板間の距離 d の平行板コンデンサーの電気容量は，第7章で述べたように

$$C = \boxed{\quad}^{⑨}$$

で表される。ここに，誘電体を満たしたらどうなるか。誘電体を満たした空間は誘電率が ε になるという約束から，電気容量は

$$C' = \frac{\varepsilon A}{d}$$

になり，コンデンサーの電気容量が増大するはずで，実際そうなることが実験的にも確認されている。表 17.2 を見直してみよう。チタン酸バリウムはコンデンサーの電気容量を増大させるため開発された材料で，間に何も挟まない場合に比べ電気容量を 2900 倍に増大させる。

ここでもういちど誘電体の分極に立ち返って，なぜコンデンサーの電気容量が増大するかを考えよう。図 17.5 は誘電体を挟んだコンデンサーの両極の電荷および分極電荷の分布を示している。誘電体の両端では，極板の電荷に引っ張られて逆負号の電荷が極板のすぐ近くに現れる。しかし，これらは中和してなくなることはない。分極電荷が誘電体から飛び出すことはないからだ。一方で，コンデンサーの極板から発する電気力線は多くが分極電場で終端してしまい，生

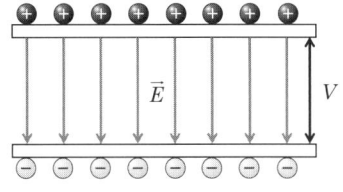

誘電体を含まないコンデンサー　　誘電体を含むコンデンサー

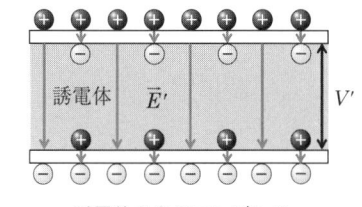

図 17.5 誘電体を含んだコンデンサー

コンデンサーに誘電体を挟むと，誘電体の分極電荷によって電場の多くが打ち消され，電場が弱くなる。

❶❷ 導体，絶縁体　❸ 誘電体　❹ 電流　❺ 分極　❻ 双極子　❼ 誘電率　❽ 比誘電率

き残るものはわずかとなる。

　コンデンサーの電気容量の定義は「蓄えられた電荷と極板間電位差の比率」であることを思い出そう。同じ大きさの電荷が蓄えられても，誘電体の分極電荷によって極板間の電場は打ち消される。$V = Ed$ の公式から極板間電位差が下がり，❿ ☐ が増える，というわけである。

　これを，極板間の誘電率が ε_0 から ε に変わったと考えることで，同じ結論を引き出せるのが本章で学ぶ考え方である。図17.6のような上側の極板を含む底面積 S の円筒形ガウス面を考えよう。極板上の面電荷密度 σ は Q/A で与えられる。電束密度のガウスの法則は，「閉曲面から飛び出す電束は，誘電体のある・なしに関わらず閉曲面内部の電荷に等しい」というものであり，数式では

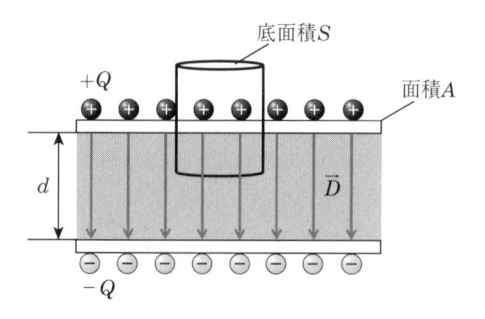

図17.6　誘電体で満たされたコンデンサー
電束密度のガウスの法則を誘電体を満たしたコンデンサーに適用する。

$$\Phi_\mathrm{e} = \iint_S \vec{D} \cdot \mathrm{d}\vec{A} = \sigma S = {}^{⑪}\boxed{}$$

で，対称性の議論から電束は極板間にのみ均一に分布する。すると，極板間電束密度 D は電荷密度 σ に一致して

$$D = \sigma = \frac{Q}{A}$$

である。$D = \varepsilon E$ の関係から，極板間の電場は $E = \dfrac{\sigma}{\varepsilon}$ となり，電位差は

$$V = Ed = \frac{Q}{\varepsilon A} d$$

と求められる。電気容量は $Q = CV$ の関係から，

$$C = {}^{⑫}\boxed{}$$

となり，誘電率を ε_0 から ε に変えた形で表される。

　次に，図17.7のように左半分だけが比誘電率 ε_r の誘電体で満たされたコンデンサーを考えよう。この場合，静電平衡状態の導体の電位はどこでも等しいという仮定を使う。つまり，下側の極板の電位をゼロとすれば，上側の極板の電位はどこでも V である。仮定から電場はどこでも

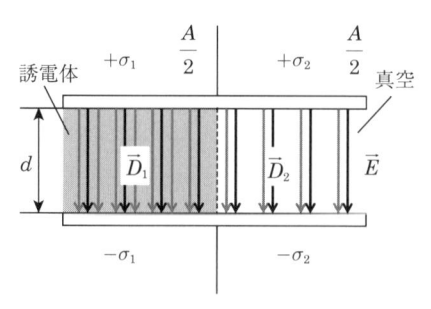

図17.7　左半分だけが誘電体で満たされたコンデンサー
誘電体を一部含むコンデンサーは，誘電体を含まないコンデンサーより電気容量が常に増加する。

$$E = \frac{V}{d}$$

であり，それぞれの領域で $D = \varepsilon E$ を適用すると，電束密度は

$$\text{左}: D_1 = \varepsilon \frac{V}{d} = \varepsilon_0 \varepsilon_r \frac{V}{d} \qquad \text{右}: D_2 = \varepsilon_0 \frac{V}{d}$$

となる。さらに，電束密度のガウスの法則を適用すれば，極板上の面電荷密度は

$$\text{左}: \sigma_1 = \varepsilon_0 \varepsilon_r \frac{V}{d} \qquad \text{右}: \sigma_2 = \varepsilon_0 \frac{V}{d}$$

となる。つまり，極板上の面電荷密度は左の方が高い。コンデンサーの電荷量は，この結果を用いて

$$Q = (\sigma_1 + \sigma_2) \frac{A}{2} = \text{⑬} \boxed{}$$

であるから，最後に，電気容量の定義：$Q = CV$ を適用すれば

$$C = \frac{Q}{V} = \text{⑭} \boxed{}$$

とわかる。すなわち，誘電体を一部含むコンデンサーは誘電体を含まないコンデンサーより電気容量が常に❺ □ する。検算のため，ε を ε_0 に変えてみよう。電気容量は誘電体を含まないコンデンサーに一致するはずである。

次に，比誘電率 ε_r の誘電体が図 17.8 のように上半分だけ満たされている場合の電気容量を考えよう。今度は対称性の議論から極板上の電荷密度は一定と考えられるから，これを σ と仮定する。電束密度のガウスの法則を適用すれば，ただちに，極板間を貫く❻ □ は誘電体のある場所でもない場所でも❼ □ という事実がわかる。したがって，電束密度 D はどこでも

$$D = \sigma$$

であるから，それぞれの領域で $D = \varepsilon E$ を適用し，電場は

$$\text{上}: E_1 = \frac{\sigma}{\varepsilon} = \frac{\sigma}{\varepsilon_0 \varepsilon_r} \qquad \text{下}: E_2 = \frac{\sigma}{\varepsilon_0}$$

とわかる。極板間の電位差は電場を積分して，

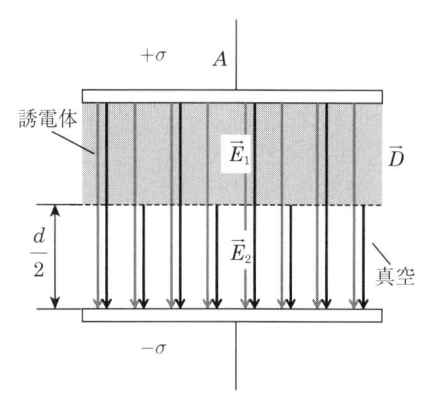

図 17.8 上半分だけが誘電体で満たされたコンデンサー

誘電体を一部含むコンデンサーは，誘電体を含まないコンデンサーより電気容量が常に増加する。

⑨ $\dfrac{\varepsilon_0 A}{d}$

$$V = (E_1 + E_2)\frac{d}{2} = \boxed{}^{⑱}$$

となる．最後に，電気容量の定義：$Q = \sigma A = CV$ を適用すれば，

$$C = \frac{\sigma A}{V} = \boxed{}^{⑲}$$

となる．今度の場合も，誘電体を一部含むコンデンサーは誘電体を含まないコンデンサーより電気容量が常に❷⓪$\boxed{}$する．検算のため，ε を ε_0 に変えてみよう．電気容量は誘電体を含まないコンデンサーに一致する．

以上の考察より，誘電体を含むコンデンサーの電気容量は，常に誘電体を含まない場合より大きくなることが明らかになった．コンデンサーに蓄えられるエネルギー U_e は

$$U_e = \frac{Q^2}{2C}$$

だから，極板に一定の電荷を与えたあとに，極板間の空間に誘電体を挿入すると電気容量が増え，その結果エネルギーが減少する．このような場合，自然の摂理はエネルギーの低い状態を好むので，誘電体がコンデンサーに引っ張られるような力を受けることになる．

下敷きに静電気を発生させて，髪の毛を引きつけるイタズラをしたことのある諸君もいるだろう．なぜ髪の毛が引きつけられるかというと，髪の毛が誘電体だからである．

問題 17.3 【誘電体を挟んだコンデンサーの電気容量】

図のように極板面積 $A = 0.20 \text{ m}^2$，極板間距離 $d = 1.0 \times 10^{-4}$ m のコンデンサーに比誘電率 $\varepsilon_r = 2.0$ の誘電体を左半分に挿入した．電束はすべて極板に垂直であると仮定し，以下の問いに答えよ．

(1) 極板間の電位差を $V = 1.5$ V とするとき，左半分，右半分の極板上の面電荷密度 σ_L，σ_R をそれぞれ求めよ．
(2) 極板に蓄えられている電荷 Q を求めよ．
(3) このコンデンサーの電気容量 C を求めよ．

問題 17.4 【誘電体を挟んだコンデンサーの電気容量】

図のように極板面積 $A = 0.20 \text{ m}^2$，極板間距離 $d = 1.0 \times 10^{-4}$ m のコンデンサーに比誘電率 $\varepsilon_r = 2.0$ の誘電体を下半分に挿入した．電束はすべて極板に垂直であると仮定し，以下の問いに答えよ．

(1) 極板上の面電荷密度を $\sigma = 1.3 \times 10^{-7} \text{ C/m}^2$ とするとき，上半分，下半分の領域での電場の大きさ E_U，E_L をそれぞ

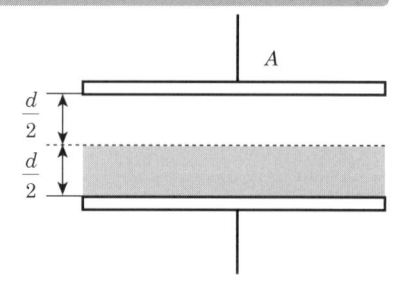

(2) 極板間の電位差 V を求めよ。
(3) このコンデンサーの電気容量 C を求めよ。

基本 問題 17.5　【誘電体を挟んだコンデンサーの電気容量】

図のように面積 $A = 0.10 \text{ m}^2$, 極板間距離 $d = 1.0 \times 10^{-4}$ m のコンデンサーに，面積の 3 分の 1 ずつ比誘電率 $\varepsilon_r = 2.0$, 3.0, 4.0 の材料を埋めたコンデンサーがある。コンデンサーの電気容量 C を求めよ。ただし，電束はすべて極板に垂直であると仮定せよ。

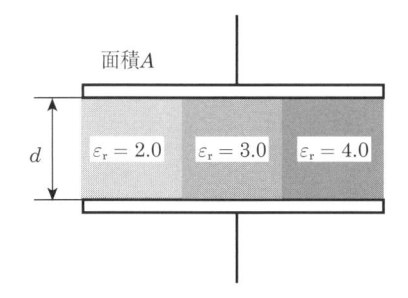

発展 問題 17.6　【誘電体を挟んだコンデンサーの電気容量】

図のように $\varepsilon_r = 2.0$, 3.0, 4.0 の材料を使い極板間の隙間を埋めたコンデンサーがある。材料の境目はちょうど極板面積および極板間距離を二分する位置である。電束はすべて極板に垂直であると仮定し，以下の問いに答えよ。

(1) 左半分の極板上の面電荷密度を σ_L, 右半分極板上の面電荷密度を σ_R として，$\varepsilon_r = 3.0$, 4.0 の部分の電場 E_3, E_4 および $\varepsilon_r = 2.0$ の部分の左半分の電場 E_{2L}, 右半分の電場 E_{2R} を求めよ。
(2) 極板間の電位差を V とするとき，σ_L, σ_R を求めよ。
(3) 極板に蓄えられている電荷 Q を求めよ。
(4) このコンデンサーの電気容量 C を求めよ。

発展 問題 17.7　【誘電体を挟んだコンデンサー】

図は，一部だけ比誘電率 ε_r の誘電体を挿入したコンデンサーを示している。以下の問いに答えよ。
(1) コンデンサーの電気容量 C を x の関数で表せ。
(2) 誘電体がコンデンサーに引き込まれる力 F を求めよ。ここで，極板には電荷 $\pm Q$ が蓄積されているとし，コンデンサーに蓄えられる静電ポテンシャルエネルギーを U_e とすれば，$F = -\dfrac{dU_e}{dx}$ が成立する。

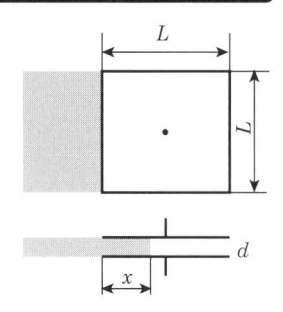

解答

問題 17.1　ⓐ $\oiint \vec{D} \cdot d\vec{A}$　ⓑ $4\pi r^2$　ⓒ $\dfrac{Q}{4\pi r^2}$　ⓓ 8.0×10^{-2}　ⓔ $\oiint \vec{D} \cdot d\vec{A}$

ⓕ $\dfrac{Q}{4\pi r^2}$　ⓖ 8.0×10^{-2}　ⓗ $\varepsilon_0 \vec{E}$　ⓘ $\dfrac{D}{\varepsilon_0}$　ⓙ 9.0×10^9　ⓚ $\varepsilon_0 \varepsilon_r \vec{E}$

⑩ 電気容量　⑪ $\dfrac{Q}{A}S$　⑫ $\dfrac{\varepsilon A}{d}$　⑬ $(1+\varepsilon_r)\varepsilon_0 \dfrac{VA}{2d}$　⑭ $(1+\varepsilon_r)\dfrac{\varepsilon_0 A}{2d}$　⑮ 増加　⑯ 電束

⑰ 同じ

① $\dfrac{D}{\varepsilon_0 \varepsilon_r}$ ⓜ 4.5×10^9

問題 17.2 誘電体に正電荷が埋め込まれているとき，電荷に接する表面には負電荷が誘導される。しかし，その反対側の表面には必ず反対の電荷，この場合は正電荷がにじみ出す。そして，その正電荷も電気力線を発するので，結局誘電体の外側には真空と同じ本数の電気力線が存在することになる。

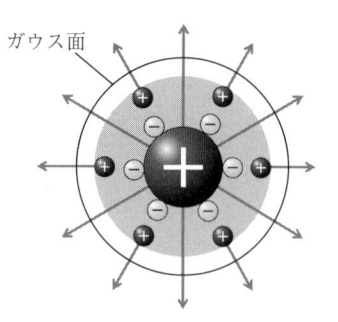

問題 17.3 (1) $\sigma_L = \varepsilon_0 \varepsilon_r \dfrac{V}{d} = 2.7 \times 10^{-7}$ C/m^2, $\sigma_R = \varepsilon_0 \dfrac{V}{d} = 1.3 \times 10^{-7}$ C/m^2

(2) $Q = \dfrac{A}{2}(\sigma_L + \sigma_R) = (\varepsilon_r + 1)\dfrac{\varepsilon_0 AV}{2d} = 4.0 \times 10^{-8}$ C

(3) $C = \dfrac{Q}{V} = (\varepsilon_r + 1)\dfrac{\varepsilon_0 A}{2d} = 2.7 \times 10^{-8}$ F

問題 17.4 (1) $E_U = \dfrac{\sigma}{\varepsilon_0} = 1.5 \times 10^4$ V/m, $E_L = \dfrac{\sigma}{\varepsilon_0 \varepsilon_r} = 7.3 \times 10^3$ V/m

(2) $V = \dfrac{d}{2}(E_U + E_L) = \left(1 + \dfrac{1}{\varepsilon_r}\right)\dfrac{\sigma d}{2\varepsilon_0} = 1.1$ V (3) $C = \dfrac{\sigma A}{V} = \dfrac{2\varepsilon_0 A}{\left(1 + \dfrac{1}{\varepsilon_r}\right)d} = 2.4 \times 10^{-8}$ F

問題 17.5 $C = (\varepsilon_{r1} + \varepsilon_{r2} + \varepsilon_{r3})\dfrac{\varepsilon_0 A}{3d} = 2.7 \times 10^{-8}$ F

問題 17.6 (1) $E_3 = \dfrac{\sigma_L}{\varepsilon_r \varepsilon_0} = \dfrac{\sigma_L}{3\varepsilon_0}$, $E_4 = \dfrac{\sigma_R}{\varepsilon_r \varepsilon_0} = \dfrac{\sigma_R}{4\varepsilon_0}$, $E_{2L} = \dfrac{\sigma_L}{\varepsilon_r \varepsilon_0} = \dfrac{\sigma_L}{2\varepsilon_0}$, $E_{2R} = \dfrac{\sigma_R}{\varepsilon_r \varepsilon_0} = \dfrac{\sigma_R}{2\varepsilon_0}$

(2) $V = \dfrac{d}{2}(E_3 + E_{2L}) = \dfrac{5d\sigma_L}{12\varepsilon_0}$ より, $\sigma_L = \dfrac{12\varepsilon_0 V}{5d}$,

$V = \dfrac{d}{2}(E_4 + E_{2R}) = \dfrac{3d\sigma_R}{4\varepsilon_0}$ より, $\sigma_R = \dfrac{8\varepsilon_0 V}{3d}$

(3) $Q = \dfrac{A}{2}(\sigma_L + \sigma_R) = \dfrac{38\varepsilon_0 VA}{15d}$ (4) $C = \dfrac{Q}{V} = \dfrac{38\varepsilon_0 A}{15d}$

問題 17.7 (1) 面電荷密度はそれぞれ $\sigma_L = \dfrac{\varepsilon_r \varepsilon_0 V}{d}$, $\sigma_R = \dfrac{\varepsilon_0 V}{d}$ であるから,

$$C = \dfrac{Q}{V} = \dfrac{\left[Lx\left(\dfrac{\varepsilon_r \varepsilon_0 V}{d}\right) + L(L-x)\left(\dfrac{\varepsilon_0 V}{d}\right)\right]}{V} = [x(\varepsilon_r - 1) + L]\dfrac{\varepsilon_0 L}{d}$$

(2) $F = -\dfrac{d}{dx}\left(\dfrac{Q^2}{2C}\right) = -\dfrac{d}{dx}\left(\dfrac{Q^2 d}{2[x(\varepsilon_r - 1) + L]\varepsilon_0 L}\right) = \dfrac{d(\varepsilon_r - 1)Q^2}{2[x(\varepsilon_r - 1) + L]^2 \varepsilon_0 L}$

この式が有効である範囲は ($0 \leq x \leq L$) であることに注意せよ。

第 18 章 物質と電磁気学(2) 磁性体

キーワード 磁性体，透磁率

18.1 磁性体とは何か　　Standard

　本章では，物質の磁気的性質について考えよう。この世の最小の磁石が原子のループ電流であることを第 10 章ですでに学んだ。これを「原子磁石」とよぼう（図 18.1）。個々の原子磁石はランダムな方向を向いているが，物質が磁場中にあるとき，それらは外部の磁力に引かれ，磁場の方向を向くようになる。これを❶□□□□□□とよぶ。磁化した物体は原子磁石の磁場が強め合い，全体として 1 つの磁石としてふるまうようになる。

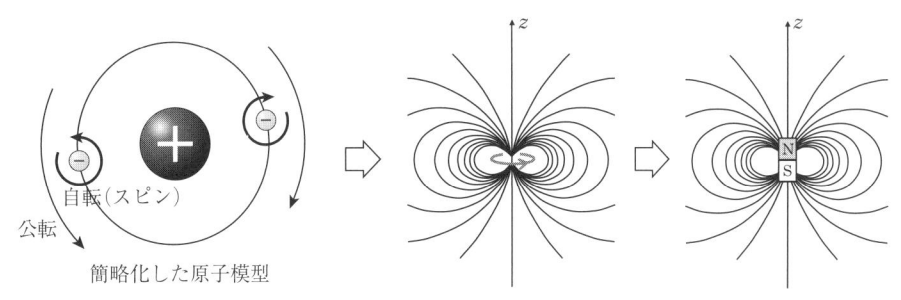

図 18.1　原子のループ電流とそのモデル
原子は 1 つの微小な棒磁石と考えることができる。

　物質の磁化を考えるとき，その物質は❷□□□□□□とよばれる。注意すべき点は，誘電体と磁性体は別々のもの，というわけではなく，あらゆる物質は磁場をかけるとある種の磁性体としてふるまう，という点である。つまり，「磁性体」という特殊な物質があるわけではない，ということをまず注意しておこう。次に，物質と電場の関係を見たとき，物質は大きく「導体」と「絶縁体」に分類できた。一方，物質と磁場の関係を見るとき，「導体」と見なせるような性質は存在しない。図 18.2 を見てみよう。個々の原子がもつ N 極と S 極が，電場でいうところの正電荷，負電荷にあたる。しかし，これらを分離することはできない。なぜなら，これらはもともとループ電流で，分極した「磁荷」のように見えるのは単にたとえ話をしているからである。そして，この仮想の磁荷を，あたかも本当の正磁荷，負磁荷のように扱うと，磁石の性質をとてもわかりやすく考えることができる。

　物質をその磁気的性質で分類すると，表 18.1 に示されるように大きく 3 つに分類で

---

⑱ $\left(1+\dfrac{1}{\varepsilon_\mathrm{r}}\right)\dfrac{d\sigma}{2\varepsilon_0}$　⑲ $\dfrac{2\varepsilon_0 A}{\left(1+\dfrac{1}{\varepsilon_\mathrm{r}}\right)d}$　⑳ 増加

きる。多くの元素では，電子は自転（スピン）が逆向きのペアで存在するため，原子磁石の効果を打ち消し合う。したがって，磁化はほとんど観測できないほど弱い。これを「常磁性体」という。一方，鉄やコバルトなどの原子は，内部にペアを作らない電子が存在しているため桁違いに強い磁化を示す。これらは「強磁性体」とよばれる。誘電体の分極と違い，磁化は複雑な物理現象で，なかには「外部磁場と逆方向に磁化する」物質もある。これは，外部磁場に置かれた原子磁石が「外部磁場に反発する方向に回る」という変わった性質をもつ物質（反磁性体）である。このメカニズムをきちんと説明するためには量子力学の助けを借りる必要があるが，とにかく，直感的には信じられない現象が実際に観測されている。

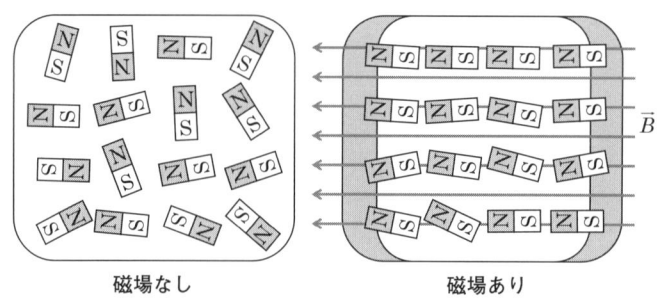

図18.2 磁性体の磁化の模式図
原子磁石がそろうとそれは1つの大きな磁石のように見える。

表18.1 物質を磁気的性質で分類したもの

常磁性体	外部磁場に比例して磁化する物質。ただし，通常は「磁石にくっつく」といった，明らかな磁気的性質を示すことはない。
強磁性体	磁化が特に強い磁性体。中には「ヒステリシス（☞168ページ）」といった特異な性質を示すものもある。
反磁性体	外部磁場と反対向きに磁化する物質。常磁性体と同様，明らかな磁気的性質を示すことはないが，強力な磁場に反発する現象が観測される。

反磁性体の話題はかなり高度になるので，今は素直に外部磁場にしたがう物質を考えよう。17.1節では物質があってもガウスの法則が成り立つように電場に対して電束密度を考えた。同様に，物質があっても通用するアンペールの法則を考えよう。

図18.3は無限に長い直線電流が常磁性体の中にある状況を示している。外部磁場により磁性体が磁化し，原子のループ電流がまるでソレノイドのように整列する。このような原子磁石のループ電流を❸□□□□□□とよび，記号 M で表す。磁化電流は磁束を取り巻くように発生し，その大きさを「単位長さあたりの磁束を回る電流の量」として，単位は [A/m] で表す。すると，磁化電流により作られる磁場はソレノイドの公式（☞12.2節）から

$$B_{(磁化)} = \mu_0 M$$

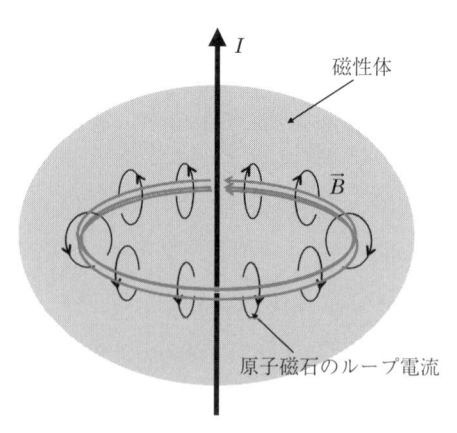

図18.3 磁性体中を流れる電流とそのまわりの磁場

原子磁石の電流がまるでソレノイドのように磁束を取り巻く。

である。つまり，磁性体中にある電流は真空にあるときより多くの磁場を発生させることができ，

$$B = B_{(電流)} + B_{(磁化)}$$

となる。そこで，電束密度の場合と同様に電流にのみ依存する物理量として，磁場（磁束密度）Bから磁化電流Mの効果を引いた「磁場の強さH」なる物理量を考える。そこで，以下のような考え方を導入する。

① 磁場の強さHは，磁束密度Bから磁化電流Mが作る分を引き去ったものである。次元を合わせるため，以下のように定義する。

$$B = B_{(電流)} + B_{(磁化)} = \mu_0 H + \mu_0 M \rightarrow H = \text{④} \boxed{}$$

② 磁場の強さHを周回積分すると，どんな場合でも積分路に囲まれる電流に等しい値をもち，次元は [A/m] である。

③ 磁場の強さは磁束密度と同じ方向をもつベクトル量で，真空中では$B = \mu_0 H$という関係で結ばれる。磁性体が存在する空間は，空間の透磁率がμ_0と異なる値をとると考える。

④ 電流を取り巻く磁場の強さHは変わらないが，磁化により磁性体が磁束密度を作るため，磁束密度が$B = \mu H$で表される大きさに変化する。

⑤ μを物質の❺ $\boxed{}$，$\mu_r = \mu/\mu_0$を物質の❻ $\boxed{}$ と名づける。

この考え方を使うと，磁化電流の存在を意識することなく，真の電流分布のみからアンペールの法則を考えることができ，磁性体を含んだ電磁気学の見通しがよくなる。比透磁率μ_rは誘電体と違い，常磁性体においては1との差が小数点以下5桁以下と，ほとんど真空と変わらない。一方，強磁性体の比透磁率は後述するヒステリシスのため定数ではないが，オーダーでは数千から数十万と極端に大きい。また，必ず1より大きい値をとる比誘電率と異なり，比透磁率が1を下回る材料（反磁性体）もたくさんある。代表的な物質の比透磁率μ_rを表18.2にまとめた。

E, D, B, Hの4つの物理量を使うと，マクスウェルの方程式（☞14.2節）は真空だけでなく物質を含んだ場合にも拡張でき，誘電率，透磁率を含まない非常にシンプルな形で，次のように書き表せる。

表18.2 代表的な物質の比透磁率

物質名	比透磁率	物質名	比透磁率
アルミニウム	1.00002	酸素	1.000002
空気	1.0000003	ニッケル	250※
ビスマス	0.99983	純鉄	～5000※
水	0.999991	パーマロイ	～100000※

※強磁性体の比透磁率は定数ではないが参考のためオーダーを示す。

❶ 磁化　❷ 磁性体

法則 物質を含む場合に拡張されたマクスウェルの方程式

$$\oiint \vec{D}\cdot \mathrm{d}\vec{A} = Q \qquad \oiint \vec{B}\cdot \mathrm{d}\vec{A} = 0$$

$$\oint \vec{E}\cdot \mathrm{d}\vec{s} = -\frac{\mathrm{d}}{\mathrm{d}t}\iint \vec{B}\cdot \mathrm{d}\vec{A} \qquad \oint \vec{H}\cdot \mathrm{d}\vec{s} = I + \frac{\mathrm{d}}{\mathrm{d}t}\iint \vec{D}\cdot \mathrm{d}\vec{A}$$

基本 問題 18.1 【磁場の強さのアンペールの法則】

電流 $I = 1.0$ A が流れる無限に長い直線電流があり，この電流から $r = 1.0$ m 離れた位置について考える。以下の問いに答えよ。

(1) この空間が真空の場合，磁場の強さの大きさ H を求めよ。
(2) この空間が比透磁率 $\mu_r = 2.0$ の磁性体で満たされているとき，磁場の強さの大きさ H を求めよ。
(3) (1)，(2)の場合における，磁束密度の大きさ B をそれぞれ求めよ。

解答

(1) アンペールの法則を磁場の強さ $\vec{H}$ で表すと，ⓐ _____ $= I$ である。電流から距離 r 離れた円周の経路は ⓑ _____ と表せるので，$H =$ ⓒ _____ となる。よって，数値を入れると $H =$ ⓓ _____ A/m となる。

(2) $\mu_r = 2.0$ の磁性体で満たされている場合も，アンペールの法則を磁場の強さ $\vec{H}$ で表すと，ⓔ _____ $= I$ となるので，$H =$ ⓕ _____ $=$ ⓖ _____ A/m となり，(1)と同じとなる。

(3) (1)の場合，磁束密度 $\vec{B}$ と磁場の強さ $\vec{H}$ の関係は $\vec{B} =$ ⓗ _____ と表せるので

$B =$ ⓘ _____ $=$ ⓙ _____ T

(2)の場合，磁束密度 $\vec{B}$ と磁場の強さ $\vec{H}$ の関係は比透磁率 $\mu_r = 2.0$ を用いて，$\vec{B} =$ ⓚ _____ と表せるので，$B =$ ⓛ _____ T

以上より，磁性体に満たされた場合は真空の場合と比べて磁場の強さは変わらないが，磁束密度は大きくなっていることがわかる。

発展 問題 18.2 【磁束密度と磁場の強さ】

磁場の強さ $\vec{H}$ を視覚的に理解するために，電荷 q が電場 $\vec{E}$ に比例する電気力線を発するのと同じ考え方で，磁極が正負の磁荷 q_m をもっていて，磁場 $\vec{H}$ に比例する「磁力線」を発していると考える。一方，磁束密度 $\vec{B}$ を発する源はないため，「磁束線」はどんな場合でも始点・終点はなく連続している。図は比透磁率 $\mu_r = 2$ の磁性体を磁束密度 $\vec{B}$ の磁束線が貫いている状況である。真空中では $\vec{H}$ と $\vec{B}$ が 1：1

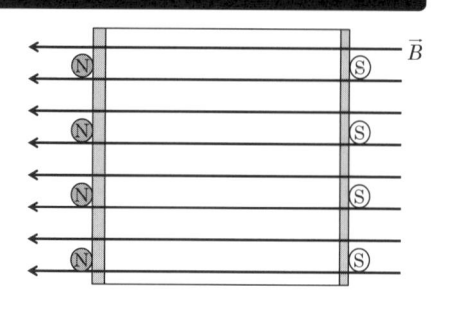

に対応するとして，磁性体内部，外部の磁力線 $\vec{H}$ を描け。

18.2　強磁性体の応用　Standard

強磁性体に分類される物質には鉄，ニッケルなどの金属やその化合物があるが，それらの強磁性体をソレノイドの中に入れるとどうなるか考えよう。図 18.4 は内部を強磁性体で満たした電流 I が流れる巻き線密度 n の長いソレノイドを表している。磁場の強さのアンペールの法則を適用すると，ソレノイド内部の磁場の強さ H は $Hl = nlI$ より，

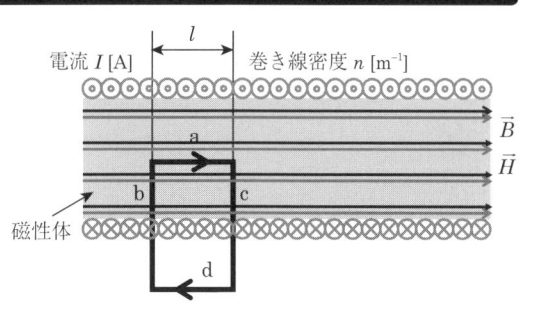

$$H = \boxed{\text{⑦}}$$

図 18.4　ソレノイド中の強磁性体
磁性体で内部を満たされたソレノイドに磁場の強さのアンペールの法則を適用する。

で，これは内部の磁性体の有無によらない。いま，磁性体の比透磁率が 5000 だとすると，磁束密度は $B = \mu H = \mu_r \mu_0 H = 5000 \mu_0 H$ と磁性体がない場合の実に 5000 倍にもなる。このように，強磁性体は強力な電磁石をつくるために不可欠な物質である。

強磁性体をループにして，一部をソレノイドの中に通すと，強磁性体内部で発生した強い磁束はほとんどが外に出ないで磁性体内部を 1 周する（図 18.5）。数式での説明は難しいが，定性的には強磁性体が「自由に回転できる小さな磁石の集合体」と考えるとわかりやすい。ソレノイドの内側にある強磁性体はソレノイドの電流が作る磁場により一方向に整列させられるが，それらが発する強い磁場はソレノイドの外側にある磁性体の微小磁石を次々に整列させていく。結果として，磁性体はぐるりと 1 周整列し，磁性体に沿った強い磁場が発生する。このとき，磁束密度 B および磁場の強さ H は磁性体のどこの断面をとってもほぼ一定と近似できる。磁性体の長さを l とすると，内部の磁場の強さ H_{int} は，磁場の強さのアンペールの法則から，$H_{\text{int}} l = NI$ となるから

$$H_{\text{int}} = \boxed{\text{⑧}}$$

であり，内部の磁束密度 B_{int} は

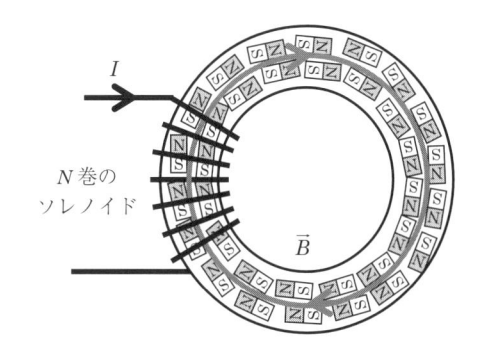

図 18.5　ループ状の強磁性体
ループ状の強磁性体の外には磁束が漏れない。

---

❸　磁化電流　　❹　$\dfrac{B}{\mu_0} - M$　　❺　透磁率　　❻　比透磁率

$$B_{\text{int}} = \boxed{\text{⑨}}$$

である。

いま，ソレノイドの反対側にわずかな隙間 d を空けたとしよう（図18.6）。磁束線は電気力線と同じ性質をもっており，なるべく最短距離でつながろうとするので，隙間を垂直に貫く。したがって，隙間の磁束密度 B はこの場合磁性体内部と同じと考えてよい。

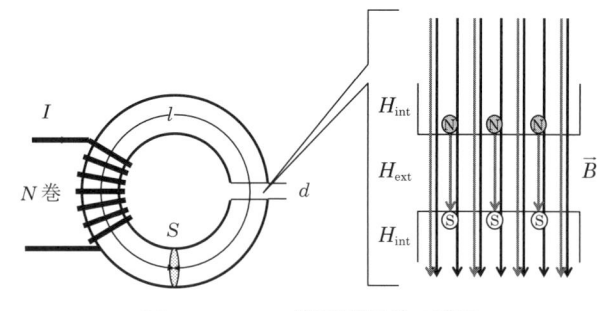

図18.6 ループ状強磁性体の隙間
ループ状ソレノイドの反対側にわずかな隙間を空けると，磁束密度は磁性体内部と同じ値を保つ。一方，磁場の強さは大きくなる。

一方，磁場の強さ H のベクトルは磁性体の端面で不連続である。これは，磁性体の端面に生じた磁極 N から S へ H ベクトルが向かうからである。誘電体を半分入れたコンデンサーは電束密度が連続でも電場が不連続になることを思い出そう（☞**第17章**）。磁性体内部の磁場の強さを H_{int}，外部の磁場の強さを H_{ext} とすると，磁場の強さのアンペールの法則は

$$NI = H_{\text{int}}(l-d) + H_{\text{ext}} d$$

で与えられる。磁束密度 B は磁性体内部と外部で変わらないから，

$$\mu_r H_{\text{int}} = H_{\text{ext}}$$

である。上の2式から H_{int} を消去して，

$$NI = \boxed{\text{⑩}}$$

を得る。ここで μ_r が非常に大きいとすると，第1項はゼロに近似できて

$$H_{\text{ext}} = \frac{NI}{d}, \quad B_{\text{ext}} = \mu_0 H_{\text{ext}} = \mu_0 \frac{NI}{d}$$

を得る。これは，巻き線密度が N/d という極めて大きなソレノイド内部の磁場に等しい。言い換えれば，反対側のソレノイドの巻き線をすべて幅 d に押し込めた状態といってもよい。

強磁性体の重要な応用をもう1つ紹介する（図18.7）。強磁性体をリングにして，両端にソレノイドを巻きつける。左の巻き数は N_1，右は N_2 としよう。左のソレノイドに振動する電流（交流）を流す。電流が変化すると磁束も変化し，ソレノイド両端には電位差が現れる。

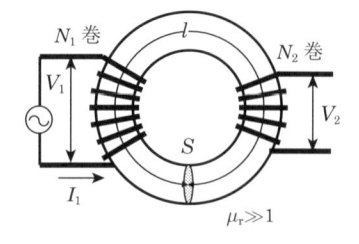

図18.7 変圧器の原理
ループ状の強磁性体に2種類のソレイドを巻く。

ある瞬間の左のソレノイド両端の電位差 V_1 は，ファラデーの❶[　　　]の法則により，磁性体内部の全磁束 Φ_m の時間変化と

$$V_1 = \text{⑫}[\quad\quad]$$

の関係にある。左のソレノイドを貫く磁束は強磁性体の中を通り，近似的にはすべて右のソレノイドを貫く。したがって，右のソレノイドの磁束の時間変化と起電力 V_2 の関係は

$$V_2 = \text{⑬}[\quad\quad]$$

である。これらを等値すると

$$\frac{V_1}{N_1} = \frac{V_2}{N_2}$$

が得られる。すなわち，ここで紹介した構造は，交流の電圧をソレノイドの巻き数の比率にしたがい変換する働きがある。これを❹[　　　]または❺[　　　]という。

問題 18.3 【強磁性体を入れたソレノイド】

図 18.6 の構造の，隙間の磁束密度を具体的に計算してみる。強磁性体は比透磁率 $\mu_r = 1.0 \times 10^5$，リングの周長 $l = 0.50$ m，隙間 $d = 1.0 \times 10^{-2}$ m とする。ここに，$N = 1000$ 巻きのソレノイドを巻きつけ，$I = 1.0$ A の電流を流した。隙間の磁束密度の大きさ B を以下のそれぞれの場合に求めよ。
(1) 「μ_r が非常に大きい」という近似をしない場合
(2) 「μ_r が非常に大きい」という近似を用いた場合

トランスによる電圧変換

私たちの暮らしを支えている電力網はトランスによる電圧変換がなければ成立しない。発電所で発生した電力は，消費地に送られる際に50万ボルトという超高電圧に変換される。これは，送電線の電気抵抗がかなり大きいために，消費電力が一定のとき，送り出す［電圧］×［電流］は一定だから，$P = IR^2$ より電圧が高いほど送電線で消費される電力が小さくなるためである。しかし，このままではこの電力は利用できない。高電圧は大変危険で，それを扱う設備も大がかりになるからである。これを，消費地の近くにある「変電所」で段階的に低い電圧に変換し，最後に諸君の家の前にある電柱の上で100 V まで電圧を下げ，供給している。電柱の上に，円筒形の灰色の物体があるのに気づくだろう。あれが最終段の変圧器である。ポイントは，電力が交流で送られないとトランスが機能しないという点である。家庭用のコンセントにやってくる電力が交流なのは実はここに理由がある。

⑦ nI　⑧ $\dfrac{NI}{l}$

ヒステリシスと永久磁石

ある種の強磁性体は透磁率が定数でなく，しかも磁束密度 B と磁場の強さ H の関係をグラフにすると非常に変わった結果が得られる。一例を図 18.8 に示そう。

図 18.4 のように磁性体をソレノイドの中に入れ，電流を増加させていく。この場合，磁性体を貫く磁場の強さ H は電流の大きさ I のみの関数で $H = nI$ である（☞第 12 章）。はじめ，電流をゼロから増していくと，強磁性体を貫く磁場の強さ H が増加し，それにしたがって磁性体が整列するため，磁束密度 B も増加する。グラフでは A → B → C の経路である。磁場の強さ H がある値を超えると，磁束密度 B はこれ以上増えなくなる。これを「飽和」という。理由は，強磁性体の原子磁石がすべて外部磁場の方向に揃ってしまい，これ以上磁束密度 B が増える余地がなくなってしまうからである。

その後，点 C から今度は電流を下げていき，磁場の強さ H を減らしていこう。すると，グラフは元来た経路を戻らない。外部磁場を完全に取り去っても，磁性体には多くの磁束密度 B が残っている。これを「残留磁束密度」という。このように，ある物理量の変化がそれ以前の履歴によって異なる経路をとることを「ヒステリシス」という。

外部磁場を取り去った点 D の磁性体を見てみよう。磁性体内部の原子磁石は，外部磁場がないにもかかわらず一方向にそろっている。したがって，この強磁性体は 1 つの大きな磁石としてふるまう。これが，諸君がよく知っている「永久磁石」である。

さて，永久磁石となった点 D から，今度は逆向きに外部磁場を与えていくとどうなるだろうか。さしもの原子磁石もしぶしぶと向きを変え，点 E では正味の磁束密度 B がゼロになってしまう。この点 E で，強磁性体は永久磁石ではなくなっている。「永久磁石」というからはじめから磁場をもった物体で，永久に磁場を出し続けると思ったら間違いである。現在売られている永久磁石はこの方法で残留磁束を与えられた上で出荷されている。

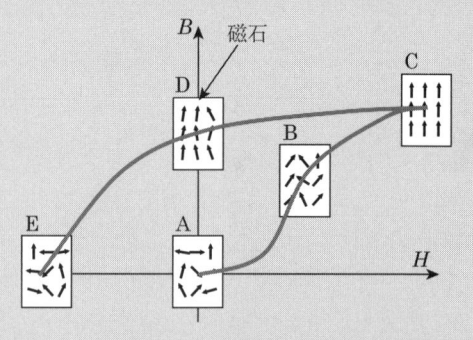

図 18.8 ヒステリシス曲線と，磁性体内部の磁化の様子を模式的に表したもの

問題 18.4 【トランス】

一次コイルと二次コイルの巻数がそれぞれ $N_1 = 40$ 巻き，$N_2 = 100$ 巻きの理想的なトランスがある。このトランスに $V_1 = 100$ V の交流電圧を入力したときの出力電圧 V_2 を求めよ。

問題 18.5 【トランス】

図 18.7 のトランスにおいて，磁性体の長さを l，断面積を S，磁性体の透磁率を μ とする。以下の問いに答えよ。

(1) 左右のソレノイドに流れる電流を I_1，I_2 とするとき，それぞれの作る磁束 Φ_{m1}，Φ_{m2} を求めよ。
(2) 左右のソレノイドのインダクタンス L_1，L_2 をそれぞれ求めよ。
(3) μ が非常に大きいという仮定で，相互インダクタンス M を求めよ。

問題 18.6 【ヒステリシス】

ある磁性体の磁束密度 B と磁場の強さ H の関係を計測する装置を考える（右図）。左のソレノイ

ドの電流 I を一定の割合, $I(t) = kt$ で増やしていったとき, 右の電圧計の読みはどうなるか. ここで, 磁性体の磁束密度 B と磁場の強さ H の関係は $B = f(H)$, $\dfrac{dB}{dH} = f'(H)$ という関数で表されるものとする.

解答

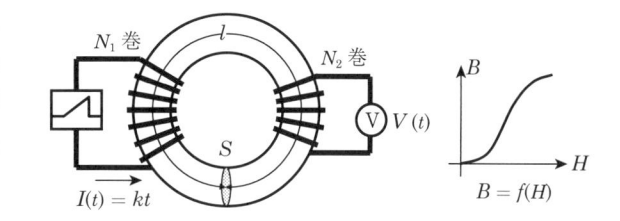

問題 18.1 ⓐ $\oint \vec{H} \cdot d\vec{s}$ ⓑ $2\pi r$ ⓒ $\dfrac{I}{2\pi r}$ ⓓ 0.16 ⓔ $\oint \vec{H} \cdot d\vec{s}$ ⓕ $\dfrac{I}{2\pi r}$

ⓖ 0.16 ⓗ $\mu_0 \vec{H}$ ⓘ $4\pi \times 10^{-7} \times 0.16$ ⓙ 2.0×10^{-7} ⓚ $\mu_0 \mu_r \vec{H}$

ⓛ 4.0×10^{-7}

問題 18.2 外部磁場による磁化で, 磁性体の両端に正負の磁荷が現れると考える. 正電荷に相当するのは「N」の磁荷で, 負電荷に相当するのが「S」の磁荷である. 磁力線は正磁荷から発し, 負磁荷で終端するため, 磁力線の様子は図のようになる. 一方, 磁束線は磁荷に関係なく, どこでもつながっているので, 磁性体の中は磁力線 1 に対し磁束線 2 となり, $\mu_r = 2$ であることがわかる.

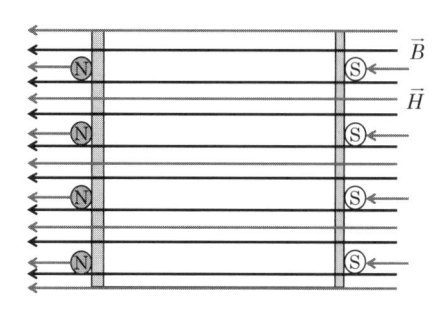

問題 18.3 (1) $B = \dfrac{\mu_0 \mu_r NI}{l - d + \mu_r d} = 0.13\,\text{T}$ (2) $B = \dfrac{\mu_0 NI}{d} = 0.13\,\text{T}$

問題 18.4 $V_2 = \dfrac{N_2}{N_1} V_1 = 250\,\text{V}$

問題 18.5 (1) $\Phi_{m1} = \mu \dfrac{N_1 I_1}{l} S$, $\Phi_{m2} = \mu \dfrac{N_2 I_2}{l} S$

(2) $L_1 = \dfrac{N_1 \Phi_{m1}}{I_1} = \mu \dfrac{N_1^{\,2}}{l} S$, $L_2 = \dfrac{N_2 \Phi_{m2}}{I_2} = \mu \dfrac{N_2^{\,2}}{l} S$

(3) $M = \dfrac{N_2 \Phi_{m2}}{I_1}$ であり, $\Phi_{m2} = \Phi_{m1}$ を用いると, $M = \dfrac{N_2 \Phi_{m1}}{I_1} = \mu \dfrac{N_1 N_2 S}{l}$

問題 18.6 磁性体内部の磁場の強さは $H = \dfrac{N_1 I}{l} = \dfrac{N_1 kt}{l}$, 磁束密度は $B = f\left(\dfrac{N_1 kt}{l}\right)$ で与えられる.

一方, 全磁束と右側ソレノイドの電圧の関係は $V = -N_2 \dfrac{d\Phi_m}{dt} = -N_2 S \dfrac{dB}{dt}$. $\dfrac{dB}{dH} = f'(H)$ より, $\dfrac{dB}{dt} = \dfrac{dB}{dH}\dfrac{dH}{dt} = f'(H)\dfrac{N_1 k}{l}$ と書ける. したがって,

$V = -\dfrac{N_1 N_2 kS}{l} f'\left(\dfrac{N_1 kt}{l}\right)$ となり, 一定の割合で電流を増やしていくと, 反対側のコイルには B–H 曲線を微分した形の電圧波形が現れることがわかる.

---

⑨ $\mu\dfrac{NI}{l}$ ⑩ $\dfrac{H_{\text{ext}}}{\mu_r}(l-d) + H_{\text{ext}} d$ ⓫ 電磁誘導   ⑫ $-N_1 \dfrac{d\Phi_m}{dt}$ ⑬ $-N_2 \dfrac{d\Phi_m}{dt}$

⓮⓯ トランス, 変圧器

第19章 定常回路

キーワード コンデンサーの接続，抵抗器の接続，キルヒホッフの法則

19.1 コンデンサーの直列，並列接続 Basic

本章と第20章では「電気回路」について学ぼう。電気回路とは，「起電力（電源）」，「コンデンサー」，「抵抗器」や「インダクター」などを導線でつないだものである。これらはすべて今までの章で登場したもので，それぞれの要素について電磁気学の立場からその原理と機能を説明してきた。しかし，ここから先は，回路要素の「原理」はいったん忘れ，回路素子を「記号」として考えよう。

まずは，電源とコンデンサーからなる回路を考えよう。コンデンサーとは両端に端子のある回路素子で，溜まっている電荷 Q と両端の電位差 V が，電気容量を C として，

$$Q = \boxed{①}$$

で表されるモノとして考える。さらに，導体の電荷は電位差がある限り移動すること，正味の電荷は保存する量であることを考慮すればよい。ここで注意すべき点は，電気回路を考えるときは自由な電荷が正電荷でも負電荷でも結論は同じになる点である。本章と第20章では，直感的理解を助けるため，自由な電荷は正電荷で，電源の正極から流れ出して負極に吸い込まれるものとしよう。

電気容量 C のコンデンサー1つと起電力（電源）1つを含む回路を考えよう（図19.1）。スイッチを閉じると，電源は正極板と負極板に V の電位差が与えられるまで電荷を供給し続け，時間が経って電荷が動かなくなると，極板にはそれぞれ $Q = \pm \boxed{②}$ の電荷が溜まる。次にスイッチを開くと，電荷は極板から移動しないので，極板間の電位差は $V = \boxed{③}$ に保たれる。

電気容量 C_1, C_2 の2つのコンデンサーを図19.2のように並列につないでみよう。これを図のようなブラックボックスで見えないようにすると，外からはこれが1つのコンデンサーにしか見えない。電源の電位差 V はコンデンサー C_1, C_2 に等しくかかるから，蓄積される電荷を

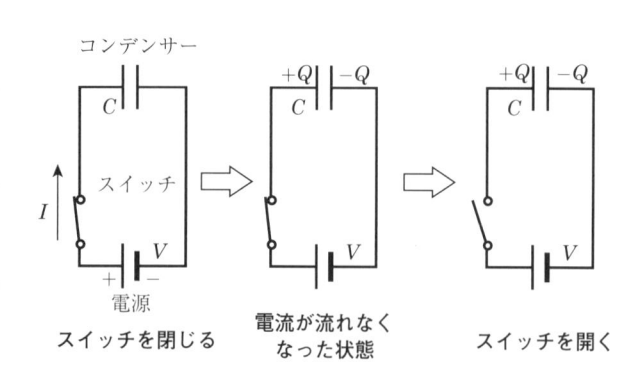

図 19.1 電源とコンデンサーを組み合わせた回路の基本形
スイッチを閉じると，電源から電荷が供給され，正極板と負極板にはそれぞれ $Q = \pm CV$ の電荷が溜まる。

Q_1, Q_2 とすれば
$$Q_1 = \text{④}\boxed{}, \quad Q_2 = \text{⑤}\boxed{}$$

となることがわかる。合計の電荷量は $Q_1 + Q_2$ で、これは外から見ると「V の電位差を与えると ⑥$\boxed{}$ の電荷が溜まるコンデンサー」に見える。電気容量の定義から、コンデンサーの合成容量 C は、
$$C = \frac{(Q_1 + Q_2)}{V} = (C_1 V + C_2 V)\frac{1}{V} = \text{⑦}\boxed{}$$

となる。すなわち、**コンデンサーを並列に接続したときの合成容量はそれぞれの電気容量の和で与えられる。**

次に、図 19.3 のように 2 つのコンデンサーを直列に接続したとき、外からどう見えるかを考えよう。まずコンデンサー回路と電荷に対する以下の 3 つの原則を確認しよう。

① 電荷が電源正極から供給され、負極に吸い込まれる。

② 正味の電荷が自然に生まれたり、消えたりすることはない。ただし、正負の電荷がペアで生まれたり、消滅することは正味の電荷量の変化ではない。

③ コンデンサーの両極板に現れる電荷量は正負が反対で大きさが等しい。

これらの原則から、はじめにコンデンサーが充電されていないとすると、コンデンサー C_1 の正極に $+Q$ の電荷があるとき、残りの極板の電荷は自動的にすべて $\pm Q$ になることが示される。図 19.4 を使い説明しよう。電源からコンデンサー C_1 の左極板に大きさ $+Q$ の正電荷が供給されると、右極板の電荷が $+Q$ だけ押し出され、右極板に電荷 ⑧$\boxed{}$ が現れる。押し出された電荷はコンデンサー C_2 の左極板から先には行けないのでそこで止まる。すると、コンデンサー C_2 の左極板には電荷 ⑨$\boxed{}$ が蓄えられ、それに対応してコンデンサー C_2 の右極板から $+Q$ の電荷が逃げ出し、コンデンサー C_2 の右極板に ⑩$\boxed{}$ の電荷が現れる。いま、電荷量 Q の大きさは不明であるが、コンデンサー

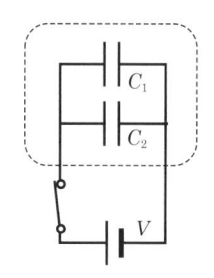

図 19.2 コンデンサーの並列接続
コンデンサーを並列に接続したときの合成容量は、それぞれの電気容量の和で与えられる。

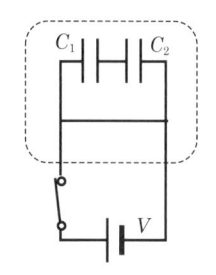

図 19.3 コンデンサーの直列接続
コンデンサーを直列に接続したときの合成容量の逆数は、それぞれの電気容量の逆数の和で与えられる。

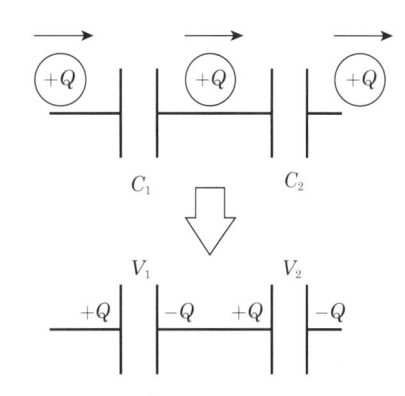

図 19.4 コンデンサーの直列接続の電荷移動
電源からコンデンサーに $+Q$ の電荷が供給されると、次々に電荷が押し出され極板の電荷は自動的に $\pm Q$ となる。

第 19 章 ● 定常回路　171

の電気容量から極板間の電位差は以下のように計算することができる。

$$V_1 = \text{⑪}\boxed{}, \quad V_2 = \text{⑫}\boxed{}$$

全体の電位差が V であることから,

$$V = V_1 + V_2 = \text{⑬}\boxed{}$$

となり, 電圧 V を与えると電荷 Q が溜まる 1 つのコンデンサーと見ることができる。電気容量の定義から, 合成容量 C は

$$\frac{1}{C} = \text{⑭}\boxed{}$$

となる。逆数をとって C を直接知る形に変形すると,

$$C = \text{⑮}\boxed{}$$

となる。**コンデンサーを直列に接続したときの合成容量はそれぞれの電気容量の和より必ず小さくなる。**

問題 19.1 【コンデンサーの合成容量】

電気容量が $C_1 = 2.0\ \mu\text{F}$, $C_2 = 3.0\ \mu\text{F}$, $C_3 = 4.0\ \mu\text{F}$ の 3 つのコンデンサーがある。図のように, 以下の方法で接続したときの合成容量 C を求めよ。

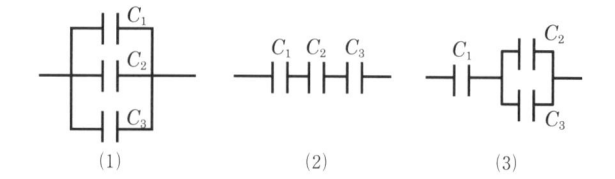

(1) すべて並列につなぐ場合
(2) すべて直列につなぐ場合
(3) C_2, C_3 を並列にして, C_1 と直列につなぐ場合

問題 19.2 【誘電体の入ったコンデンサー】

第 17 章でとりあげた, 図のような比誘電率 ε_r の誘電体が半分だけ挿入されたコンデンサーは, 誘電体を含み極板面積 $A/2$, 極板間の距離 d のコンデンサーと, 誘電体を含まず極板面積 $A/2$, 極板間の距離 d のコンデンサーの並列つなぎと見なすことができる。合成容量 C を求めよ。

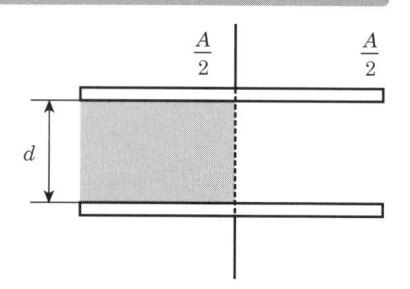

問題 19.3 【誘電体の入ったコンデンサー】

第 17 章でとりあげた, 図のような比誘電率 ε_r の誘電体が半分だけ挿入されたコンデンサーは, 誘

電体を含み極板面積 A, 極板間の距離 $d/2$ のコンデンサーと，誘電体を含まず極板面積 A, 極板間の距離 $d/2$ のコンデンサーの直列つなぎと見なすことができる。合成容量 C を求めよ。

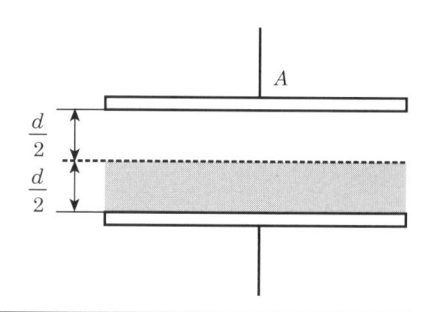

19.2 抵抗器の直列，並列接続　Basic

続いて，電源と抵抗器からなる回路を考えよう（図 19.5）。抵抗値 R の抵抗器は，⑯□ の法則により，起電力 V の電源に接続されると，

$$I = ⑰□$$

の電流が流れるモノとして考える。

では，コンデンサーと同様に抵抗の直列接続，並列接続と合成抵抗 R について考えよう。はじめに，2つの抵抗器を直列に接続してみよう（図 19.6）。電荷保存の原則から，回路の各部分における ⑱□ は常に等しい。このとき，抵抗 R_1, R_2 の両端の電位差がそれぞれ V_1, V_2 であるとき電流，電圧の関係が

$$V = V_1 + V_2 = ⑲□$$

となるから，2つの抵抗は電源から見れば，抵抗値が

$$R = \frac{V}{I} = ⑳□$$

の1つの抵抗と見なすことができる。すなわち，**抵抗器を直列に接続すると，抵抗値はそれぞれの抵抗値の和になることがわかる。**

次に，2つの抵抗を図 19.7 のように並列に接続してみよう。今度は，電流 I は I_1 と I_2 に分岐し，

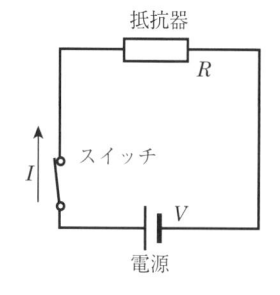

図 19.5　電源と抵抗器を組み合わせた回路の基本形

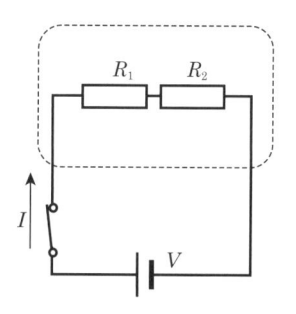

図 19.6　抵抗器の直列接続
抵抗器を直列に接続したときの合成抵抗は，それぞれの抵抗値の和で与えられる。

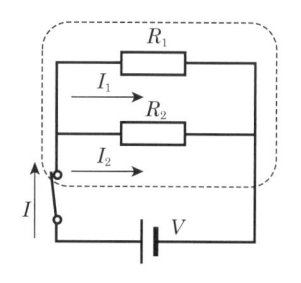

図 19.7　抵抗器の並列接続
抵抗器を並列に接続したときの合成抵抗の逆数は，それぞれの抵抗値の逆数の和で与えられる。

---

① CV　② CV　③ Q/C　④ C_1V　⑤ C_2V　⑥ Q_1+Q_2　⑦ C_1+C_2　⑧ $-Q$　⑨ $+Q$　⑩ $-Q$

第 19 章●定常回路　173

それぞれの大きさはすぐにはわからないが，電荷保存の原則から，$I =$ ㉑ □
となる。どちらの抵抗器も両端の電位差が V であることに気づけば，

$$I = I_1 + I_2 = ㉒ \boxed{}$$

となることがわかる。今度の場合，合成抵抗 R は

$$\frac{1}{R} = ㉓ \boxed{}$$

となる。逆数をとって合成抵抗 R を直接知る形に変形すると，

$$R = ㉔ \boxed{}$$

となる。**抵抗の直列接続，並列接続はコンデンサーとちょうど逆の関係になっている。**

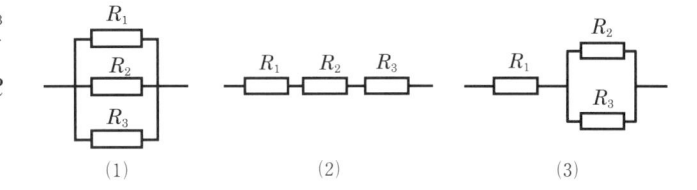

導入 問題 19.4 【合成抵抗】

抵抗が $R_1 = 2.0\,\Omega$，$R_2 = 3.0\,\Omega$，$R_3 = 4.0\,\Omega$ の 3 つの抵抗器がある。以下の方法で接続したときの合成抵抗 R を求めよ。
(1) すべて並列につなぐ場合
(2) すべて直列につなぐ場合
(3) R_2，R_3 を並列につなぎ，R_1 と直列につなぐ場合

基本 問題 19.5 【合成抵抗】

以下の問いに答えよ。 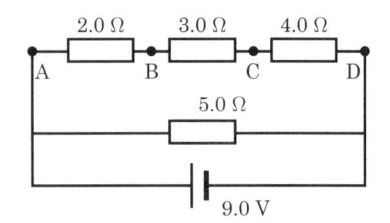
(1) 図の点 A，点 B，点 C，点 D の電位 V_A，V_B，V_C，V_D を求めよ。
(2) 回路に含まれる抵抗の合成抵抗 R を求めよ。
(3) 回路の消費電力 W を求めよ。

基本 問題 19.6 【合成抵抗】

図の回路で，スイッチを閉じてから充分に時間が経った。以下の問いに答えよ。 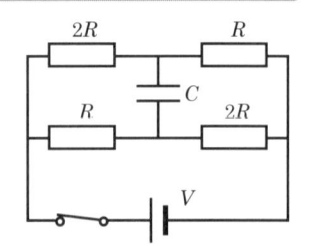
(1) コンデンサーに流れている電流 I_C を求めよ。
(2) 回路に含まれる抵抗の合成抵抗 R を求めよ。
(3) 回路に流れている電流 I を求めよ。

発展 問題 19.7 【倍率器】

電圧計に直列に抵抗を接続すると，電圧の測定範囲を広げることができる。この抵抗のことを「倍

率器」とよぶ。いま，$V_1 = 5$ V まで測定可能な $r_V = 1$ MΩ の抵抗をもつ電圧計がある。この電圧計を用いて $V_2 = 100$ V まで測れるようにするためには，何 [Ω] の倍率器を接続すればよいか。倍率器の抵抗 R を求めよ。

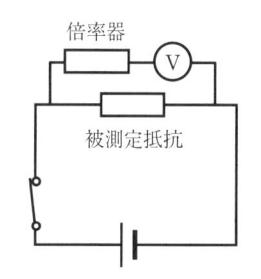

19.3　コンデンサー回路　Basic

本節では，複数のコンデンサーと電源を含む回路について考えよう。電荷の移動やコンデンサーの両端の電位差を調べる一例として以下のような問題を考えよう。

図 19.8 の回路で，はじめコンデンサーはどれも充電されていない状態である。スイッチ S_1 を閉じ，スイッチ S_2 を開いたまましばらくおく。系が定常状態になったら S_1 を開き，続いて S_2 を閉じる。またしばらくおいたときの，コンデンサー C_2 の両端の電位差を求めよ。電源の電圧を V とし，各コンデンサーの電気容量は $C_1 = C$, $C_2 = 2C$, $C_3 = 3C$ とする。

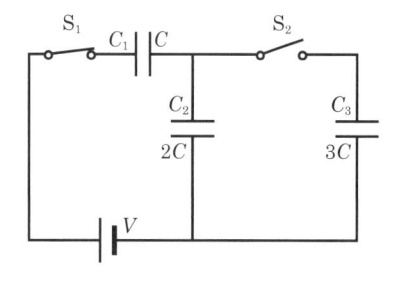

図 19.8　コンデンサー回路

一見，難しそうに見える問題だが，1 ステップずつ解きほぐしていけば大丈夫。まず，はじめの状態について考えよう。右側のループはスイッチが開いているので電気回路としては無視してよい。左側のループは，電源 V とコンデンサー C_1, C_2 の㉕[　　]接続であるから，合成容量 C は

$$C = \frac{C_1 C_2}{C_1 + C_2} = ㉖\boxed{}$$

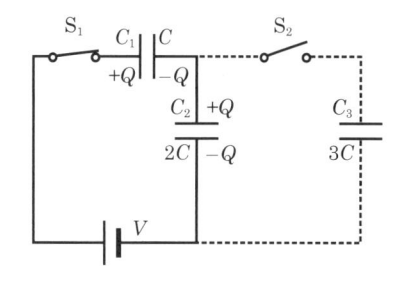

図 19.9　はじめの状態と C_1 および C_2 に溜まった電荷 Q

となる。合成されたコンデンサーの極板に溜まった電荷を Q, 両端の電位差を V とすると，$Q = CV$ より，$Q = \frac{2}{3}CV$ とわかる。

次に S_1 を開く。ここでは何も起こらない。続いて S_2 を閉じると，コンデンサー C_2

---

⑪ $\dfrac{Q}{C_1}$　⑫ $\dfrac{Q}{C_2}$　⑬ $\left(\dfrac{1}{C_1} + \dfrac{1}{C_2}\right)Q$　⑭ $\dfrac{1}{C_1} + \dfrac{1}{C_2}$　⑮ $\dfrac{C_1 C_2}{C_1 + C_2}$　⑯ オーム　⑰ $\dfrac{V}{R}$　⑱ 電流

⑲ $I(R_1 + R_2)$　⑳ $R_1 + R_2$

に溜まっていた電荷が動き出す。今度は，左のループは開いているから無視し，コンデンサー C_2, C_3 でできている右のループのみを考えよう（図19.10）。コンデンサー C_2 の正極側からいくらかの正電荷が逃げ出し，コンデンサー C_3 の同じ側に溜まる。ある程度コンデンサー C_3 に電荷が溜まってくると，コンデンサー C_3 からの反発力が強くなり電荷の流れが止まる。最終的に電荷がそれぞれ Q_2, Q_3 になったとすると，電荷は回路の外へは逃げ出さないから，電荷の保存則より，$Q = $ ㉗ □ となる。平衡状態では並列につながれたコンデンサーの両端の電位差は等しいから，これを V_2 とおくと，

$$Q = 2CV_2 + 3CV_2$$

の関係を得る。これを V_2 について解き，Q にはすでに得られた $Q = \dfrac{2}{3}CV$ を代入すると，コンデンサーの両端の電位差 V_2 は以下のように得られる。

$$V_2 = ㉘ \boxed{}$$

基本 問題 19.8 【コンデンサー回路】

図のようなコンデンサー回路がある。コンデンサーの電気容量は $C_1 = C_2 = C_3 = C$ で，はじめコンデンサーはどれも充電されていない。まず，スイッチ S_1 を閉じ C_1 と C_3 を充電する。以下の問いに答えよ。

(1) C_1 と C_3 の合成容量 C' を求めよ。
(2) 充分時間が経ったあとのコンデンサー C_1, C_3 に溜まった電荷 Q を求めよ。

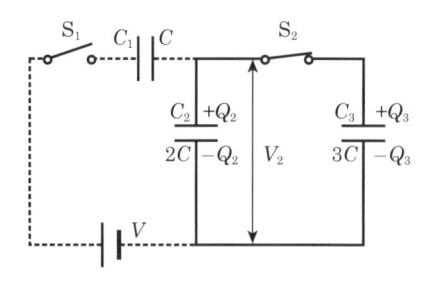

次にスイッチ S_1 を開き，続いてスイッチ S_2 を閉じる。

(3) 充分時間が経ったあとのコンデンサー C_2 の両端の電位差 V_2 を求めよ。

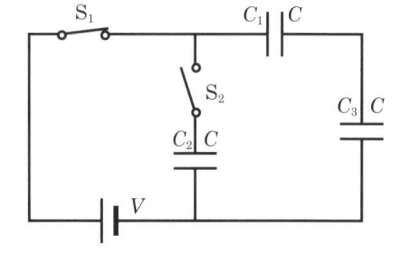

19.4 抵抗回路とキルヒホッフの法則　Basic

次に，複数の抵抗器と電源を含む回路について考えよう。前節と同じように，以下のような問題にもとづいて考えることにする。

図 19.11 に示す回路に流れる電流 I を求めよ。電源の電圧を V とし，各抵抗器の抵抗値は図のとおりとする。

このような複雑な回路は，直列接続や並列接続の要素に分解できない。ところが，どんなに複雑な回路でも各素子の電圧，電流を計算する方法がある。1849 年に，ロシアの物理学者キルヒホッフが発見した❷❾ _____ の法則を紹介しよう。

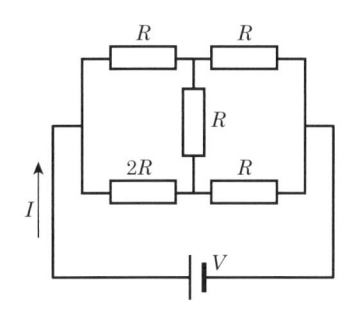

図 19.11 抵抗器を複雑に組み合わせた回路
複雑な回路の合成抵抗や流れる電流を知るにはキルヒホッフの法則を用いる。

① **キルヒホッフの第一法則**

　任意の分岐点に流れ込む電流の和は，ゼロになる（図 19.12）。

$$\sum_i I_i = 0$$

② **キルヒホッフの第二法則**

　任意のループを一巡するとき，そのループ内の各素子の両端の電位差の和はゼロになる（図 19.13）。

$$\sum_i V_i = 0$$

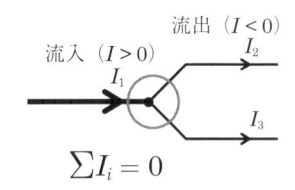

図 19.12 キルヒホッフの第一法則
任意の分岐点に流入する電流を正，流出する電流を負として，その合計はゼロになるということ。これは電荷の保存を意味している。

　第一法則は電荷の保存則を数式で表したものである。導線に電荷を蓄積する能力はないから，分岐点に入ってくる電荷量は出ていく電荷量と必ず一致する。第二法則はエネルギー保存則を言い換えたものである。第二法則を適用するとき，起電力（電源）は $V > 0$ と数え，負荷（抵抗）は $V < 0$ と数えることに注意しよう。いま，1つの電荷に注目し，スタート地点を起電力手前，電位をゼロとしよう。この電荷はまず起電力で電位 $+V$ を与えられ，回路のどこかを通って起電力に戻ってくる。このとき電荷のもつ電位がプラスだったとすると，電荷は無限に回路を通過することで無限のポテンシャルエネルギーを得ることになり，これはエネルギー保存則に反する。逆に，電荷のもつ電位がマイナスでも，電荷が回路を通過するたびにエネルギーを失うことになり，誰かが無限の仕事を易々と得ることになる。もちろんどちらもありえないから，任意のループを一周したとき，電位は必ず元に戻らなくてはならない。

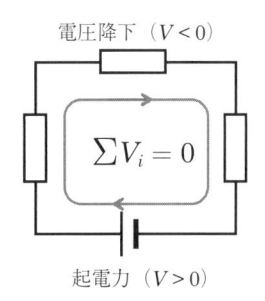

図 19.13 キルヒホッフの第二法則
任意のループを一巡するとき，電圧の合計はゼロとなるということ。これはエネルギー保存を意味している。

㉑　$I_1 + I_2$　㉒　$\dfrac{V}{R_1} + \dfrac{V}{R_2}$　㉓　$\dfrac{1}{R_1} + \dfrac{1}{R_2}$　㉔　$\dfrac{R_1 R_2}{R_1 + R_2}$　❷❺　直列　㉖　$\dfrac{2}{3}C$

第 19 章●定常回路　　177

では，図 19.11 の回路をキルヒホッフの法則を使って解いてみよう。はじめに，回路各部の電流を I_1, I_2, I_3 と名づけ，電流 I_1, I_2, I_3 をすべて決定することとする。未知数を n 個含む連立方程式を解くためには㉚□個の独立した方程式が必要であるから，電流 I_1, I_2, I_3 を含む 3 つの方程式を立てなくてはならない。

まず，上側のループをとり，キルヒホッフの第二法則を適用しよう（図 19.14）。右上の抵抗器に入る電流はキルヒホッフの第一法則を使い，$(I_1 - I_3)$ であるから

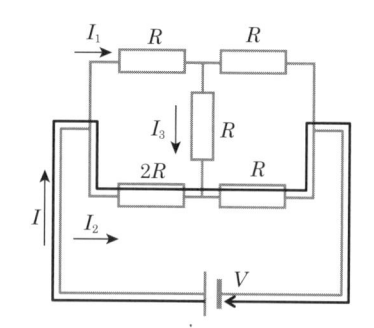

$$V - ㉛\boxed{} - ㉜\boxed{} = 0 \quad \cdots\cdots ①$$

となる。

続いて，下側のループでキルヒホッフの第二法則を使おう（図 19.15）。右下の抵抗器に入る電流はキルヒホッフの第一法則を使い，$(I_2 + I_3)$ であるから

$$㉝\boxed{} = 0 \quad \cdots\cdots ②$$

である。

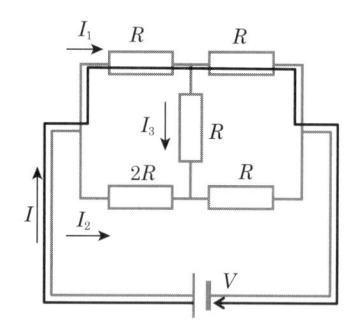

図 19.14 上側のループでキルヒホッフの第二法則を適用
上の抵抗を流れる電流を I_1，下の抵抗を流れる電流を I_2，中央の抵抗を流れる電流を I_3 と仮定し，キルヒホッフの第二法則を適用する。

図 19.15 下側のループでキルヒホッフの第二法則を適用

最後に，左側の小さなループでキルヒホッフの第二法則を使おう（図 19.16）。電流 I_2 は仮定した電流の向きとループの向きが逆向きになるので，左下の抵抗器の電位差が逆符号になることに注意して

$$㉞\boxed{} = 0 \quad \cdots\cdots ③$$

式①，式②，式③を連立方程式として解くと，電流 I_1，I_2, I_3 は以下のように定まる。

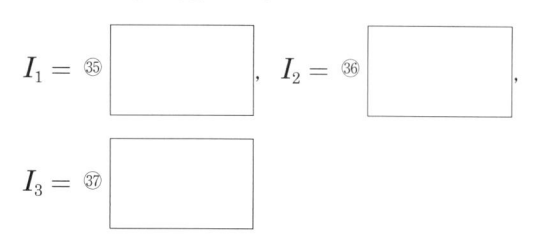

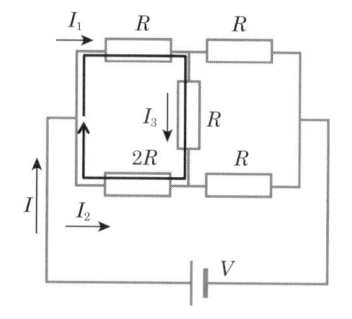

$$I_1 = ㉟\boxed{}, \quad I_2 = ㊱\boxed{},$$

$$I_3 = ㊲\boxed{}$$

図 19.16 小さなループでキルヒホッフの第二法則を適用
仮定した電流 I_2 の向きとループの向きが逆向きになることに注意する。

したがって，回路に流れる電流 I は

$$I = I_1 + I_2 = {}^{\text{㊳}}\boxed{}$$

となる。また，合成抵抗 R_{comp} は

$$R_{\text{comp}} = \frac{V}{(I_1 + I_2)} = {}^{\text{㊴}}\boxed{}$$

と求められる。

キルヒホッフの法則は定常状態だけではなく，任意の過渡状態にも適用できる。第20章で非定常回路を扱うときにも使うのでよく理解しておこう。

問題 19.9 【キルヒホッフの法則】

以下の図の回路に流れる電流 I をそれぞれ求めよ。

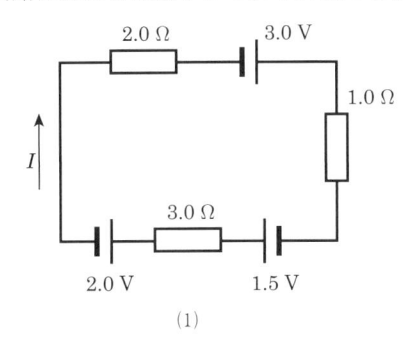

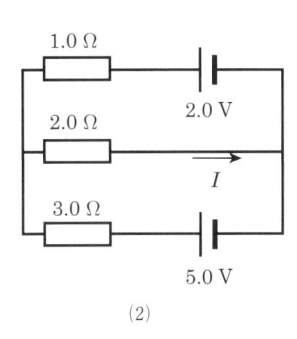

(1) (2)

問題 19.10 【ホイートストン・ブリッジ】

図は「ホイートストン・ブリッジ」とよばれる回路で，しばしば未知の抵抗値 R_x を精密に測定するために用いられる。中央のガルバノメーター（検流計）の電流がゼロになるよう，可変抵抗 R_1 を変化させる。以下の問いに答えよ。

(1) 回路に流れる全電流を I とし，ブリッジ下側（抵抗 R_2）へ分岐する電流を I' とするとき，
　①ループ1：電源 → R_1 → R_3 → 電源
　②ループ2：電源 → R_2 → R_x → 電源
　③ループ3：R_3 → R_x → G → R_3
のそれぞれのループについてキルヒホッフの第2法則を書け。

(2) 未知の抵抗値 R_x を抵抗 R_1, R_2, R_3 で表せ。

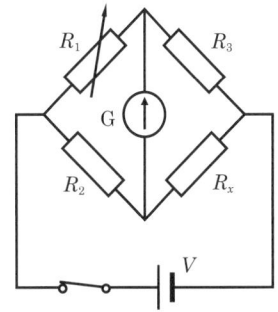

解答

問題 19.1 (1) $C = C_1 + C_2 + C_3 = 9.0\,\mu\text{F}$

(2) $\dfrac{1}{C} = \dfrac{1}{C_1} + \dfrac{1}{C_2} + \dfrac{1}{C_3} = \dfrac{13}{12}$ より，$C = 0.92\,\mu\text{F}$

㉗ $Q_2 + Q_3$　　㉘ $\dfrac{2}{15}V$　　㉙ キルヒホッフ

(3) $\dfrac{1}{C} = \dfrac{1}{C_1} + \dfrac{1}{(C_2+C_3)} = \dfrac{9}{14}$ より，$C = 1.6\,\mu\mathrm{F}$

問題 19.2 $C = \dfrac{\varepsilon_\mathrm{r}\varepsilon_0(A/2)}{d} + \dfrac{\varepsilon_0(A/2)}{d} = (1+\varepsilon_\mathrm{r})\dfrac{\varepsilon_0 A}{2d}$

（注）電束密度を使った方法（☞ 157 ページ）と一致することを確認せよ。

問題 19.3 $\dfrac{1}{C} = \dfrac{1}{\dfrac{\varepsilon_\mathrm{r}\varepsilon_0 A}{d/2}} + \dfrac{1}{\dfrac{\varepsilon_0 A}{d/2}} = \left(1+\dfrac{1}{\varepsilon_\mathrm{r}}\right)\dfrac{d}{2\varepsilon_0 A}$ より，$C = \dfrac{2\varepsilon_0 A}{\left(1+\dfrac{1}{\varepsilon_\mathrm{r}}\right)d}$

（注）電束密度を使った方法（☞ 158 ページ）と一致することを確認せよ。

問題 19.4 (1) $\dfrac{1}{R} = \dfrac{1}{R_1} + \dfrac{1}{R_2} + \dfrac{1}{R_3} = \dfrac{13}{12}$ より，$R = 0.92\,\Omega$

(2) $R = R_1 + R_2 + R_3 = 9.0\,\Omega$

(3) $R = R_1 + \dfrac{R_2 R_3}{(R_2+R_3)} = \dfrac{26}{7} = 3.7\,\Omega$

問題 19.5 (1) $V_\mathrm{A} = 9.0\,\mathrm{V}$，$V_\mathrm{B} = 7.0\,\mathrm{V}$，$V_\mathrm{C} = 4.0\,\mathrm{V}$，$V_\mathrm{D} = 0.0\,\mathrm{V}$

(2) $R = \dfrac{5 \times 9}{5+9} = 3.2\,\Omega$

(3) $W = \dfrac{V^2}{R} = 25\,\mathrm{W}$

問題 19.6 (1) $I_\mathrm{C} = 0\,\mathrm{A}$

(2) $R = \left(\dfrac{1}{3R} + \dfrac{1}{3R}\right)^{-1} = \dfrac{3}{2}R$ （定常状態ではコンデンサーには電流は流れない。）

(3) $I = \dfrac{V}{R} = \dfrac{2V}{3R}$

問題 19.7 $\dfrac{V_2 - V_1}{R} = \dfrac{V_1}{r_\mathrm{V}}$ より，$R = \dfrac{V_2 - V_1}{V_1}r_\mathrm{V} = 1.9 \times 10^7 = 19\,\mathrm{M}\Omega$

問題 19.8 (1) 直列接続だから，$C' = \dfrac{C_1 C_3}{C_1 + C_3} = \dfrac{C}{2}$

(2) C' の両端の電位差は V だから，$Q = C'V = \dfrac{CV}{2}$

(3) S_1 を開いて S_2 を閉じると C_1, C_2, C_3 からなる閉回路ができる。この回路を C' と C_2 の並列接続とみる。蓄積されている電荷は電荷保存則から合計で $Q = \dfrac{CV}{2}$ であることは変わらないから，電気容量と電位差の公式を使って $V_2 = \dfrac{Q}{\dfrac{C}{2} + C} = \dfrac{V}{3}$

問題 19.9 (1) 電流を I と仮定，キルヒホッフの第二法則を適用する。

$3.0 - 1.0I + 1.5 - 3.0I - 2.0 - 2.0I = 0$

ここから，$I = 0.42\,\mathrm{A}$

(2) キルヒホッフ第二法則よりループ①，②は以下のように表せる。

$2.0 - I_1 - 2I = 0$

$5.0 - 3I_2 - 2I = 0$

キルヒホッフの第一法則より，$I_1 + I_2 - I = 0$

この 3 つの式を連立して解くと，$I = 1.0\,\mathrm{A}$

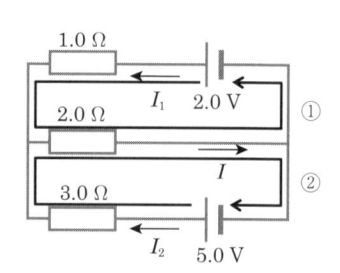

問題 19.10 (1) ループ1：$V - (I - I')R_1 - (I - I')R_3 = 0$
ループ2：$V - I'R_2 - I'R_x = 0$
ループ3：$-(I - I')R_3 + I'R_x = 0$

(2) ループ3の式を変形して $I - I' = \dfrac{I'R_x}{R_3}$，これをループ1の式へ代入すると，$V - \dfrac{I'R_x}{R_3}R_1 - I'R_x = 0$ となる。これとループ2の式を連立すると V が消えて，$R_1R_x = R_2R_3$ となる。したがって，$R_x = \dfrac{R_2R_3}{R_1}$ を得る。

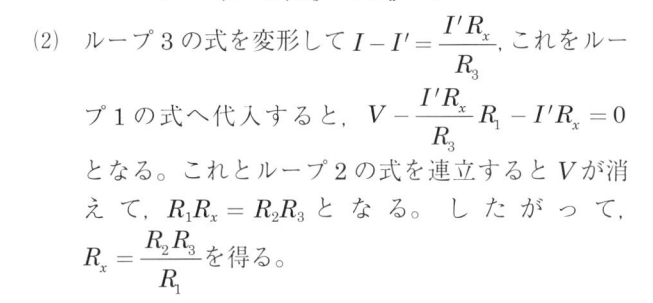

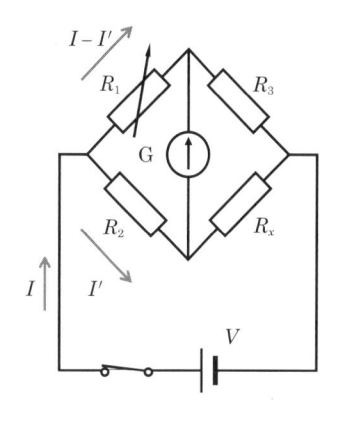

㉚ n　㉛ I_1R　㉜ $(I_1 - I_3)R$　㉝ $V - 2I_2R - (I_2 + I_3)R$　㉞ $-I_1R - I_3R + 2I_2R$　㉟ $\dfrac{7}{13}\dfrac{V}{R}$
㊱ $\dfrac{4}{13}\dfrac{V}{R}$　㊲ $\dfrac{1}{13}\dfrac{V}{R}$　㊳ $\dfrac{11}{13}\dfrac{V}{R}$　㊴ $\dfrac{13}{11}R$

第20章 非定常回路

キーワード RC直列回路，RL直列回路，LC直列回路，時定数

20.1　RC直列回路　　Standard

電気回路においてR（抵抗器），L（インダクター），C（コンデンサー）の3つはとても重要な位置を占める。なぜなら，時間的に変化する電圧を与えると，これらの素子が数学でいうところの微分や積分に相当する働きをするからである。そして，TVや携帯電話などは，R，L，Cの組み合わせにより電気信号を微分，積分して映像や音に変換している。R，L，Cを組み合わせた回路では必然的に時間変化する電圧，電流を扱う必要が生じ，そのような回路は**非定常回路**とよばれている。

まずは，抵抗器とコンデンサーを直列につないだ**RC直列回路**（図20.1）について考えよう。はじめ，コンデンサーに電荷は蓄積されていないものとし，$t=0$でスイッチを閉じたとして，各部の電圧と電流を解析しよう。

まず，回路を1周するループにキルヒホッフの第二法則を適用する。IとQは時間とともに変化するが，あらゆる瞬間で

$$V = V_R + V_C$$

である。❶ [　　　　] の法則から

$$V_R = ② [\quad]$$

であり，$Q = CV_C$の関係と電流Iの時間積分が$\int I dt = Q$であることから，

$$V_C = ③ [\quad]$$

を得る。以上の事実から，RC直列回路の抵抗とコンデンサーの電圧について以下の定理が指摘できる。

> RとCを直列につないだ回路において，V_Rは電流Iに比例し，V_Cは電流Iを積分したものに比例する。

上式より

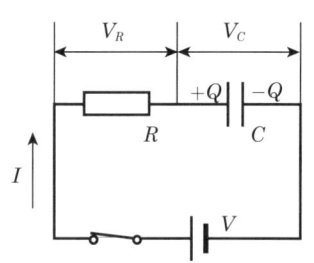

図20.1　RC直列回路の充電
$t=0$でコンデンサーは充電されていない。

$$V = V_R + V_C = IR + \frac{1}{C}\int I\,dt$$

となるから，これを微分して，以下の形に変形する．

$$④\;\boxed{} = 0$$

これは同次一階常微分方程式であり，変数分離法を使って

$$\int \frac{dI}{I} = -\frac{1}{RC}\int dt \quad \rightarrow \quad \log I = ⑤\;\boxed{} + K' \;(K'は積分定数)$$

よって，一般解

$$I = ⑥\;\boxed{}$$

を得る．ここで，$e^{K'} = K$ とおいた．次に，系の初期条件を与え，定数 K を決定する．$t = 0$ でコンデンサーは充電されていなかったから，キルヒホッフの第二法則から $t = 0$ における電流 I_0 は $V = V_R = I_0 R$ より

$$I_0 = ⑦\;\boxed{}$$

とわかる．つまり，充電されていないコンデンサーについて以下の定理が成り立つ．

充電されていないコンデンサーは導線と同じと考えてよい．

$t = 0$ のとき $I = I_0$ であるから，定数 K が定まり，電流の時間変化は

$$I = ⑧\;\boxed{}$$

とわかる（図 20.2）．つまり，RC 直列回路を電源に接続するとコンデンサーが充電されていくが，電流の変化は指数関数的に減衰するということが明らかになった．

指数関数の肩にかかる係数は無次元の量でなくてはならないから，CR の積は時間と同じ次元をもつことがわかるが，これは❾ $\boxed{}$ とよばれる大切な量である（☞『穴埋め式 力学』第 12 章）．t に CR を代入すると I は

$$I(CR) = \frac{I_0}{e}$$

と，$t = 0$ の値の $1/e$ の大きさになる．このように，物理量が指数関数的に減少する系は回路に限らず自然科学のあらゆる分野で見ることができ，物理量がある瞬間から $1/e$

に減少する時間は時定数または❿[　　　]とよばれ，系の特徴を表す重要な指標である。

充分に時間が経ったとき電流はゼロになるから，キルヒホッフの第二法則より $V_C = V$ である。次に，電圧 V に充電されたコンデンサーを放電させてみよう。充分に時間が経ったあとの図 20.1 の回路で，時刻 0 で突然起電力がゼロになったとする。回路は図 20.3 のようなもので，同様に微分方程式を求めると充電時と同じ関係，$\dfrac{dI}{dt}R + \dfrac{I}{C} = 0$ が得られる。時刻 0 における電流 I_0 をキルヒホッフの法則から求めると $V + I_0 R = 0$ となるから

$$I_0 = \text{⑪[　　　]}$$

となる。電流の大きさは充電時と同じだが，方向が逆になることに注意しよう。電流の時間変化は

$$I = \text{⑫[　　　]}$$

と充電時とまったく同じ関数で，方向だけが逆になる。ここで，抵抗 R において消費された電力 $I^2 R$ を積分してみよう（☞ 8.5 節）。

$$W = \int_0^\infty I^2 R\, dt = \int_0^\infty \left(-\dfrac{V}{R} e^{-\frac{t}{RC}}\right)^2 R\, dt = \dfrac{V^2}{R} \int_0^\infty e^{-\frac{2t}{RC}}\, dt = \text{⑬[　　　]}$$

を得る。つまり，抵抗で消費された全電力は，はじめに❹[　　　　　]に溜まっていた静電ポテンシャルエネルギーに等しいということ，すなわちエネルギー保存則が示されたというわけである。

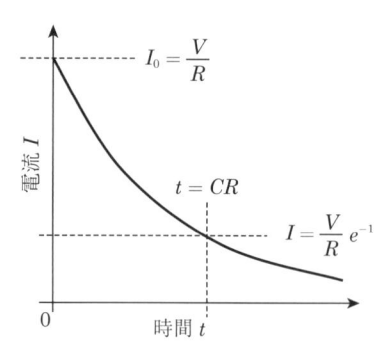

図 20.2　RC 直列回路に流れる電流の時間変化
電流は指数関数的に減少していく。電流が $t = 0$ の $1/e$ になる時間が「時定数」である。

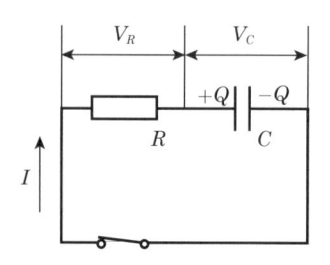

図 20.3　RC 直列回路の放電
はじめコンデンサーは充電されていて，$t = 0$ でスイッチを閉じる。

問題 20.1　【RC 直列回路の時定数の次元】

CR が時間の次元をもつことを示せ。

問題 20.2　【RC 直列回路の時定数】

$R = 100\,\text{k}\Omega$ の抵抗と $C = 10\,\mu\text{F}$ のコンデンサーで構成した RC 直列回路の時定数 τ を求めよ。

📝基本 問題 20.3　【RC 直列回路】

RC 直列回路の充電の式：$I = \dfrac{V}{R} e^{-\frac{t}{RC}}$ について，以下の問いに答えよ．

(1) この式の t に 0 を代入し，電流が初期条件 $I_0 = \dfrac{V}{R}$ となることを確認せよ．

(2) この式を微分方程式：$\dfrac{dI}{dt} R + \dfrac{I}{C} = 0$ に代入し，解となっていることを確認せよ．

📝基本 問題 20.4　【RC 直列回路】

図 20.1 のような $R = 10\ \text{k}\Omega$，$C = 50\ \mu\text{F}$，$V = 20\ \text{V}$ の RC 直列回路があり，$t = 0\ \text{s}$ のときにスイッチを閉じる．以下の問いに答えよ．

(1) この RC 直列回路の時定数 τ を求めよ．

(2) $t = 1.0\ \text{s}$ のときに抵抗 R に流れる電流 I を求めよ．

20.2　RL 直列回路　　　Standard

続いて，抵抗器とインダクターを直列につないだ **RL 直列回路** について考えよう（図 20.4）．ファラデーの❶[　　　　　]の法則から，インダクター両端の起電力 ε_L は，流れる電流の時間変化と

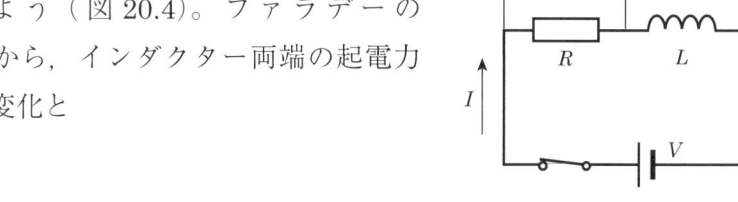

$$\varepsilon_L = -L \dfrac{dI}{dt}$$

の関係にある．ただし，⓰[　　　　　]の法則から，電流が図 20.4 の方向のとき，電流増加に伴って生じる起電力は回路にとって電流増加を妨げる向き，つまり負荷抵抗と同じ向きである．したがって，インダクターの電位差 V_L を

$$V_L = L \dfrac{dI}{dt}$$

と書こう．結局，RL 直列回路の V_R と V_L については以下の関係があることがわかる．

R と L を直列につないだ回路において，V_R は電流 I に比例し，V_L は電流 I を微分したものに比例する．

これで，V_R を基準にとれば，コンデンサーは⓱[　　　　　]，インダクターは⓲[　　　　　]の作用をもつことが明らかになった．

図 20.4　RL 直列回路
$t = 0$ で電流を流しはじめる．

---

❶ オーム　② IR　③ $\dfrac{1}{C}\int I\,dt$　④ $\dfrac{dI}{dt} R + \dfrac{I}{C}$　⑤ $-\dfrac{t}{RC}$　⑥ $Ke^{-\frac{t}{RC}}$　⑦ $\dfrac{V}{R}$　⑧ $\dfrac{V}{R} e^{-\frac{t}{RC}}$

⑨ 時定数

RC 直列回路と同様に，キルヒホッフの第二法則を適用するとあらゆる瞬間で

$$V = V_R + V_L$$

だから，電流に対して

$$V = IR + L\frac{dI}{dt}$$

を得る。これは非同次一階常微分方程式であり，変数分離法を使って

$$\int \frac{dI}{IR - V} = -\frac{1}{L}\int dt \rightarrow \frac{1}{R}\log(IR - V) = -\frac{t}{L} + K' \quad (K'は積分定数)$$

よって，一般解

$$IR - V = \boxed{}^{⑲}$$

を得る。ここで $e^{RK'} = K$ とおいた。次に，系の初期条件を与え定数 K を決定する。$t = 0$ でスイッチを閉じるとインダクターに流れる電流が突然変化しようとするが，RC 直列回路と異なり，RL 直列回路の電流は $t = 0$ で不連続に変化できない。これはインダクターが電流の変化率に比例する逆起電力で電流の変化を妨げるからで，無限に早い電流変化率には無限に大きな逆起電力が現れる。

電流の不連続な変化に対して，インダクターは無限に大きな抵抗のようにふるまう。

実際には，電流は誘導起電力が V を超えないようにゆっくりと上昇していく。したがって，$t = 0$ における電流は $I_0 = 0$ とおいてよいから $K = -V$ を得る。結局，電流の時間変化は

$$I = \boxed{}^{⑳}$$

とわかる（図 20.5）。つまり，RL 直列回路を電源に接続すると回路に流れる電流が徐々に増えていき，無限の時間が経ったあと，電流は $I = \boxed{}^{㉑}$ で一定の値となることがわかる。

L/R の比は時間と同じ次元をもつことがわかるが，これも RL 直列回路における ❷² $\boxed{}$ である。RL 直列回路に流れる電流は，ちょうど RC 直列回路と逆の関

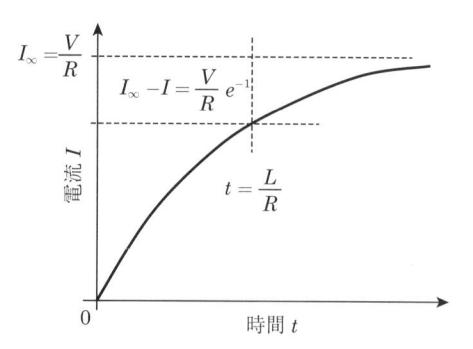

図 20.5 RL 直列回路に流れる電流の時間変化
電流は指数関数的にある値 $I_\infty = \dfrac{V}{R}$ に近づいていく。この場合も時定数の考え方が使えて，その値は $t = \dfrac{L}{R}$ である。

係になっていることがわかるだろう。

RL 直列回路を閉じ，充分な時間が経ったとき電流は V/R で一定になる。ここで，突然起電力がゼロになったとする。インダクターは電流の不連続な変化を許さないから，回路に流れる電流は徐々に減少しながらゼロに近づくことが予想される。見方を変えると，これはインダクターに溜まった電流のエネルギーが徐々に抵抗で消費されていると考えてよい。これをインダクターの「放電」とよぼう。回路は図 20.6 のようなもので，微分方程式を求めると，

$$0 = IR + L\frac{dI}{dt}$$

が得られる。同次形なので，解くとコンデンサーの充電とよく似た

$$I = Ke^{-\frac{R}{L}t}$$

が得られる。定義から時刻 0 における電流 I_0 は V/R なので，定数 K は V/R と定められ，電流の時間変化は

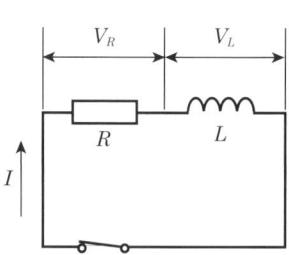

$$I = \boxed{\text{㉓}}$$

図 20.6 RL 直列回路の放電
スイッチは ON のままだが，$t = 0$ で突然起電力がゼロになったとする。しかし，電流は一瞬では停止しない。

となる。抵抗 R において消費された電力 I^2R を積分してみよう。

$$W = \int_0^\infty I^2 R dt = \int_0^\infty \left(\frac{V}{R}e^{-\frac{R}{L}t}\right)^2 R dt = \frac{V^2}{R}\int_0^\infty e^{-\frac{2R}{L}t}dt = \boxed{\text{㉔}} = \frac{1}{2}LI_0^2$$

を得る。RC 直列回路と同様に抵抗で消費された全電力は，はじめに ㉕ □□□□□□ に溜まっていた電流（磁場）エネルギーに等しいはずで，それが $\frac{1}{2}LI_0^2$ になったということは 14.1 節の思考実験で求めた電流のエネルギーの正しさを裏づけている。

問題 20.5　【RL 直列回路の時定数の次元】

$\frac{L}{R}$ が時間の次元をもつことを示せ。

問題 20.6　【RL 直列回路の時定数】

$R = 100\,\text{k}\Omega$ の抵抗と $L = 10\,\text{mH}$ のインダクターで構成した RL 直列回路の時定数 τ を求めよ。

---

⑩ 寿命　⑪ $\frac{V}{R}$　⑫ $\frac{V}{R}e^{-\frac{t}{RC}}$　⑬ $\frac{1}{2}CV^2$　⑭ コンデンサー　⑮ 電磁誘導　⑯ レンツ
⑰ 積分　⑱ 微分

第 20 章 ● 非定常回路　187

基本 問題 20.7 【RL 直列回路】

式：$I = \dfrac{V}{R}\left(1 - e^{-\frac{R}{L}t}\right)$ について，以下の問いに答えよ。

(1) この式の t に 0 を代入し，電流が初期条件 $I_0 = 0$ となることを確認せよ。

(2) この式を微分方程式：$V = IR + L\dfrac{dI}{dt}$ に代入し，解となっていることを確認せよ。

基本 問題 20.8 【RL 直列回路】

図 20.4 のような $R = 0.20\ \Omega$, $L = 20$ mH, $V = 0.20$ V の RL 直列回路があり，$t = 0$ s のときにスイッチを閉じる。以下の問いに答えよ。

(1) この RL 直列回路の時定数 τ を求めよ。

(2) $t = 0.10$ s のときに抵抗 R に流れる電流 I を求めよ。

基本 問題 20.9 【RL 直列回路の時定数】

図 20.5 のグラフで，電流が一定と見なせる基準を V/R の 99.9% と定める。この基準を満たす時間は時定数の何倍となるか求めよ。

20.3 LC 直列回路 〔Standard〕

最後に，インダクターとコンデンサーを直列につないだ **LC 直列回路** について考えよう（図 20.7）。L が一階微分，C が一階積分だから，組み合わせると二階の微分方程式になるだろう。キルヒホッフの第二法則を使い，電流 I の微分方程式を導出しよう。今回は回路に電源は接続せずに，はじめコンデンサーが電位差 V で充電されているものとする。

$$0 = V_L + V_C = L\dfrac{dI}{dt} + \dfrac{1}{C}\int I\,dt$$

これを微分し，定数 $\dfrac{1}{LC}$ を ω^2 とおくと，

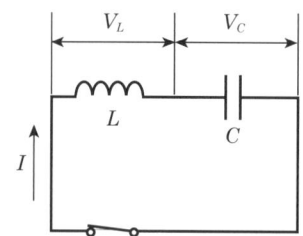

$$\dfrac{d^2 I}{dt^2} = \boxed{\text{㉖}\quad}$$

図 20.7 LC 直列回路
話を簡単にするため，起電力は考えない。

となる。この微分方程式は，力学分野でおなじみの単振動の微分方程式である（☞『穴埋め式 力学』第 24 章）。この方程式の解を

$$I = A\cos(\omega t + \delta)$$

と仮定しよう。ここで，A, δ は未知の定数，角振動数 ω は

$$\omega = \sqrt{\dfrac{1}{LC}}$$

である。二階の微分方程式の未知定数を定めるには初期条件が2ついる。$t=0$ でスイッチを閉じたとしよう。1つは $t=0$ で $I=0$ であるが，もう1つの初期条件は何だろうか。$t=0$ においてキルヒホッフの第二法則を適用しよう。

$$0 = L\frac{dI}{dt}\bigg|_0 + V_C(0) \quad \to \quad \frac{dI}{dt}\bigg|_0 = -\frac{V}{L}$$

が得られた。これらを代入すれば A, δ が定まり，結局電流の振動は

$$I = \text{㉗} \boxed{}$$

となる。つまり，LとCの直列回路は，あたかもばねにつけられたおもりの振動のように電流が単振動するということが明らかになった。

これを力学との類推で見てみることは大変興味深い。電流に対して，インダクターは質量のようにふるまい，コンデンサーは静電ポテンシャルエネルギーを蓄えるのだからばねのようにふるまう。

アナログシミュレーター

電気回路によるLC直列回路は，力学系におけるばねとおもりのふるまいに大変よく似ていた。図20.8を見てみよう。例えば，ばね-おもり系の位置 x に相当する量はコンデンサーに蓄積されている電荷 $Q=CV$，速度 v に相当する量は回路に流れる電流 I に例えられ，それらは位相が $\frac{\pi}{2}$ 異なる単振動をする。Q と I が x と v と同様に微分・積分の関係になっている点がポイントである。エネルギーのやりとりについて考えると，ばね-おもり系では，力学的エネルギーはばねのポテンシャルエネルギー $\frac{1}{2}kx^2$ とおもりの運動エネルギー $\frac{1}{2}mv^2$ の間を角振動数 2ω でやりとりしているが，LC直列回路の場合，エネルギーはコンデンサーに蓄えられる静電ポテンシャルエネルギー $\frac{1}{2}CV^2$ とインダクターに蓄えられるエネルギー $\frac{1}{2}LI^2$ が角振動数 2ω で往復している。そして，任意の瞬間で，両者に蓄えられるエネルギーの総量は一定なのである。

このような力学の問題と電気回路の問題の類似性を利用した装置に「アナログシミュレーター」というものがある。これは，ばね，おもり，ダンパーなどの機械的要素をL，C，Rの素子に置き換え，機械の応答を電気回路の応答としてシミュレートする装置である。機械を試作するのに比べて割安で，何度でもやり直して最適な解を見つけることができる。自動車，ビル，橋梁などの振動解析にコンピューターが使われる以前，昭和40年代までは盛んに使われていた技術である。

---

⑲ $Ke^{-\frac{R}{L}t}$　⑳ $\frac{V}{R}\left(1-e^{-\frac{R}{L}t}\right)$　㉑ V/R　㉒ 時定数　㉓ $\frac{V}{R}e^{-\frac{R}{L}t}$　㉔ $\frac{1}{2}L\left(\frac{V}{R}\right)^2$　㉕ インダクター

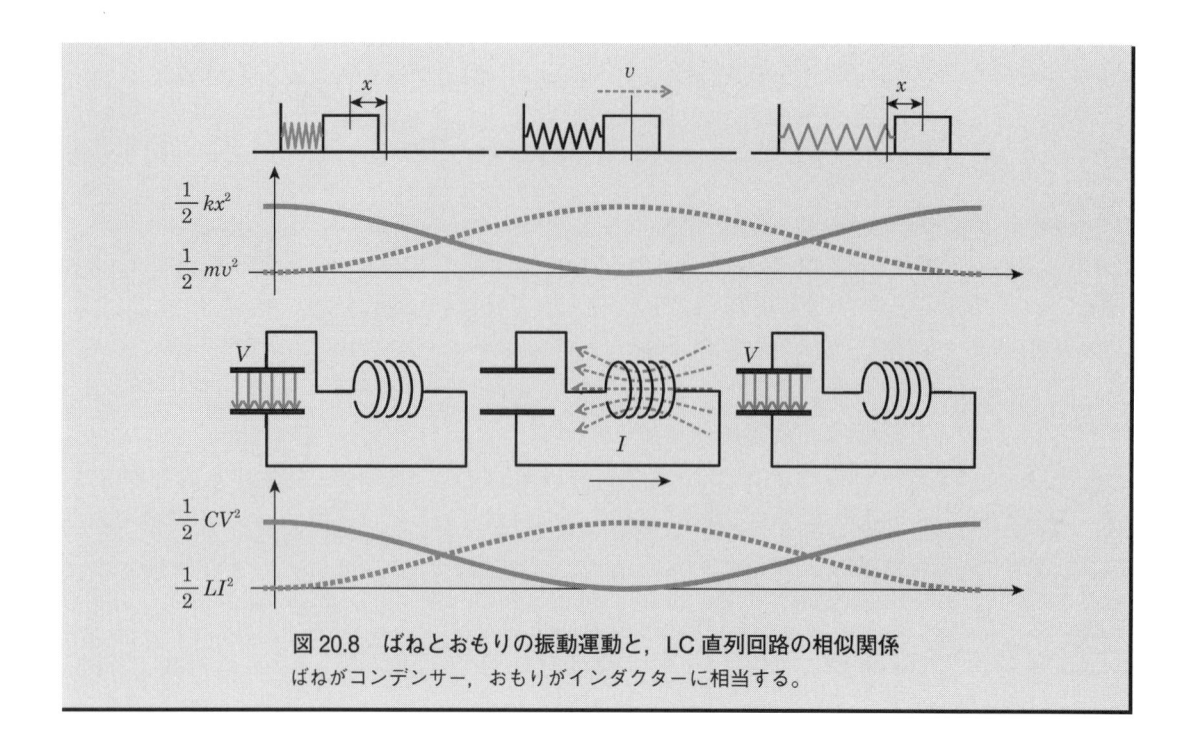

図20.8 ばねとおもりの振動運動と、LC直列回路の相似関係
ばねがコンデンサー、おもりがインダクターに相当する。

問題 20.10 【LC直列回路の角振動数の次元】

$\sqrt{\dfrac{1}{LC}}$ が角振動数すなわち $[\mathrm{s}^{-1}]$ の次元をもつことを示せ。

問題 20.11 【LC直列回路】

式：$I = -\sqrt{\dfrac{C}{L}} V \sin(\omega t)$ を微分方程式：$\dfrac{\mathrm{d}^2 I}{\mathrm{d}t^2} = -\omega^2 I$ に代入し、解になっていることを確かめよ。

問題 20.12 【LC直列回路】

図20.7の回路において、以下の問いに答えよ。
(1) 系に蓄えられている電磁エネルギーの総量 U_e を求めよ。
(2) コンデンサー端子電圧の最大値 E_max を求めよ。
(3) 回路に流れる電流の最大値 I_max を求めよ。

問題 20.13 【LC直列回路】

図20.7のような $V = 10\ \mathrm{V}$ で充電されている $C = 3.2\ \mathrm{\mu F}$ のコンデンサーを $L = 2.0\ \mathrm{mH}$ のコイルに接続したLC直列回路がある。以下の問いに答えよ。
(1) 系に蓄えられている電磁エネルギーの総量 U_e を求めよ。
(2) 回路に流れる電流の最大値 I_max を求めよ。
(3) 回路に生じる電気振動の角振動数 ω を求めよ。

発展 問題 20.14 【LC直列回路】

本書では式：$I = A\cos(\omega t + \delta)$ から未知の定数を定め，式：$I = -\sqrt{\dfrac{C}{L}}V\sin(\omega t)$ を得る過程がかなり省略されている。実際にこれをやってみよ。

発展 問題 20.15 【アナログシミュレーター】

図 20.7 の回路をばね-おもり系のアナログシミュレーターとして利用する。$m = 1.0\text{ kg}$ の質量を $L = 1.0\text{ mH}$ のインダクタンスに，$k = 1.0\text{ N/m}$ のばね定数を $C = 1\text{ μF}$ の電気容量の逆数に例える。

(1) $m = 2.0\text{ kg}$ のおもり，$k = 10\text{ N/m}$ のばねに対応するインダクタンス L，電気容量 C を求めよ。
(2) このとき，シミュレーターの振動と力学系の振動の周波数比率はどれほどになるか。

解答

問題 20.1 容量の単位 [F] と抵抗の単位 [Ω] を含んだ，エネルギーに関する公式を考える。
$U_e = \dfrac{1}{2}CV^2$（U_e はエネルギー [J]，V は電位 [V]），$P = \dfrac{V^2}{R}$（P は電力 [W]，V は電位 [V]）より U_e/P の次元は CR の次元に一致する。すなわち，CR の次元は [J]/[W] = [s] となる。

問題 20.2 $\tau = CR = 1.0\text{ s}$

問題 20.3 (1) $e^{-\frac{t}{RC}}$ の t に 0 を代入すると $e^0 = 1$。したがって，$I_0 = \dfrac{V}{R}$ となる。

(2) $\dfrac{d}{dt}\left(\dfrac{V}{R}e^{-\frac{t}{RC}}\right)R + \dfrac{1}{C}\left(\dfrac{V}{R}e^{-\frac{t}{RC}}\right) = -\dfrac{R}{RC}\left(\dfrac{V}{R}e^{-\frac{t}{RC}}\right) + \dfrac{1}{C}\left(\dfrac{V}{R}e^{-\frac{t}{RC}}\right) = 0$。たしかに，微分方程式の解になっている。

問題 20.4 (1) $\tau = CR = 0.50\text{ s}$ (2) $I = \dfrac{V}{R}e^{-\frac{t}{RC}}$ より，$I = \dfrac{20}{10 \times 10^3}e^{-2} = 2.7 \times 10^{-4}\text{ A}$

問題 20.5 インダクタンスの単位 [H] と抵抗の単位 [Ω] を含んだ，エネルギーに関する公式を考える。
$U_m = \dfrac{1}{2}LI^2$（U_m はエネルギー [J]，I は電流 [A]），$P = I^2R$（P は電力 [W]，I は電流 [A]）より，U_m/P の次元は $\dfrac{L}{R}$ の次元に一致する。すなわち，$\dfrac{L}{R}$ の次元は [J]/[W] = [s] となる。

問題 20.6 $\tau = \dfrac{L}{R} = 1.0 \times 10^{-7}\text{ s}$

問題 20.7 (1) $e^{-\frac{t}{RC}}$ の t に 0 を代入すると $e^0 = 1$。したがって，$I_0 = 0$ となる。

(2) $\left\{\dfrac{V}{R}\left(1 - e^{-\frac{Rt}{L}}\right)\right\}R + L\dfrac{d}{dt}\left\{\dfrac{V}{R}\left(1 - e^{-\frac{Rt}{L}}\right)\right\} = \left\{\dfrac{V}{R}\left(1 - e^{-\frac{Rt}{L}}\right)\right\}R - L\dfrac{R}{L}\dfrac{V}{R}\left\{-e^{-\frac{Rt}{L}}\right\} = V$
たしかに，微分方程式の解になっている。

問題 20.8 (1) $\dfrac{L}{R} = 0.10\text{ s}$ (2) $I = \dfrac{V}{R}\left(1 - e^{-\frac{R}{L}t}\right)$ より，$I = \dfrac{0.20}{0.20}(1 - e^{-1}) = 0.63\text{ A}$

問題 20.9 $I = \dfrac{V}{R}\left(1 - e^{-\frac{R}{L}t}\right) = 0.999\dfrac{V}{R}$。変形して，$e^{-\frac{R}{L}t} = 0.001$ を得る。時定数を τ として両辺の自然対数をとれば，$\dfrac{t}{\tau} = -\log(0.001) = 6.91$。時定数の 6.9 倍の長さの時間が必要とわかる。

㉖ $-\omega^2 I$ ㉗ $-\sqrt{\dfrac{C}{L}}V\sin(\omega t)$

問題 20.10 インダクタンスの単位 [H] と容量の単位 [F] を含んだ，エネルギーに関する公式を考える。$U_{\mathrm{m}} = \frac{1}{2}LI^2$（$U_{\mathrm{m}}$ はエネルギー [J]，I は電流 [A]），$U_{\mathrm{e}} = \frac{1}{2}CV$（$U_{\mathrm{e}}$ はエネルギー [J]，V は電位 [V]）より，$U_{\mathrm{e}}U_{\mathrm{m}} = \frac{1}{2}LCV^2I^2$ と書ける。ここで U_{e} と U_{m} の次元が [J]，VI が電力 [W] であることを考えると，LC の次元は [s^2] となる。したがって，$\sqrt{\frac{1}{LC}}$ の次元は [s^{-1}] となる。

問題 20.11 $\frac{\mathrm{d}}{\mathrm{d}t}\left(-\sqrt{\frac{C}{L}}V\sin(\omega t)\right) = -\omega\sqrt{\frac{C}{L}}V\cos(\omega t)$，$\frac{\mathrm{d}}{\mathrm{d}t}\left(-\omega\sqrt{\frac{C}{L}}V\cos(\omega t)\right) = \omega^2\sqrt{\frac{C}{L}}V\sin(\omega t) = -\omega^2 I$。たしかに微分方程式の解になっている。

問題 20.12 (1) $U_{\mathrm{e}} = \frac{1}{2}CV^2$（全電磁エネルギーは時間によらないから，$t = 0$ でコンデンサーに蓄えられているエネルギーを計算する。）

(2) $E_{\max} = V$（全エネルギーがコンデンサーに蓄えられているときが最大の端子電圧となる。）

(3) $\frac{1}{2}CV^2 = \frac{1}{2}LI_{\max}^2$ より，$I_{\max} = \sqrt{\frac{C}{L}}V$

問題 20.13 (1) $U_{\mathrm{e}} = \frac{1}{2}CV^2 = 1.6 \times 10^{-4}$ J

(2) $I_{\max} = \sqrt{\frac{C}{L}}V = 0.40$ A

(3) $\omega = \sqrt{\frac{1}{LC}} = 1.3 \times 10^4$ s^{-1}

問題 20.14 $I = A\cos(\omega t + \delta)$ の未知の定数 A, δ を求める。はじめに，$t = 0$ における電流は 0 だから，$0 = A\cos(\delta)$ となる。$A = 0$ はありえないので，ここから $\cos\delta = 0$，つまり，$\delta = \frac{\pi}{2}$ とわかる。続いて，$I = A\cos\left(\omega t + \frac{\pi}{2}\right)$ を微分して $\frac{\mathrm{d}I}{\mathrm{d}t} = -\omega A\sin\left(\omega t + \frac{\pi}{2}\right)$ を得るが，$t = 0$ においてキルヒホッフの第二法則を適用すると，$0 = L\left.\frac{\mathrm{d}I}{\mathrm{d}t}\right|_0 + V_C(0)$ となり，$\left.\frac{\mathrm{d}I}{\mathrm{d}t}\right|_0 = -\frac{V}{L}$ である。これを $\left.\frac{\mathrm{d}I}{\mathrm{d}t}\right|_0 = -\omega A\sin\left(\frac{\pi}{2}\right)$ に代入すれば，$\omega A = \frac{V}{L}$，$A = \sqrt{\frac{C}{L}}V$ を得る。まとめると，$I = \sqrt{\frac{C}{L}}V\cos\left(\omega t + \frac{\pi}{2}\right)$ だが，ここで $\cos\left(\theta + \frac{\pi}{2}\right) = -\sin\theta$ の関係を使えば，$I = -\sqrt{\frac{C}{L}}V\sin(\omega t)$ を得る。

問題 20.15 (1) 質量/インダクタンスは 1.0 kg/mH なので，2.0 kg に相当するインダクタンスは L = 2.0 mH。一方，電気容量はばね定数の逆数に比例するので，ばね定数が 10 倍になるとき，電気容量は 1/10 になる。ばね定数 1.0 N/m のときの電気容量が 1.0 μF なので，対応する電気容量は $C = 0.10$ μF となる。

(2) 力学系：$\omega = \sqrt{\frac{k}{m}}$　　電気系：$\omega = \sqrt{\frac{1}{LC}}$

いま，系が 1.0 kg の質量と 1.0 N/m のばねからなるとする。力学系の角振動数は代入すると 1 rad/s，対応する電気系の角振動数は 3.2×10^4 rad/s となる。したがって，シミュレーターは 3.2×10^4 倍の振動数で振動することになる。

総合演習 IV

復習 問題IV.1　【誘電体を挟んだコンデンサーの電気容量】　☞ 問題 17.5

図のように面積 $A = 0.10 \text{ m}^2$，極板間距離 $d = 1.0 \times 10^{-4}$ m のコンデンサーがある．面積の 2/3 には比誘電率 $\varepsilon_{r1} = 2.0$，残りの 1/3 には $\varepsilon_{r2} = 4.0$ の誘導体を挟んだ．コンデンサーの電気容量 C を求めよ．電束はすべて極板に垂直であると仮定せよ．

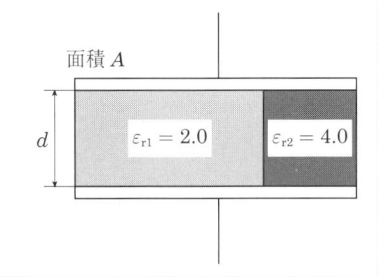

復習 問題IV.2　【トランス】　☞ 問題 18.4

一次コイルと二次コイルの巻き数がそれぞれ $N_1 = 50$ 巻き，$N_2 = 200$ 巻きの理想的なトランスがある．このトランスに $V_1 = 100$ V の交流電圧を入力したときの出力電圧 V_2 を求めよ．

復習 問題IV.3　【キルヒホッフの法則】　☞ 問題 19.9

以下の図の回路に流れる電流 I をそれぞれを求めよ．

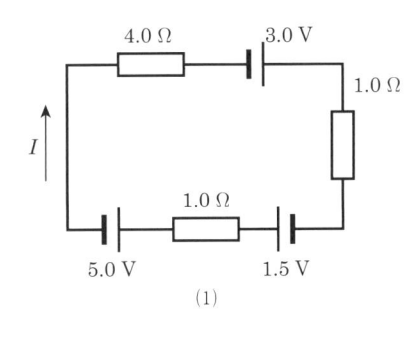

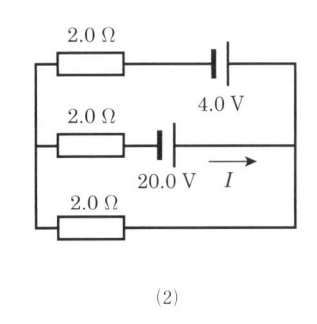

復習 問題IV.4　【RC 直列回路】　☞ 問題 20.4

図のような $R = 10 \text{ k}\Omega$，$C = 40 \text{ μF}$，$V = 40$ V の RC 直列回路があり，$t = 0$ s のときにスイッチを閉じる．以下の問いに答えよ．
(1) この RC 直列回路の時定数 τ を求めよ．
(2) $t = 0.80$ s のときに抵抗 R に流れる電流 I を求めよ．

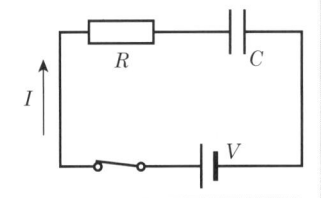

復習 問題IV.5　【RL 直列回路】　☞ 問題 20.8

図のような $R = 0.10 \text{ }\Omega$，$L = 10$ mH，$V = 0.20$ V の RL 直列回路があり，$t = 0$ s のときにスイッチを閉じる．以下の問いに答えよ．
(1) この RL 直列回路の時定数 τ を求めよ．
(2) $t = 0.10$ s のときに抵抗 R に流れる電流 I を求めよ．

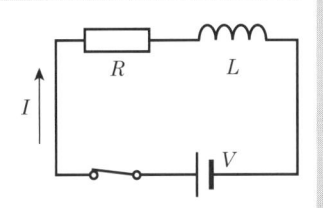

総合問題 IV.6 【誘電体を挟んだコンデンサーの電気容量】

図のように極板が1辺 L の正方形で極板間距離 d のコンデンサーに，比誘電率 ε_r が連続的に変化する誘電体を挟んだ。比誘電率は x の関数で $\varepsilon_r = 2\left(1 + \dfrac{x}{L}\right)$ と表される。電束はすべて極板に垂直であると仮定して，以下の問いに答えよ。

(1) 極板間電位差が V であるとき，極板上の面電荷密度 σ を x の関数で表せ。

(2) コンデンサーの電気容量 C を求めよ。

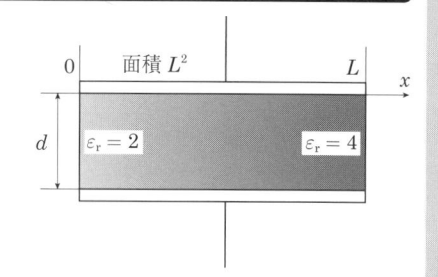

総合問題 IV.7 【トランスと電力損失】

発電所では，図のように送電による電力損失を低下させるため，トランスを用いて電圧を上げてから送電している。昇圧トランスの一次コイルと二次コイルの巻き数の比は $N_2/N_1 = 200$，一次側の電圧は $V_1 = 2.5 \times 10^3$ V，電流は $I_1 = 1.2 \times 10^5$ A であった。以下の問いに答えよ。

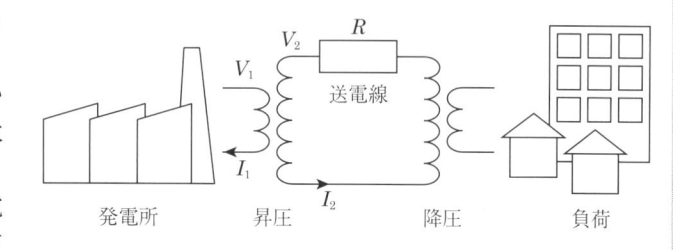

(1) 二次コイルから出力される電圧 V_2 を求めよ。

(2) エネルギー保存則から，トランスに損失がないとき $V_1 I_1 = V_2 I_2$ の関係が成立する。電流 I_2 を求めよ。

(3) 送電線での抵抗を $R = 40\ \Omega$ として，送電で失われる電力損失率 L を [%] で求めよ。ここで，電力損失率とは一次側電力と抵抗で消費された電力の比のことである。

総合問題 IV.8 【抵抗分配器】

以下の問いに答えよ。

(1) 図1は抵抗分配器とよばれる配置の回路である。$R = 50.0\ \Omega$ のとき，3つの R_1 の値を調整して，合成抵抗が $R = 50.0\ \Omega$ となるようにしたい。抵抗 R_1 の値を求めよ。

(2) 次に，$R_1 = 18.0\ \Omega$ のものしかなかったので，図2のように R_2 を入れ，回路の合成抵抗を $R = 50.0\ \Omega$ としたい。抵抗 R_2 を求めよ。

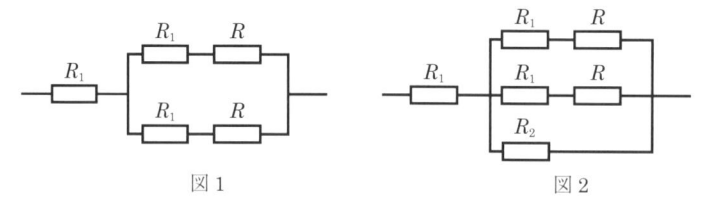

総合問題 IV.9 【RLC 直列回路】

図のように抵抗，コイル，コンデンサーを直列につないだ回路は RLC 直列回路とよばれる。以下の問いに答えよ。

(1) 回路に流れる電流 I を変数として，キルヒホッフの第一法則を示せ。

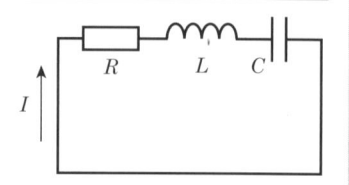

(2) (1)の答えを微分すると，二階微分方程式になる。これを示せ。
(3) 微分方程式の解を $I = Ae^{kt}$（A は任意の定数）と仮定して，k が満たすべき条件を示せ。

解答

問題Ⅳ.1 $C = \left(\dfrac{2}{3}\varepsilon_{r1} + \dfrac{1}{3}\varepsilon_{r2}\right)\dfrac{\varepsilon_0 A}{d} = 2.4 \times 10^{-8}$ F

問題Ⅳ.2 $\dfrac{V_1}{N_1} = \dfrac{V_2}{N_2}$ より $V_2 = 400$ V

問題Ⅳ.3 (1) キルヒホッフの第二法則を適用する。
$3.0 - 1.0I + 1.5 - 1.0I - 5.0 - 4.0I = 0$　ここから，$I = -8.3 \times 10^{-2}$ A
電流の値がマイナスになったが，これは電流の向きが図に示されている方向と逆であることを意味している。(キルヒホッフの法則で電流を求めるときは，はじめに仮定する電流の向きは適当でよく，結果の符号で向きを判断する。)

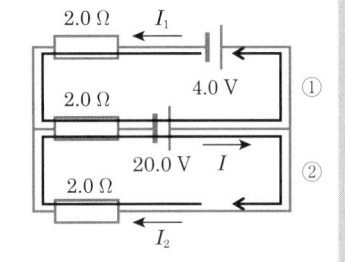

(2) キルヒホッフ第二法則よりループ①，②は以下のように表せる。
$-4.0 - 2.0I_1 - 2.0I + 20.0 = 0$
$-2.0I_2 - 2.0I + 20.0 = 0$
キルヒホッフの第一法則より $I_1 + I_2 - I = 0$
この 3 つの式を連立して解くと $I = 6.0$ A

問題Ⅳ.4 (1) $\tau = RC = 0.40$ s　(2) $I = \dfrac{V}{R}e^{-\frac{t}{RC}} = 5.4 \times 10^{-4}$ A（0.54 mA）

問題Ⅳ.5 (1) $\tau = \dfrac{L}{R} = 0.10$ s　(2) $I = \dfrac{V}{R}\left(1 - e^{-\frac{R}{L}t}\right) = 1.3$ A

問題Ⅳ.6 (1) $\sigma = D = \varepsilon_0\varepsilon_r E = \varepsilon_0\varepsilon_r \dfrac{V}{d}$。整理して，$\sigma(x) = \dfrac{2\varepsilon_0 V}{d}\left(1 + \dfrac{x}{L}\right)$。

(2) 極板上の電荷量は $Q = L\displaystyle\int_0^d \sigma(x)\,\mathrm{d}x = \dfrac{3\varepsilon_0 VL^2}{d}$。よって，$C = \dfrac{Q}{V} = \dfrac{3\varepsilon_0 L^2}{d}$

問題Ⅳ.7 (1) $V_2 = \dfrac{N_2}{N_1}V_1 = 5.0 \times 10^5$ V　(2) $I_2 = \dfrac{I_1 V_1}{V_2} = 600$ A

(3) $L = \dfrac{I_2^2 R}{V_1 I_1} \times 100 = 4.8\%$

問題Ⅳ.8 (1) $R = R_1 + \dfrac{(R_1+R)(R_1+R)}{(R_1+R)+(R_1+R)}$ より，$R_1 = \dfrac{R}{3} = 16.7$ Ω

(2) $R = R_1 + \dfrac{1}{\dfrac{1}{R_1+R} + \dfrac{1}{R_1+R} + \dfrac{1}{R_2}}$ より，$R_2 = \dfrac{R^2 - R_1^2}{3R_1 - R} = 544$ Ω

問題Ⅳ.9 (1) $RI + L\dfrac{\mathrm{d}I}{\mathrm{d}t} + \dfrac{1}{C}\displaystyle\int I\,\mathrm{d}t = 0$　(2) $L\dfrac{\mathrm{d}^2 I}{\mathrm{d}t^2} + R\dfrac{\mathrm{d}I}{\mathrm{d}t} + \dfrac{I}{C} = 0$

(3) $\left(Lk^2 + Rk + \dfrac{1}{C}\right)e^{kt} = 0$ より，$k = \dfrac{-R \pm \sqrt{R^2 - 4\dfrac{L}{C}}}{2L}$

参 考 文 献

[1] 物理学辞典編集委員会 編，物理学辞典，培風館，1986 年

[2] 久保亮五 ほか編，岩波 理化学辞典 第 4 版，岩波書店，1987 年

[3] 国立天文台 編，理科年表 平成 23 年版，丸善，2010 年

[4] 橋口隆吉 編，金属学ハンドブック，朝倉書店，1958 年

[5] 中小企業事業団中小企業研究所 編，材料利用ハンドブック，日刊工業新聞社，1988 年

[6] 三省堂編修所 編，コンサイス外国人名事典，三省堂，1985 年

[7] 長田好弘 著，近代科学を築いた人々（中），新日本出版社，2003 年

[8] Isaac Asimov 著，小山慶太・輪湖博 共訳，アイザック・アシモフの科学の発見の年表，丸善，1996 年

[9] R. P. Feynman 著，宮島龍興 訳，ファインマン物理学Ⅲ 電磁気学，岩波書店，1969 年

[10] 藤田広一・野口晃 著，電磁気学演習ノート，コロナ社，1974 年

[11] V. D. Barger・M. G. Olsson 著，小林澈郎・土佐幸子 共訳，電磁気学—新しい視点にたって Ⅰ，培風館，1991 年

[12] V. D. Barger・M. G. Olsson 著，小林澈郎・土佐幸子 共訳，電磁気学—新しい視点にたって Ⅱ，培風館，1992 年

[13] 橋本正弘 著，絵でわかる電磁気学，オーム社，1993 年

[14] 後藤尚久 著，なっとくする電磁気学，講談社，1993 年

[15] R. A. Serway 著，松村博之 訳，科学者と技術者のための物理学Ⅲ 電磁気学，学術図書出版社，1995 年

[16] D. Halliday, R. Resnick, J. Walker 著，野﨑光昭 監訳，物理学の基礎 [3] 電磁気学，培風館，2002 年

[17] 前野昌弘 著，よくわかる電磁気学，東京図書，2010 年

索 引

人名

アンペール	92
エルステッド	81
オーム	71
ガウス	24
キャベンディッシュ	49
キルヒホッフ	177
クーロン	4
サバール	81
ビオ	81
ファラデー	115
ヘンリー	109
ボルタ	33
マクスウェル	134
ミリカン	79

欧文

LC 直列回路	188
RC 直列回路	182
RLC 直列回路	194
RL 直列回路	185
X 線	137

和文
あ行

アナログシミュレーター	120, 189
アンペア（A）	64
アンペールの法則	91, 127, 162
アンペール・マクスウェルの法則	128, 132
陰極線	76
インダクター	121, 182
インダクタンス	119
ウェーバー（Wb）	76
永久磁石	168
エネルギー保存則	184
エルステッドの実験	81
円運動	78
オーム（Ω）	69
オームの法則	44, 67

か行

ガウスの法則	21, 23, 132
ガウス面	22
角振動数	144
可視光線	137
荷電粒子	75
乾電池	112
ガンマ線	137
起電力	110
キャベンディッシュの実験	49
球状電荷	25
強磁性体	162, 165
キルヒホッフの第一法則	177
キルヒホッフの第二法則	177
偶力	88
クーロン（C）	1
クーロン定数	2
クーロンの法則	2
クーロン力	2
グラディエント	41, 134
クルックス管	76
携帯電話	14, 137
合成抵抗	173
合成容量	171
光速度	145
コンデンサー	52, 182
コンデンサーのエネルギー	56

さ行

サイクロトロン運動	78
ジーメンス（S）	67
磁荷	75 130
磁化	161
磁化電流	162
紫外線	137
磁気モーメント	88
磁極	75
次元	128
試験電荷	10
仕事	31
磁石の性質	75
磁性体	161
磁束	76
磁束線	130
磁束密度	76
時定数	183
磁場	75
磁場のエネルギー	124
磁場のガウスの法則	130, 132
磁場の強さ	139, 163
周回積分	91
充電	52
ジュール（J）	31
ジュール熱	72
寿命	184
常磁性体	162
消費電力	72
磁力	75
磁力線	164
真空の透磁率	81
真空の誘電率	2
振動数	137
スカラー積	20
静電気力	2
静電遮蔽	48
静電平衡	44
静電ポテンシャル	32
静電ポテンシャルエネルギー	34, 56
赤外線	137
積分の定義	14
絶縁体	6
線積分	32, 91, 105
線電荷密度	27
双極子	152

相互インダクタンス	122
相対性の原理	110
素電荷	1
ソレノイド（コイル）	99, 121

た行

対称性	25
単極磁荷	133
中性子	1
直線状電荷	27
直列	171
抵抗	69
抵抗器	69, 182
抵抗率	69
定常回路	170
テスラ（T）	76
電圧	33, 167
電位	32
電位差	32
電荷	1
電荷密度	13
電気伝導率	67
電気容量	52
電気力線	15
電子	1
電磁波	137
電磁波のパワー	146
電磁誘導	110
電磁誘導の法則	113
電子レンジ	137
電束	19
電束電流	128
電束密度	153
点電荷	2
電場	10
電場のエネルギー	58
電流	64
電流が受ける力	85
電流素片	81
電流密度	64
電力	72
電力量	72

同軸ケーブル	101
透磁率	163
導体	6, 44
等電位線	35
等電位面	35
特殊相対性理論	110
特性インピーダンス	145
トランス	167
ドリフト	66
ドリフト速度	66
トルク	88
トロイダルコイル	93

な・は行

ナブラ	41, 134
倍率器	174
波数	144
発電機	112
波動解	137
波動方程式	139
反磁性体	162
半導体	6
ビオ・サバールの法則	81
光	137
ヒステリシス	168
非定常回路	182
比電荷	79
比透磁率	163
比誘電率	153
ファラッド（F）	3, 53
ファラデーの電磁誘導の法則	113, 132
分極	152
閉曲面	20
平行板コンデンサー	54
平面波	142
並列	170
ベクトル積	76
変圧器	122, 167
変位電流	128
偏微分	41, 141
ヘンリー（H）	81, 119

ホイートストン・ブリッジ回路	179
法線	19
放電	187
保存力	31
ボルト（V）	33

ま・や・ら行

マクスウェルの波動方程式	141
マクスウェルの方程式	132, 164
右手の法則	77
右ねじの法則	86
無限長直線電流	85
面状電荷	28
面積分	20, 90
面電荷密度	28
モーター	89
モノポール	133
誘電体	152
誘導起電力	111
誘導電流	114
陽子	1
ラジオ波	137
ループ電流	88
レンツの法則	114
ローレンツ力	109
ワット（W）	72

著者紹介

遠藤 雅守 博士（工学）
1993年　慶応義塾大学大学院理工学研究科後期博士課程修了
現　在　東海大学理学部物理学科　教授
著　書　電磁気学――初めて学ぶ電磁場理論，森北出版，2013
　　　　微分方程式と数理モデル，裳華房，2017
　　　　大学生・エンジニアのための関数電卓活用ガイド，森北出版，2018

櫛田 淳子 博士（理学）
2003年　東京工業大学大学院理工学研究科博士後期課程修了
現　在　東海大学理学部物理学科　教授

北林 照幸 博士（理学）
1996年　東海大学大学院理学研究科博士課程前期修了
現　在　東海大学理学部物理学科　教授
著　書　微分方程式と数理モデル，裳華房，2017
　　　　カラー入門　基礎から学ぶ物理学，講談社，2018

藤城 武彦 博士（理学）
1991年　東海大学大学院理学研究科博士課程後期修了
現　在　東海大学理学部物理学科　教授
著　書　高校と大学をつなぐ　穴埋め式　力学，講談社，2009

NDC427　　206p　　26cm

高校と大学をつなぐ　穴埋め式　電磁気学

2011年　3月10日　第1刷発行
2021年　7月13日　第10刷発行

著　者　遠藤雅守・櫛田淳子・北林照幸・藤城武彦
発行者　髙橋明男
発行所　株式会社　講談社
　　　　〒112-8001　東京都文京区音羽2-12-21
　　　　　　販売　(03) 5395-4415
　　　　　　業務　(03) 5395-3615
編　集　株式会社　講談社サイエンティフィク
　　　　代表　堀越俊一
　　　　〒162-0825　東京都新宿区神楽坂2-14　ノービィビル
　　　　　　編集　(03) 3235-3701
DTP　　株式会社エヌ・オフィス
印刷所　株式会社平河工業社
製本所　株式会社国宝社

落丁本・乱丁本は，購入書店名を明記のうえ，講談社業務宛にお送りください．送料小社負担にてお取替えいたします．なお，この本の内容についてのお問い合わせは，講談社サイエンティフィク宛にお願いいたします．定価はカバーに表示してあります．

© Masamori Endo, Junko Kushida, Teruyuki Kitabayashi, Takehiko Fujishiro, 2011

本書のコピー，スキャン，デジタル化等の無断複製は著作権法上での例外を除き禁じられています．本書を代行業者等の第三者に依頼してスキャンやデジタル化することはたとえ個人や家庭内の利用でも著作法違反です．

[JCOPY]　〈(社) 出版者著作権管理機構委託出版物〉

複写される場合は，その都度事前に(社)出版者著作権管理機構（電話 03-5244-5088，FAX 03-5244-5089，e-mail: info@jcopy.or.jp）の許諾を得てください．

Printed in Japan

ISBN 978-4-06-153273-1

講談社の自然科学書

「穴埋め式」で高校と大学の「力学」をつなぐ！
高校と大学をつなぐ 穴埋め式 力学

藤城 武彦／北林 照幸・著　　B5・208頁・定価 2,420円

書いて覚える。覚えて解く。

- 370個の「穴埋め」と250を超える「演習問題」で「基礎固め」。
- 「三角関数」、「ベクトル」、「微分・積分」、「微分方程式」もしっかりフォロー。

本書の特長

1. Basic Standard の2段階で内容を分類。　☞　内容を選択できるから、スムーズに学べる。
2. 「穴埋め式」を活用。説明文中に「空欄」がある。　☞　手を動かしながら、重要な語句・公式を覚えよう。
3. 「穴埋め式」の解答が目に入らない。　☞　じっくり読んで、考えよう。
4. 演習問題を6段階に分類。　☞　まずは、「導入問題」「基本問題」「類似問題」で基礎固め。
そして、「発展問題」にチャレンジしよう。
最後は、「復習問題」「総合問題」で総仕上げ。

主な内容

第1章 物理量と単位　第2章 ベクトルの基本演算と座標表示　第3章 粒子の速度・加速度
第4章 等加速度運動　第5章 自由落下運動　第6章 放物運動　総合演習Ⅰ 等加速度運動
第7章 運動の法則　第8章 斜面上の運動　第9章 摩擦力　第10章 円運動と万有引力
第11章 慣性力　第12章 抵抗力　総合演習Ⅱ 運動の法則　第13章 仕事とスカラー積
第14章 変化する力がする仕事　第15章 仕事と運動エネルギー
第16章 ポテンシャルエネルギー　第17章 力学的エネルギー　第18章 運動量
第19章 運動量の保存と衝突　総合演習Ⅲ 仕事とエネルギー、運動量
第20章 固定軸のまわりの剛体の回転運動　第21章 剛体の回転とトルク
第22章 ベクトル積　第23章 角運動量　第24章 単振動　第25章 振動運動
第26章 ケプラーの法則と万有引力　総合演習Ⅳ 剛体、振動、万有引力
付録A：慣性モーメント　付録B：減衰振動・強制振動を表す微分方程式　付録C：数学公式の補足

※表示価格には消費税（10%）が加算されています。　　　「2021年6月現在」

講談社サイエンティフィク　https://www.kspub.co.jp/

表 0.2 基本物理定数

名称	記号	数値	単位
真空中の光速	c	2.99792458×10^8	m/s
真空の透磁率	$\mu_0 = 4\pi \times 10^{-7}$	$1.2566370614 \times 10^{-6}$	H/m
真空の誘電率	$\varepsilon_0 = \dfrac{10^7}{4\pi c^2}$	$8.854187817 \times 10^{-12}$	F/m
万有引力定数	G	$6.67428(67) \times 10^{-11}$	N·m²/kg²
プランク定数	h	$6.62606896(33) \times 10^{-34}$	J·s
プランク定数	$\hbar = \dfrac{h}{2\pi}$	$1.054571628(53) \times 10^{-34}$	J·s
素電荷	e	$1.602176487(40) \times 10^{-19}$	C
電子の質量	m_e	$9.10938215(45) \times 10^{-31}$	kg
陽子の質量	m_p	$1.672621637(83) \times 10^{-27}$	kg
中性子の質量	m_n	$1.674927211(84) \times 10^{-27}$	kg
電子の磁気モーメント	μ_e	$-9.28476377(23) \times 10^{-24}$	J/T
陽子の磁気モーメント	μ_p	$1.410606662(37) \times 10^{-26}$	J/T
原子質量単位	u	$1.660538782(83) \times 10^{-27}$	kg
アボガドロ定数	N_A	$6.02214179(30) \times 10^{23}$	mol^{-1}
ボルツマン定数	k	$1.3806504(24) \times 10^{-23}$	J/K
1モルの気体定数	$R = N_\mathrm{A} k$	$8.314472(15)$	J/mol·K

注) 数値の ( ) 内の2桁の数字は，表示されている数値の最後の2桁の標準不確かさを表す．例えば，万有引力定数 G の数値 $6.67428(67) \times 10^{-11}$ は，$(6.67428 \pm 0.00067) \times 10^{-11}$ を意味する．

[国立天文台 編，理科年表 平成23年版，丸善より]